Lehrbuch

der

Baumkrankheiten.

Lehrbuch

der

Baumkrankheiten.

Von

Dr. Robert Hartig,

Professor an der Universität München.

Zweite verbesserte und vermehrte Auflage.

Mit 137 Textabbildungen und einer Tafel in Farbendruck.

Springer-Verlag Berlin Heidelberg GmbH
1889

Additional material to this book can be downloaded from http://extras.springer.com

ISBN 978-3-642-50416-7   ISBN 978-3-642-50725-0 (eBook)
DOI 10.1007/978-3-642-50725-0

Das Recht der Uebersetzung bleibt vorbehalten.
Softcover reprint of the hardcover 1st edition 1889

Vorrede.

Es ist nunmehr ein Decennium verflossen, seit ich mich der Erforschung der Krankheiten der Waldbäume zugewendet habe. Ueberblicke ich das, was mir vergönnt war, mit meinen geringen Kräften zur Förderung der wissenschaftlichen Erkenntniss dieser Erscheinungen beizutragen, so glaube ich, dass es auch einem weiteren Leserkreise nicht uninteressant sein dürfte, in der Kürze die wichtigsten Ergebnisse dieser Untersuchungen kennen zu lernen. Die erste Veröffentlichung der Arbeiten musste in einer, allen wissenschaftlichen Anforderungen entsprechenden Ausführlichkeit erfolgen. Daraus erklärt es sich, dass die Resultate derselben noch nicht zum Gemeingut der Forstwirthe geworden sind. Ich glaube nicht zu irren, wenn ich annehme, dass der Wunsch, dieselben kennen zu lernen, ein allgemein verbreiteter sei. Wollen wir bei dem mit Verwaltungsgeschäften reichlich belasteten Forstwirthe Interesse und Verständniss für eine wissenschaftliche Disciplin erwecken, so erreichen wir dies sicherlich nicht dadurch, dass wir ihm dickleibige, vielbändige Werke offeriren. Selbst der junge, noch ganz dem wissenschaftlichen Studium sich widmende Forstmann wird seinen Enthusiasmus für das eine oder andere Wissensgebiet nicht nach dem Umfange der ihm dargebotenen Lehrbücher abstimmen. Die Zahl all der heterogenen Disciplinen, mit denen er sich während seiner Studienzeit vertraut machen muss, ist so gross, dass für den Lehrer die heilige Pflicht daraus erwächst, Haus zu halten mit der Zeit, mit der Lernkraft und — mit den Geldmitteln seiner Zuhörer.

Von diesem Gedanken und von der Ueberzeugung ausgehend, dass unter Beobachtung der strengsten Wissenschaftlichkeit es doch möglich sei, das Wissenswertheste aus einer Disciplin so zusammenzustellen, dass das volle Verständniss für dieselbe erreicht, das Interesse für selbständige Beobachtung und Forschung erweckt werde, habe ich in diesem Lehrbuche einen Ueberblick über unsere Kenntniss von den Erkrankungen der Bäume zu geben versucht. Vieles ist darin enthalten, was ich in meinen früheren Werken noch nicht veröffentlicht habe. Von den Ergebnissen anderer Forscher habe ich nur das in das Lehrbuch aufgenommen, was ich auf Grund eigener Untersuchungen und Beobachtungen zu vertreten im Stande bin und mich nur hier und da auf Mittheilung nicht selbst geprüfter Thatsachen eingelassen, wenn mir der Name des Autors volle Garantie für deren Richtigkeit darbot. Das Bestreben nach grösster Vollständigkeit verleitet gar zu leicht zur Aufnahme von oberflächlichen, bei näherer Prüfung sich als unrichtig ergebenden Angaben. Ich glaubte mehr Werth auf Zuverlässigkeit als auf Vollständigkeit legen zu sollen. Die Beigabe zahlreicher Holzschnitte, insbesondere vieler Habitusbilder, wird gewiss allgemein willkommen geheissen werden. Es schien mir zweckmässig zu sein, aus meinen früher veröffentlichten Werken einige Tafeln diesem Lehrbuche beizufügen, um aus jeder grösseren Pilzgruppe einen oder einige Repräsentanten eingehender beschreiben und durch mikroskopische Bilder erläutern zu können. Nur Tafel II und III wurden neu angefertigt. Von den Krankheiten der landwirthschaftlichen Culturpflanzen wurden nur die bedeutsamsten kurz erwähnt im Interesse derjenigen meiner Leser, die in Ermangelung der einschlägigen Literatur doch den Wunsch haben, das Wichtigere daraus zu erfahren.

Möchte durch dieses Lehrbuch das Interesse und Verständniss für die Krankheitserscheinungen der Bäume, insbesondere der Waldbäume gefördert und allgemein verbreitet werden; möchte aber auch dadurch der Anstoss zu neuen Forschungen und zum weiteren Ausbau der in wissenschaftlicher und praktischer Richtung gleich interessanten Pflanzenkrankheitslehre gegeben werden.

München, März 1882.

R. Hartig.

Vorrede zur zweiten Auflage.

Seit dem Erscheinen der ersten Auflage dieses Lehrbuches hat sich unsere Kenntniss von den Krankheitserscheinungen der Bäume nach vielen Seiten hin erweitert und war mein Bemühen darauf gerichtet, die vorliegende neue Auflage dem gegenwärtigen Stande des Wissens entsprechend umzuarbeiten. Da der wissenschaftliche Forscher bei seinen Studien immer auf die Originalarbeiten zurückgreifen wird, habe ich die lithographirten Tafeln, die ich der ersten Auflage beigegeben hatte, fortgelassen und mich darauf beschränkt, die wichtigsten Figuren, welche vorzugsweise Habitusbilder erkrankter Pflanzentheile darstellen, in den Text aufzunehmen. Das Studium der Krankheitsprocesse wird dadurch, wie ich hoffe, wesentlich vereinfacht. Nur eine colorirte Tafel, welche eine Zusammenstellung der häufigsten Zersetzungsarten des Fichten- und des Eichenholzes giebt, war nothwendig.

Zur schnellen Auffindung und Bestimmung der Krankheitserscheinungen, die in dem Lehrbuche beschrieben worden sind, habe ich ein nach Pflanzenart und Pflanzentheil geordnetes Verzeichniss derselben aufgestellt.

Der Verlagsbuchhandlung bin ich zu Dank verpflichtet, dass dieselbe nicht allein auf die Ausstattung des Werkes alle erdenkliche Sorgfalt verwendete, sondern auch den Preis des Buches gegen früher verminderte, obgleich dasselbe an Umfang bedeutend zugenommen hat.

Möchte das Lehrbuch in der neuen Gestalt den gleichen Beifall sich erringen, dessen sich die erste Auflage zu erfreuen hatte.

München, November 1888.

R. Hartig.

Inhaltsverzeichniss.

Einleitung.

§ 1. Entwicklung der Pflanzenkrankheitslehre.

Die Umwandlung der natürlichen Bewaldungsverhältnisse Deutschlands, die Begründung gleichartiger Bestände derselben Altersstufe und Holzart an Stelle der aus verschiedenartigen und verschiedenaltrigen Bäumen zusammengesetzten Plänter- und Mittelwaldungen, insbesondere die Verdrängung des Laubholzes durch reine Nadelholzbestände hat in unserem Jahrhundert und ganz besonders in den letzten Decennien Gefahren für den Wald heraufbeschworen, welche in solchem Umfange früher unbekannt waren. Besonders sind es die Feinde aus dem Thier- und Pflanzenreiche, die in unseren modernen Waldungen günstige Bedingungen zu massenhafter Entwicklung vorfinden, so dass die Klagen über zunehmende Waldverwüstungen keineswegs unbegründet erscheinen. Bekannt waren schon den Forstwirthen des vorigen Jahrhunderts sehr viele Feinde und Krankheiten der Bäume; es zeugt hierfür ein im Jahre 1795 erschienenes Werk[1]), welches wohl die erste Zusammenstellung der in der älteren Literatur zerstreuten Beobachtungen über Pflanzenkrankheiten enthält. Wir können daraus entnehmen, dass eine grosse Zahl der erst in den letzten Jahren aufgeklärten Krankheiten, z. B. die Buchenkeimlingskrankheit, der Kienzopf der Kiefer, die Rothfäule der Fichte u. s. w. vor 100 Jahren den Forstleuten wohl bekannt war, wenn auch die Erklärung der Ursachen selbstredend dem damaligen Standpunkte der botanischen Wissenschaft entsprechend ausfallen musste.

Vor etwa 50 Jahren wandte sich eine Anzahl tüchtiger Forscher, Saxesen, Th. Hartig, Ratzeburg seien hier nur genannt, dem

---

[1]) Schreger, Erfahrungsmässige Anweisung zur richtigen Kenntniss der Krankheiten der Wald- und Gartenbäume etc. Leipzig, 1795. 518 Seiten.

Studium der Insecten zu. Das Leben der Forstinsecten, ihr Schaden oder Nutzen wurde bald das Lieblingsstudium vieler praktischer Forstwirthe und den gemeinsamen Bemühungen zahlreicher Kräfte gelang es, in einigen Decennien die Forstinsectenkunde zu einer geachteten wissenschaftlichen Disciplin zu erheben, die ein Gemeingut aller gebildeten Forstwirthe geworden ist.

Anders stand es mit denjenigen Pflanzenkrankheiten, die sich nicht auf Thierbeschädigungen zurückführen liessen. Ihre Erforschung blieb der jüngsten Zeit vorbehalten, denn erst, nachdem die botanische Wissenschaft mit ihrer Hauptwaffe, mit dem Mikroskop einen klareren Einblick gewonnen hatte in den normalen Bau und in die normalen Lebenserscheinungen der Pflanzen, nachdem insbesondere das Studium der Pilze in den letzten Jahrzehnten durch eine Reihe der hervorragendsten Forscher gefördert war, konnte die Untersuchung der krankhaften Erscheinungen des Pflanzenlebens mit Aussicht auf Erfolg in Angriff genommen werden.

Zwar waren in den Jahren 1833 bis 1841 drei Lehrbücher der Pflanzenkrankheiten erschienen, nämlich von Fr. Unger[2]), von Wiegmann[3]) und von Meyen[4]), welche Zeugniss dafür ablegen, dass die Fortschritte in der Erkenntniss des Baues und Lebens der Pflanze bei den Versuchen, die krankhaften Erscheinungen des Pflanzenlebens zu erklären, nicht unbenützt geblieben waren, die irrige Anschauung über das Wesen der Pilze, die völlige Unkenntniss ihrer Entwicklungsgeschichte standen jedoch dem klaren Verständniss der Krankheitsprocesse hindernd im Wege. Insbesondere wurde die unbefangene Forschung durch den Umstand gestört, dass man die wissenschaftlichen Errungenschaften, welche besonders durch J. v. Liebig auf dem Gebiete der Agriculturchemie gewonnen wurden, in irriger Weise auch auf die Erkrankungen der Pflanzen anzuwenden suchte. Nachdem man erkannt hatte, welche hohe Bedeutung für das Gedeihen der Pflanzen die Menge und Beschaffenheit der im Nährboden vorhandenen mineralischen Stoffe

---

[2]) Fr. Unger, Die Exantheme der Pflanzen und einige mit diesen verwandte Krankheiten der Gewächse. Wien 1833.

[3]) Wiegmann, Die Krankheiten und krankhaften Missbildungen der Gewächse. Braunschweig 1839.

[4]) Meyen, Pflanzenpathologie. Lehre von dem krankhaften Leben und Bilden der Pflanzen. Berlin 1841.

besitze, und wie eine unwirthschaftliche Behandlung des Bodens, insbesondere eine Raubwirthschaft im Wald-, Feld- und Gartenbau eine Erschöpfung desselben an dem einen oder anderen Nährstoffe mit sich bringen könne oder müsse, die in Trägwüchsigkeit der Culturpflanzen zum Ausdruck gelange, da glaubte man auch ohne vorgängige exacte Untersuchungen berechtigt zu sein, einen Schritt weiter zu gehen und auch die acuten Erkrankungen der Culturpflanzen, insoweit sie nicht sofort auf äussere Ursachen sich zurückführen liessen, als Folgen des Mangels an dem einen oder anderen Nährstoffe im Boden betrachten zu dürfen. Die Thatsache, dass ebenso häufig Erkrankungen auf sehr fruchtbarem wie auf magerem Boden auftreten, führte zu der Annahme, dass auch ein Ueberschuss an Nahrung die Veranlassung zur Entstehung von Pflanzenkrankheiten sein könne. Bahnbrechend für die Erforschung der Pflanzenkrankheiten waren erst die Arbeiten von de Bary[5]) und Tulasne[6]), und es beginnt hiermit eine neue Periode für die Erforschung der Pflanzenkrankheiten, indem man von nun an dem Leben und Wirken der parasitären Pilze die grösste Aufmerksamkeit zuwendete. Die bisherige Anschauung, demnach alle Pilzbildungen nur im Gefolge bereits vorhandener Krankheitsprocesse oder gar als Symptome bereits eingetretenen Todes der bewohnten Pflanzentheile auftreten, war als irrig erwiesen und wendete sich nunmehr die Forschung in erster Linie den Krankheiten der landwirthschaftlichen und gärtnerischen Culturgewächse zu. Unter anderen war es vorzugsweise Jul. Kühn[7]), der die Wissenschaft um eine Reihe der werthvollsten Untersuchungen bereicherte. Eine sichere Basis gewann die weitere Forschung mit dem Erscheinen von de Bary's[8]) Morphologie und Physiologie der Pilze.

Bis dahin war die Aufmerksamkeit der Forscher fast allein den landwirthschaftlichen Culturgewächsen zugewendet gewesen,

---

[5]) De Bary, Untersuchungen über die Brandpilze und die durch sie veranlassten Krankheiten der Pflanzen mit Rücksicht auf das Getreide und andere Nährpflanzen. Berlin 1853.

[6]) Tulasne, Selecta fungorum carpologia. Paris 1861.

[7]) Julius Kühn, Die Krankheiten der Culturgewächse, ihre Ursachen und Verhütung. Berlin 1858.

[8]) De Bary, Morphologie und Physiologie der Pilze . . Leipzig 1866 und Vergleichende Morphologie und Biologie der Pilze. Leipzig 1884.

und erklärt sich dies genügend aus dem Umstande, dass ja nur wenigen botanisch Gebildeten die Gelegenheit geboten war, auch im Walde zu forschen und den Krankheiten der Bäume ihre Aufmerksamkeit zuzulenken. Es ist das unzweifelhafte Verdienst von M. Willkomm[9]), nach dieser Richtung hin zuerst anregend gewirkt zu haben. Der Versuch Hallier's, das zerstreute Material in einem Lehrbuche[10]) zusammenzustellen, wurde später mit glücklicherem Erfolge durch P. Sorauer[11]) und durch Frank[12]) wiederholt. Deren Handbücher sind verdienstvolle Sammelwerke, in welchen systematisch geordnet die in zahllosen Zeitschriften und Werken zerstreuten Arbeiten zusammengestellt worden sind. Meine eigenen Arbeiten sind theils in Zeitschriften, theils in selbständigen Schriften[13]) veröffentlicht.

§ 2. Krankheitsursachen.

Es ist nicht wohl möglich, bei dem heutigen Stande der Wissenschaft eine scharfe Definition für die Zustände des Pflanzenorganismus aufzustellen, die man einerseits als gesunde, andererseits als kranke bezeichnen will. Die Entwicklung einer jeden Pflanze hängt von einer Reihe äusserer Ernährungsfactoren ab, welche wie das Licht, die Wärme, die Art und Menge der Nährstoffe, des Wassergehaltes und Sauerstoffgehaltes des Bodens, der Gehalt der Luft an Kohlensäure u. s. w. der Pflanze in sehr verschiedener Menge dargeboten werden. Wirken alle diese äusseren Einflüsse in günstigster Weise auf die Entwicklung der Pflanze ein, so wird sich dieselbe kräftig ernähren und ein üppiges Gedeihen zeigen. Es tritt nun aber vielleicht nie der Fall ein, dass alle diese

---

[9]) M. Willkomm, Die mikroskopischen Feinde des Waldes. Dresden 1866, 1868.

[10]) E. Hallier, Phytopathologie. Die Krankheiten der Culturgewächse. Leipzig 1868.

[11]) P. Sorauer, Handbuch der Pflanzenkrankheiten. Berlin 1874. II. Auflage 1886.

[12]) B. Frank, Die Krankheiten der Pflanzen. Breslau 1880.

[13]) R. Hartig, Wichtige Krankheiten der Waldbäume. Berlin 1874. Ders., Die Zersetzungserscheinungen des Holzes der Nadelholzbäume und der Eiche. Berlin 1878. Ders., Untersuchungen aus dem forstbotanischen Institute zu München. I. Berlin 1880. III. Berlin 1883. Ders., Der echte Hausschwamm, Merulius lacrymans. Berlin 1885.

Lebensfactoren gleichzeitig in denkbar günstigster Weise zusammenwirken, vielmehr wird immer an einem oder einer Mehrzahl derselben ein Mangel oder ein Ueberfluss vorhanden sein, der dahin führt, dass die Entwicklung der Pflanze mehr oder weniger beeinträchtigt wird. Wir nennen solche Pflanzen noch nicht krank und erst dann, wenn das Gedeihen derselben auf eine gewisse sehr niedere Stufe herabsinkt, nennen wir sie „kränkelnd".

Derartige kränkelnde Pflanzen erholen sich in der Regel, wenn der Mangel an Licht, Wärme, Nährstoffen oder was nun die Ursache des Kränkelns sein mochte, beseitigt wird. Es ist die Aufgabe der Physiologie, zu erforschen, welche Verhältnisse das beste Gedeihen der Pflanzen bedingen. Die Erscheinungen des Kränkelns zu erforschen, betrachte ich nicht als Aufgabe der Pathologie. Erst dann, wenn das Kränkeln zu einem theilweisen Absterben der Pflanze führt, wird man von einer wirklichen Erkrankung reden müssen. Wird z. B. durch Streurechen der Boden eines Bestandes verschlechtert, so tritt eine Wuchsverminderung ein, die noch nicht ein Erkranken ist; zeigt sich aber ein Absterben der Baumgipfel, so haben wir die Erkrankung der „Zopftrockniss" oder „Gipfeldürre" vor uns. Dies Beispiel erläutert, wie allmälig der Zustand des Kränkelns in den der Erkrankung übergeht und als äusseres Merkmal der letzteren nur das partielle Absterben der Pflanze bezeichnet werden kann.

Ebenso schwierig ist es, die Grenze zu ziehen zwischen gesund und krank, zwischen normal und abnorm auf dem Gebiete der Erscheinungen, die wir als Missbildungen zu bezeichnen pflegen. Es liegt in der Natur der Organismen der Hang nach einer Variation in morphologischer und physiologischer Beziehung und beruht ja hierauf die Fortentwicklung der organischen Welt.

Das Variiren ist also eine normale Erscheinung und beruht auf Ursachen, die fast stets im allerfrühsten Lebensstadium des Organismus vor, während und unmittelbar nach der Befruchtung der Eizelle wirksam sein dürften.

Die Grenze zwischen normaler Variation und Missbildung festzustellen, ist unmöglich und hat man auch das Gesammtgebiet der hierher gehörenden Erscheinungen, die wir nicht zu erklären im Stande sind, zu einer besonderen Lehre, der Teratologie zusammengefasst und von der Pathologie abgezweigt.

Wir werden somit in diesem Lehrbuche uns im Wesentlichen darauf beschränken, solche Erscheinungen zu beschreiben und zu erklären, welche die Pflanze oder einen wenn auch noch so kleinen Theil derselben zu vorzeitigem Absterben bringen.

Es führt uns diese Definition zur Beantwortung der Frage, ob die Pflanzen sämmtlich dem natürlichen Tode unterliegen oder wenigstens theilweise nur durch äussere Einflüsse untergehen, also nur dem accidentiellen Tode unterworfen sind.

Die Erfahrung lehrt, dass wenigstens unter den höher entwickelten Pflanzen jedes Individuum früher oder später dem Tode verfällt, dass die Ursache des Absterbens aber bei den perennirenden Pflanzen, insbesondere den Bäumen und Sträuchern, stets in äusseren ungünstigen Einflüssen zu finden ist. Bei den niederen Organismen, die sich lediglich durch Theilung vermehren und noch keine sexuelle Vermehrung erkennen lassen, kann man nicht wohl von einem natürlichen Tode sprechen, da ja jeder Theil so alt ist wie der Mutterorganismus, durch dessen Spaltung u. s. w. derselbe sich gebildet hat. Wäre einer bestimmten Pflanzenart, die sich nur durch Theilung zu vermehren im Stande ist, eine natürliche Lebensgrenze gesetzt, so müssten mit Erreichung derselben auch alle Theile derselben, also auch die durch Theilung aus ihr hervorgegangenen Nachkommen zu Grunde gehen, was bekanntlich nicht der Fall ist. Bei denjenigen Pflanzen, die sich auch auf sexuellem Wege vermehren, treten sehr verschiedene Verhältnisse hervor. Bei den annuellen Pflanzen stirbt der vegetative Theil alljährlich ab und es erhalten sich nur die aus den befruchteten Eizellen hervorgegangenen Embryonen am Leben. Wenn sich aus diesen samentragende Pflanzen entwickelt haben, so erhält sich von ihnen wiederum nur das aus den Sexualzellen hervorgegangene Bildungsproduct. Der vegetative Theil jeder Pflanze stirbt also aus inneren Ursachen ab, wenn solche auch zum Theil nur in der Erschöpfung beruht, die eine Folge der Ausbildung der Samen ist. Es tritt also ein natürlicher Tod aus inneren Ursachen ein, wogegen die Sexualzellen derselben nur dann absterben, wenn sie nicht befruchtet werden oder das Befruchtungsproduct aus äusseren Ursachen nicht zur Entwicklung einer neuen Pflanze gelangt. In der unbegrenzten Lebensdauer dieses Theiles der Pflanze, d. h. derjenigen Sexualzellen, die nicht dem accidentiellen Tode anheimfallen, beruht ja die Continuität in der organischen Welt, die Entwicklung und Erhaltung der Pflanzen- und Thierwelt.

Bei den perennirenden Pflanzen sind es nur einzelne Theile, welche dem natürlichen Tode alljährlich unterliegen, so bei den Stauden die oberirdischen Wurzeltheile, bei den sommergrünen Bäumen und Sträuchern die äusseren Rindengewebe, die Blätter u. w. s.

Das eigentliche Pflanzenindividuum geht aber nur in Folge äusserer ungünstiger Einflüsse zu Grunde. In der That verjüngt sich jeder Baum alljährlich in seiner Peripherie durch Neubildung aus dem Cambium und durch neue Triebe und Knospen. Erfahrungsgemäss ist die Lebensdauer eines jeden Baumes begrenzt, doch ist nicht erwiesen, ob dies auf innere Ursachen zurückzuführen oder die Folge der zahllosen Einflüsse ist, die mehr oder weniger nachtheilig von aussen auf die Pflanze einwirken. Wenn wir sehen, dass das Längenwachsthum eines Baumes nach Erreichung eines gewissen Maximum immer langsamer wird und schliesslich ganz aufhört, so würde man dies auf ein Nachlassen der Ernährungsfactoren, insbesondere wahrscheinlich darauf zurückführen müssen, dass die Kräfte, welche Wasser und Nährstoffe zur Gipfelknospe des Baumes emporleiten, beschränkte sind, die nach der specifischen und individuellen Natur der Pflanze früher oder später nicht mehr ausreichen, um das Längenwachsthum fortzusetzen. Würde man von einem alten Baume einen Steckling schneiden, so würde dieser denselben Entwicklungsgang durchmachen wie der Mutterbaum, und dadurch beweisen, dass durch vegetative Vermehrung das Leben einer Pflanze auf unbegrenzte Zeiten ausgedehnt werden kann. Bisher ist noch keine Erscheinung bekannt geworden, aus der man mit Sicherheit entnehmen kann, dass innere, natürliche Todesursachen allen, also auch den perennirenden Pflanzen eigenthümlich seien. Damit wird zugleich die Frage angeregt, ob „Altersschwäche" ein Factor sei, der bei Betrachtung der Pflanzenkrankheiten ins Auge gefasst werden muss. Wir werden bei der Besprechung der Krankheitsanlagen nachweisen, dass hohes Lebensalter ebensogut wie jugendliches Alter einer Pflanze für die eine oder andere Erkrankung disponiren kann. An und für sich ist aber Altersschwäche nicht ein natürlicher, aus inneren Ursachen abzuleitender, sondern ein durch äussere

Einflüsse herbeigeführter Zustand. Je älter ein Baum ist, um so zahlreicheren Gefahren war derselbe im Laufe der Zeit ausgesetzt, um so mehr Verletzungen und Wunden trägt derselbe, durch welche Parasiten oder Saprophyten Eingang in das Innere finden; je älter der Baum, um so enger ist der Jahrring und um so schwerer und langsamer geht die Ueberwallung jeder Wunde von Statten; je älter der Baum, um so langsamer ist die Ernährung, da einestheils der Erdboden, in welchem der Baum wurzelt, sich verdichtet und dadurch den Luftzutritt erschwert, anderentheils an dem einen oder anderen Nährstoff stellenweise erschöpft wird.

Mit der Verminderung der Nährstoffzufuhr zu der Krone des Baumes tritt ein Verkümmern derselben und partielles Absterben ein, was wiederum Krankheiten zur Folge hat, die schliesslich den Tod herbeiführen.

Immer sind es aber nachweisbare äussere Einflüsse, die dabei wirksam sind, so dass die Frage, ob Altersschwäche ein an sich naturgemässer Zustand sei, der sich z. B. in einer Schwächung der Organisation einer Cambialzelle oder einer von dem Baume abgelösten Knospe äussern, zur Zeit verneint werden muss. Wenn man also von der natürlichen Lebensdauer einer Pflanzenart redet, so ist damit zu verstehen der Zeitraum, welchen eine Pflanze zu durchleben vermag, ohne den ungünstigen äusseren Einwirkungen des Bodens, des Klimas und den mannigfachen Angriffen parasitisch und saprophytisch lebender Organismen zu unterliegen.

Damit haben wir dann zugleich die naturgemässe Eintheilung der Erkrankungsarten gefunden, die wir in dem Nachstehenden nach den äusseren Einflüssen, durch welche sie hervorgerufen werden, betrachten wollen.

1. Erkrankungen durch phanerogame Pflanzen.
2. Erkrankungen durch cryptogame Pflanzen.
3. Verwundungen.
4. Erkrankungen durch ungünstige Bodeneinflüsse.
5. Erkrankungen durch ungünstige atmosphärische Einflüsse.

Bei den meisten Erkrankungsarten kann man die Wahrnehmung machen, dass nicht alle Individuen einer Pflanzenart, welche bestimmten schädlichen Einflüssen ausgesetzt sind, in gleicher Weise diesen Einflüssen unterliegen, dass vielmehr einzelne Individuen oder Varietäten ganz oder fast völlig widerstandsfähig sich erweisen, während andere schnell erkranken oder absterben. Diese Beobachtungen zeigen, dass die von aussen kommenden Ursachen nicht allein bestimmend sind für die Entstehung einer Krankheit, dass vielmehr eine Pflanze nur unter bestimmten Voraussetzungen erkrankt, dass eine Prädisposition, eine Krankheitsanlage vorhanden sein muss, dass also gewissermassen das Entstehen einer Krankheit durch das Zusammentreffen zweier Factoren bedingt wird. Der eine Factor ist die in der Regel leicht nachweisbare äussere Krankheitsursache. Der zweite Factor dagegen ist begründet in einer dem Pflanzenorganismus eigenthümlichen Beschaffenheit, die entweder nur zu gewissen Zeiten vorhanden oder nur einzelnen Individuen eigenthümlich und angeboren ist oder endlich durch bestimmte äussere Einflüsse von den Pflanzen erworben wurde. Alle diese Eigenthümlichkeiten in der Organisation der Pflanze können durchaus normaler Natur sein, d. h. an und für sich den Pflanzenorganismus völlig gesund erscheinen lassen, in welchem Falle man die Prädisposition als „normal" bezeichnet. Andererseits kann aber die Krankheitsanlage auch eine „abnorme" sein, wenn nämlich der Pflanzenorganismus erst dadurch für eine Erkrankung prädisponirt wird, dass. er bereits von einer anderen Erkrankung heimgesucht ist. Abnorme oder krankhafte Prädisposition kann z. B. in der Gegenwart einer Verwundung bestehen, durch welche einem Parasiten erst der Eingang in den Pflanzenorganismus ermöglicht wird. Die ganze Gruppe der infectiösen Wundkrankheiten kann hierher gezählt werden.

Unter normaler Prädisposition versteht man also jeden, wenn auch nur vorübergehenden Zustand im anatomischen Bau, in der chemischen Constitution oder in den Lebensfunctionen eines Organismus, der an sich noch keinerlei Nachtheil für das Individuum in sich schliesst, der aber, wenn noch ein zweiter, und zwar äusserer Factor, der für sich allein ebenfalls ohne Nachtheil für die Pflanze ist, hinzukommt, zu einer Erkrankung führt.

Neben dieser, dem Organismus innewohnenden normalen und abnormen Disposition kann man aber auch von einer, in der Oertlichkeit gelegenen Prädisposition für Krankheiten reden.

Es giebt eine grosse Anzahl solcher Pilze, die nur dann eine bestimmte Holzart befallen können, wenn in der Nähe noch eine andere Pflanzenart auftritt, auf der dieser Pilz zu gewissen Jahreszeiten seine Entwicklung findet. Oertlichkeiten mit vielen Aspen zeigen eine Prädisposition für die Kieferndrehkrankheit, Alpenrosen verleihen einer Gegend eine Anlage für Fichtenblasenrostkrankheit, Berberitzenhecken disponiren zur Erzeugung von Getreiderost. Schon in dem Auftreten zusammenhängender Bestände von einer und derselben Holzart liegt eine Gefahr, durch welche grosse Epidemien entstehen können. Reine Lärchenbestände ausserhalb der Alpen gehen fast immer am Krebs zu Grunde, wogegen zwischen anderen Holzarten eingesprengte Lärchen sich gesund erhalten. Klimatische Eigenthümlichkeiten einer Gegend können dieselbe im hohen Grade für das Auftreten von Erkrankungen geeignet machen. So findet man im Alpengebiete die Umgebung der Seeen und enge Schluchten für gewisse Pilzkrankheiten besonders prädisponirt, da hier die Pilzfrüchte in der feuchten Luft besonders gut gedeihen. Im Walde kommen bestimmte Oertlichkeiten vor, die das Auftreten von Frostbeschädigungen begünstigen, sogenannte Frostlagen. In der Beschaffenheit des Erdbodens kann eine Disposition für gewisse Erkrankungen liegen, sei es, dass z. B. in ihm unterirdische Pilzparasiten besonders gutes Gedeihen finden, oder unter gewissen Verhältnissen Wurzelfäule zum Vorschein tritt. Man wird in zahllosen Fällen von vornherein Oertlichkeiten als disponirt für gewisse Krankheiten bezeichnen können, die dann eintreten müssen, wenn der eine oder andere äussere Factor hinzukommt, der in anderen Oertlichkeiten schadlos für die Pflanzenwelt ist. Diese an die Oertlichkeit gebundene Disposition bildet allerdings nur einen Theil der mannigfachen ausserhalb des Pflanzenorganismus gelegenen, das Auftreten und die Entwickelung von Krankheiten fördernden Umstände und darf mit dem Begriff der Krankheitsanlage im engeren Sinne nicht verwechselt werden.

Die normale Prädisposition der Pflanzen kann zunächst in solchen natürlichen Entwickelungszuständen derselben bestehen, die bei jeder Pflanze zeitweise vorhanden sind. Dahin gehört das jugendliche Alter der Pflanze und der jugendliche Zustand ihrer neuen Triebe, Blätter und Wurzeln.

Diese sind anfänglich nur von einer zarten, wenig oder gar nicht verkorkten Oberhaut bekleidet, welche den Angriffen parasitärer Pilze keinen Widerstand zu leisten vermag, wogegen im höheren Lebensalter mit der Cuticularisirung der äusseren Epidermiszellwand und weiter mit der Bildung von Korkhäuten und Borke an den Axentheilen die Disposition für eine Menge von Erkrankungsformen verloren geht.

Andererseits kann auch das höhere Lebensalter eine Prädisposition für gewisse Erkrankungen mit sich bringen. Junge Nadelholzbäume mit Harzkanälen sind gegen Infection durch Holzpilze fast völlig geschützt, wenigstens insoweit solche von Astwunden aus eindringen, da jede frische Astwunde durch ausströmendes Terpentinöl alsbald mit einer schützenden Substanz sich bekleidet. Erst von der Zeit an, wo sich ein Kernholz bildet, welches kein liquides Wasser mehr führt, tritt eine Prädisposition für Holzerkrankungen ein, da bei Astbrüchen der innere Holztheil nicht mehr durch ausfliessendes Terpentinöl sich selbst gegen Angriffe schützt, sondern nur im wasserreichen Splinte Terpentinöl und Harz aus den Harzkanälen gewaltsam hinausgepresst wird. Mit dem höheren Lebensalter ist bei den Bäumen in der Regel auch geringere Jahrringsbreite verbunden und die Folge davon ist, dass Wunden nicht so schnell durch Ueberwallung sich schliessen, als an jungen wuchskräftigen Bäumen. Es ist leicht einzusehen, dass damit die nachtheiligen Folgen von Verwundungen im höheren Lebensalter sich steigern. Von einer Altersschwäche und damit wachsender Empfänglichkeit für äussere Gefahren kann nur in diesem Sinne gesprochen werden.

Einen grossen Einfluss auf die Widerstandsfähigkeit der Pflanze gegen Gefahren hat der mit der Jahreszeit in Beziehung stehende Vegetationszustand der Pflanze. Bekannt ist, wie hohe Kältegrade eine Pflanze im Ruhezustande des Winters vertragen kann, während sie im Frühjahre nach Beginn der Vegetationsthätigkeit und vor Abschluss derselben im Herbste wenigen Kältegraden erliegt.

Auch die Widerstandsfähigkeit der Zellgewebe gegen die Angriffe parasitärer Pilze ist nach der Jahreszeit sehr verschieden. Zwischen der lebenden Zelle der Wirthspflanze und der Pilzzelle des Parasiten besteht ein Kampf, in welchem bei vielen, das Rinden- und Cambialgewebe bewohnenden Parasiten die letztere nur dann die erstere zu tödten vermag, wenn diese im Zustande der vegetativen Ruhe sich befindet, also ausserhalb der Vegetationszeit.

Finden im Zellgewebe der Wirthspflanze selbst lebhafte Processe des Stoffwechsels statt, dann ist sie befähigt, die Angriffe des Pilzes abzuwehren. Die auf Fermentausscheidung der letzteren beruhende Einwirkung auf das Zellgewebe des Wirthes ist nur dann eine nachtheilige, wenn diese gleichsam wehrlos ist durch den Ruhezustand, in dem sie sich befindet. Diese Rindenpilze wachsen nur vom Herbste bis zum Frühjahre und werden mit Beginn der vegetativen Thätigkeit der Wirthspflanze in ihrer Weiterentwicklung gehemmt. Ein ähnliches Verhältniss besteht bei einigen Pilzen, welche im Holztheile der Bäume jederzeit üppig wuchern und auch die lebenden Zellen desselben tödten, aber nicht im Stande sind, in das lebende Rindengewebe einzudringen, welches sie erst dann durchwuchern, wenn nach dem Absterben des Holzes dasselbe durch Vertrocknung getödtet wurde. Dem Holz- und Rindengewebe steht offenbar ein verschiedenes Widerstandsvermögen gegen den Parasiten zu Gebote.

Auch der durch die Witterung bedingte Wassergehalt der Pflanzen ist von Einfluss auf die Entwicklung der Parasiten im Innern derselben. In regenreichen Zeiten, in denen die Pflanzengewebe wasserreicher sind, als in Trockenperioden, vegetiren manche im Innern der Pflanze perennirende Pilze weit üppiger, als in Trockenperioden. Es tritt dies besonders bei der Kieferndrehkrankheit und bei dem Eichenwurzeltödter hervor.

Gegenüber den vorstehend besprochenen, gewissermassen nur periodisch auftretenden Dispositionserscheinungen giebt es eine zweite Kategorie von Eigenthümlichkeiten, die nur einzelnen Individuen oder Varietäten gleichsam angeboren sind und diese für gewisse Krankheiten besonders disponiren. Die Variation im Pflanzenreich kann in morphologischen, chemischen und physiologischen Eigenthümlichkeiten zum Ausdruck gelangen und nach jeder dieser Richtungen hin können Formen eintreten, die für die eine oder andere Erkrankung mehr oder weniger empfänglich sind.

In morphologischer Beziehung sei nur daran erinnert, dass es Kartoffelsorten giebt, die eine sehr zarte Haut, andere, die eine dicke Korkhaut besitzen und dass es leicht erklärlich ist, wie jene gegen die Angriffe des Kartoffelfäulepilzes weit weniger geschützt sind, als die Dickhäuter.

Von der Douglasfichte giebt es eine blaubereifte Varietät, deren Nadeln durch den reichlichen Wachsüberzug gegen die Trockenheit der Luft viel mehr geschützt sind, als die rein grüne Form. Dass letztere eine Prädisposition für das Vertrocknen im continentalen Klima besitzt, geht schon daraus hervor, dass sie auf die westlichen Küstengebiete Nordamerikas beschränkt ist.

Dass individuelle Verschiedenheiten bezüglich der chemischen Zusammensetzung, insbesondere des Wassergehaltes der Pflanzen vorkommen, ist zweifellos und lässt sich von vornherein annehmen, dass damit auch ein verschiedenes Verhalten gegen die schädlichen äusseren Einflüsse verknüpft sei. Zur Zeit ist uns aber nur sehr wenig in dieser Beziehung bekannt und können wir nur erst vermuthen, dass die individuellen Verschiedenheiten im Verhalten der Pflanze gegen Frost, Trockniss, wohl auch gegen Pilzangriffe zum Theil in solchen chemischen Verschiedenheiten ihre Erklärung finden.

Um so auffallender treten Verschiedenheiten im physiologischen Verhalten der Pflanzen als Krankheitsanlagen hervor. Es ist bekannt, zu wie verschiedenen Zeiten sonst völlig gleichartige Individuen desselben Bestandes aus der Winterruhe hervortreten und ergrünen. In einer jungen Fichtenschonung wird man zwischen dem Knospenausbruch der verschiedenen Individuen leicht zwei oder gar drei Wochen Differenz wahrnehmen, was vorzugsweise aus einem verschiedenen Wärmebedürfniss der Pflanzen abgeleitet werden muss. Frühzeitiger Laubausbruch schliesst offenbar eine Disposition für Beschädigung durch Spätfröste in sich, kann aber auch die Ursache zur Entstehung von Pilzkrankheiten sein. Wenn z. B. der Fichtennadelrost im Frühjahre in das Stadium der Sporenausstreuung getreten ist, so werden alle die Fichten, deren Knospen noch nicht zur Triebbildung gelangt sind, völlig frei vom Pilz bleiben, da dieser nur in die zarten Nadeln der neuen Triebe einzudringen vermag. Den frühzeitig ergrünten Individuen haftet also eine Disposition für diese Erkrankung an. In anderen Jahren können die zuerst ergrünten Individuen dann, wenn die Chrysomyxa ihre Sporen ausstreut, schon soweit in der Entwicklung vorgeschritten sein, dass die Nadeln bereits zu alt sind, um noch inficirt werden zu können. Dann sind es vielleicht gerade die Spätlinge, welche erkranken.

Die Wahrnehmung, dass unter den Individuen einer Pflanzenart immer solche vorkommen, welche ein geringeres oder grösseres Wärmebedürfniss besitzen, als die anderen, also mehr oder weniger disponirt sind, durch Kältegrade zu leiden, dass ferner auch die Ansprüche an die Luftfeuchtigkeit und andere Wachsthumsfactoren individuell verschieden sind, hat ja auf die Bedeutung der Provenienz der Sämereien, die wir bei Anbauversuchen mit fremdländischen Pflanzenarten verwenden, hingeführt. Unser Bestreben geht dahin, Sämereien aus solchen Gegenden zu beziehen, in denen sich von selbst im Laufe der Zeit Varietäten ausgebildet haben, deren Widerstandskraft entweder gegen Frost oder aber gegen Lufttrockniss eine gesteigerte ist.

Eine weitere Gruppe von Krankheitsanlagen umfasst alle die erst im Entwickelungsverlaufe der Pflanze erworbenen Eigenschaften, welche zu einer Erkrankung führen können, wenn gewisse äussere Einflüsse hinzutreten.

Werden Pflanzen in feuchter Luft, z. B. im Gewächshause, erzogen, so entwickelt sich das Oberhautsystem entsprechend der umgebenden feuchten Luft, so dass dieselbe nur wenig cuticularisirt. Kommen solche Pflanzen in trockene Luft, z. B. in die Luft der geheizten Wohnzimmer, so erkranken sie, weil die Transpiration der Blätter eine allzu gesteigerte wird.

Sind Bäume, zumal glattrindige, im dicht geschlossenen Bestande erwachsen und werden sie im späteren Lebensalter plötzlich frei gestellt, so tritt der Rindenbrand bei ihnen ein.

Derartige Bäume besitzen eine Prädisposition für Rindenbrand, welche den von Jugend auf im freien oder lichten Stande erwachsenen Pflanzen derselben Art fehlt. Diese Anlage beruht auf einer weniger stark entwickelten Hautbildung. Pflanzen, die im Schatten erwachsen sind, zeigen sich auch empfindlich gegen directe Sonnenwirkung, indem ihr Chlorophyll in der oberen Zelllage der Blätter zerstört wird.

Eichen, welche im geschlossenen Buchenbestande aufgewachsen sind und eine schwache Krone haben, erlangen eine Prädisposition für Gipfeldürre, wenn sie frei gestellt werden, während unter ähnlichen Verhältnissen Bäume mit vollen Kronen an dieser Krankheit nicht leiden.

In den ersten Jahren nach der Verpflanzung besitzen viele Bäume eine Anlage dazu, leichter zu erfrieren, die mit der Ausbildung eines kräftigen Wurzelsystems wieder verloren geht. Auf flachgründigem Boden sind die immergrünen Gewächse, insbesondere also die Nadelhölzer, weit empfindlicher gegen die Beschädigung durch Steinkohlenrauch, als auf tiefgründigem Boden, weil ihr Wurzelsystem ein mehr oberflächlich laufendes ist und im Winter nicht mehr im Stande ist, Wasser aufzunehmen. Das Vertrocknen der Nadeln in Folge der schwefligen Säure tritt bei ihnen leichter ein, als an Bäumen, die auch im Winter aus grösseren Tiefen Wasser aufzunehmen vermögen.

Alle die vorbesprochenen Krankheitsanlagen können als normale bezeichnet werden, da die bezeichneten Eigenthümlichkeiten an sich durchaus für den Pflanzenorganismus naturgemässe sind, die eben nur dann nachtheilig werden, wenn noch ein anderer äusserer Umstand hinzukommt, der als Krankheitsursache bezeichnet wird.

Nun giebt es aber noch zahlreiche abnorme oder krankhafte Krankheitsanlagen, zu denen alle Verwundungen der Pflanzen gehören, in deren Gefolge die eine oder andere Erkrankung des Pflanzeninneren eintreten kann.

Wird ein Baum geästet, so erhält er dadurch eine abnorme Prädisposition für eine Reihe von Wundkrankheiten infectiöser oder nicht infectiöser Art, deren Beseitigung durch rechtzeitigen und angemessenen, d. h. antiseptischen, Verband erfolgen kann. Eine Wurzelbeschädigung, z. B. das Abschneiden eines Wurzelstranges, ist an sich schon eine Schädigung; wenn sie dahin führt, dass von dort aus Fäulniss im Stamm sich verbreitet, so bezeichnen wir jene Beschädigung als eine abnorme Disposition.

Insecten verschiedener Art leben in der Rinde gesunder Bäume, verletzen diese und öffnen parasitären Pilzen gleichsam die Pforten des Bauminnern, so dass sie nunmehr getödtet werden.

Ein Hagelkorn trifft die Rinde eines Baumes und verletzt dieselbe. Damit ist eine abnorme Anlage geschaffen, die zu infectiöser Rindenerkrankung führen kann, wenn gewisse Pilze sich an der Rinde ansiedeln.

Sind Bäume oder Sträucher in einem Jahre verpflanzt und hierbei so sehr in ihrer Entwickelung zurückgebracht, dass die neuen Triebe bis zum Eintritt des Frostes noch nicht völlig entwickelt sind, d. h. die Holzbildung noch nicht zum Abschluss gelangt ist, so besitzen sie eine abnorme Disposition für Frostbeschädigung. In milden Wintern erhalten sie sich, tritt aber strenge Kälte ein, so können die Pflanzen völlig zu Grunde gehen.

Nach dem Vorstehenden wird es verständlich geworden sein, wie unendlich mannigfaltig die Erscheinungen der Krankheitsanlagen sind, wie aber auch nur eine Gruppe derselben die „angeborenen Anlagen" den Charakter der Erblichkeit besitzen. Die zuerst besprochenen natürlichen Entwicklungszustände, welche zeitweise bei jeder Pflanze auftreten, können bei der Vererblichkeitsfrage ausser Betracht bleiben. Die erworbenen, sowie die krankhaften Anlagen können aber nicht von den Eltern auf die Nachkommen übertragen werden, wenigstens ist bisher nichts bekannt, was auf eine solche Vererbung hindeutet. Es gilt dies nicht allein für die Anlagen, sondern auch für die Krankheiten selbst.

Eine Vererbung der Krankheiten auf die Nachkommen ist im Pflanzenreich unbekannt. Ohne Bedenken kann man den Samen der von allen erdenklichen Krankheiten heimgesuchten Pflanzen zur Erziehung neuer Pflanzen benützen.

Insbesondere wird man ohne Bedenken den Samen auch von solchen Bäumen sammeln können, die auf schlechtem Boden nur zu krüppelhaftem Wuchse gelangt sind. In der That geschieht dies ja z. B. bei der Kiefer, deren Zapfen man mit Vorliebe von solchen Bäumen sammelt, die auf verödeten Haiden erwachsen so geringwüchsig sind, dass mit Leichtigkeit das Zapfensammeln ohne Besteigen der Bäume erfolgen kann. Nur dann, wenn es sich um individuelle Eigenthümlichkeiten handelt, die in Geringwüchsigkeit, Drehwuchs oder anderen unerwünschten Eigenschaften bestehen, welche der Pflanze angeboren sind, tritt das Gesetz der Vererblichkeit zur Geltung, und hierauf wird der Pflanzenzüchter die grösste Rücksicht zu nehmen haben.

§ 3. Verfahren bei Untersuchung der Krankheiten.

In der Kürze soll hier auf die Untersuchungsmethoden hingewiesen werden, die wir zu befolgen haben, wenn wir die Ursachen von Erkrankungen feststellen wollen.

Bei Erkrankungen der Menschen oder der Thiere wird die Diagnose dadurch sehr erschwert, dass in den weitaus meisten Fällen die Erkrankung eines einzelnen Organes oder Körpertheiles secundäre Erscheinungen zur Folge hat, welche die Auffindung des eigentlichen Krankheitssitzes erschweren. Im Pflanzenkörper, dem das Nervensystem fehlt, bleibt eine Erkrankung in der Regel zunächst localisirt. Die Arbeitstheilung ist noch nicht soweit ausgebildet, wie im Körper der höher entwickelten Thiere, bei denen die Erkrankung irgend eines, oft nur kleinen Organs den ganzen Körper in Mitleidenschaft zieht. Ein grosser Theil des Pflanzenkörpers kann erkrankt und getödtet sein, ohne dass desshalb die Pflanze in ihrem Allgemeinbefinden merkbar geschädigt ist. Gelingt es insbesondere, die Erkrankung in ihrem ersten Stadium zu beobachten, so bietet die weitere Untersuchung verhältnissmässig wenig Schwierigkeiten dar. Schwieriger wird es in der Regel, an schon getödteten Pflanzen die wahre Ursache der Erkrankung und des Todes festzustellen, obgleich es dem geübten Pflanzenpathologen nur selten misslingen wird, den wahren Charakter einer Krankheit mit Sicherheit zu erkennen.

Handelt es sich um Beschädigungen durch Thiere oder Pflanzen, so werden wir diese selbst oder doch deren Spuren im Anfangsstadium der Erkrankung am sichersten auffinden und erkennen. Es genügt auch bei Thier- resp. Insectenbeschädigungen sehr oft nicht, dass wir den Feind bei der Arbeit ertappen, ihn und seine Lebensweise in der Natur zu beobachten suchen, wie das bisher meist geschah, vielmehr muss man bei Insectenbeschädigungen prüfen, ob die beschädigten Pflanzen nicht schon eine krankhafte Prädisposition besassen, bevor sie von den Insecten angegriffen wurden. Dies gilt insbesondere für die grosse Familie der Borkenkäfer, die vielfach nur im Gefolge anderer nachtheiliger Einwirkungen, insbesondere der Beschädigung durch parasitäre Pilze auftreten. Auch bei pflanzlichen Parasiten ist aus der Gegenwart eines Pilzes im abgestorbenen Gewebe noch nicht der Schluss zu ziehen, dass derselbe das Absterben bewirkt habe. Wo wir allerdings Pilzmycelien im scheinbar völlig unveränderten lebenden Gewebe einer Pflanze vegetirend finden, da ist es zweifellos, dass wir es mit einem Parasiten zu thun haben. Auch in letzterem Falle muss das Bestreben zunächst dahin gerichtet sein, durch geeignete Infectionsversuche die Krankheit, die wir zu erforschen suchen, auf gewissermaassen künstlichem Wege willkürlich an gesunden Pflanzen hervorzurufen.

Stehen uns Sporen oder Gonidien des verdächtigen Pilzes zu Gebote, so haben wir diese nach vorgängiger Prüfung der Keimfähigkeit derselben zur Ausführung des Versuches zu verwenden. Fehlt es an keimfähigem Material, so ist, wenn möglich, durch künstliche Cultur im feuchten Raume das Reifen oder selbst die Entstehung von Fruchtträgern abzuwarten. Je nach dem Charakter der Krankheit erfolgt die Infection durch Ausstreuen auf die Blätter oder in eine künstlich hergestellte Wunde der Wirthspflanze. Bei Rindenkrankheiten genügt ein feiner Schnitt mit der Spitze eines Scalpells, an der ein Tropfen Wasser mit darin suspendirten Sporen haftet, bei Erkrankungen des Holzkörpers muss dieser verwundet werden und lässt man dann den sporenhaltigen Wassertropfen von der Holzwunde aufsaugen.

Bei Erkrankungen des Rinden- oder Holzkörpers sind in der Regel Mycelinfectionen weit sicherer. Nachdem man aus einem erkrankten Baume ein Stückchen Rinde von der Stelle entnommen hat, wo das Mycel noch jung und kräftig ist, also von der Grenze des todten und lebenden Gewebes, setzt man dieses an die Stelle eines ebenso grossen und ebenso geformten, der Rinde eines gesunden Baumes entnommenen Rindenstückchens. Man kann dabei ganz ähnlich, wie beim Oculiren der Rosen verfahren, doch ist es im Allgemeinen besser, wenn die Ränder des pilzhaltigen Rindenstückchens genau mit den Rändern des unmittelbar zuvor angefertigten Rindenausschnittes zusammenpassen.

Man muss dann noch das Vertrocknen durch Verkleben mit Baumwachs oder anderweiten Verband zu verhindern suchen. Will man den Holzstamm durch Mycel inficiren, so entnimmt man mit Hilfe des Pressler'schen Zuwachsbohrers, der zu solchen Zwecken ganz vortrefflich sich eignet, einen Bohrspan von der Grenze des gesunden und kranken Holzes, da nur hier das im Holze enthaltene Mycel noch so wuchskräftig zu sein pflegt, dass es über die Oberfläche des Spanes hinauswächst, fertigt dann mit demselben Bohrer ein Loch in den gesunden Baum, ersetzt den aus diesem herausgezogenen Span durch den kranken und schliesst das Loch äusserlich durch Baumwachs.

Handelt es sich endlich um unterirdisch vegetirende Parasiten, dann genügt es in der Regel, wenn man eine erkrankte Pflanze in die nächste Nähe gesunder Exemplare derselben Art pflanzt, wobei man etwa noch in der Weise nachhelfen kann, dass man eine Wurzel des erkrankten Individuums mit ersichtlich noch lebendem, wachsthumfähigem Mycel in unmittelbare Berührung mit einer Wurzel der zu inficirenden Pflanze bringt.

Es wäre nun unrichtig, wenn man die Frage, ob ein Pilz wirklich Parasit sei oder nicht, nach dem Misslingen eines oder weniger Infectionsversuche beantworten wollte. Man denke nur daran, von wie zahlreichen Factoren das Gelingen einer Saat oder Pflanzung bei unseren Waldbäumen abhängt, deren Lebensbedingungen uns doch einigermaassen bekannt sind. In der Regel wissen wir von den zu untersuchenden Pilzen aber fast noch nichts; wir kennen nicht die äusseren Bedingungen der Keimung, wissen oft kaum, ob die Sporen schon reif, ob sie zu feucht oder zu trocken gebettet sind, ob ihnen genügender Sauerstoff zugeführt wird, ob die Jahreszeit die richtige zur Aussaat war, da die Sporen verschiedene Zeiten der Ruhe nach dem Reifen gebrauchen, ehe sie keimen, wie die Samen unserer Waldbäume. Das, was oben über die mannigfaltigen Krankheitsanlagen der Pflanze gesagt ist, wird zur Genüge darthun, wie auch bei dem besten Infectionsmaterial die Versuche oft genug mit negativen Resultaten enden können. Wenn es schon dem geübten Pilzforscher und Pathologen oft erst nach zahllosen missglückten Versuchen gelingt, die Bedingungen kennen zu lernen, unter denen die Infection einer Pflanze vor sich geht, so wird es erklärlich werden, wie es geradezu als ein Zufall bezeichnet werden muss, wenn dem Laien einmal ein Infectionsversuch glückt.

Ist die Infection geglückt, dann handelt es sich nicht allein darum, den Verlauf der Krankheit durch die verschiedenen Stadien zu verfolgen, wobei selbstredend die Beobachtung der im Walde auftretenden Erkrankungen von grösster Bedeutung ist, sondern es ist noch zu erforschen, welche äusseren Einflüsse hemmend oder fördernd auf die Entwicklung der Krankheit einwirken.

Dieser Theil der Untersuchung ist der schwierigste, er beansprucht vor allen Dingen eine sehr geschärfte Beobachtungsgabe, die Berücksichtigung der anscheinend unbedeutendsten Nebenumstände und vor allen Dingen einen möglichst häufigen Besuch des Waldes. Die Erforschung der Krankheiten unserer Waldbäume wird selten zum Ziel führen, wenn wir nicht sorgfältige und ausgedehnte Beobachtungen und Untersuchungen im Walde selbst ausführen. Noch viel weniger Aussicht auf Erfolg hat allerdings die

Beobachtung der Krankheiten im Walde, wenn sie nicht durch exacte wissenschaftliche Untersuchungen geleitet und unterstützt wird.

Ergiebt die Untersuchung, dass weder Thiere noch pflanzliche Organismen die erste Ursache der Erkrankung sind, dann kann diese nur in Einflüssen der anorganischen Natur beruhen. Vermuthet man, dass ungünstige Eigenschaften des Bodens die Krankheit veranlassten, dann wird womöglich an der Stelle, wo ein erkrankter Baum steht, nach Rodung desselben ein Bodeneinschlag bis zu der Tiefe vorgenommen werden müssen, bis zu welcher die Wurzeln hinab gedrungen sind. Es ist dabei auf die Festigkeit und den Wassergehalt der Bodenschichten zu achten, insbesondere auf die grössere oder geringere Zugänglichkeit desselben zu der atmosphärischen Luft. Im Walde wird eine Veränderung im Gehalt an mineralischen Nährstoffen, welche so bedeutend ist, dass dadurch ein bisher gesunder Baum oder Bestand erkrankt, nur unter Verhältnissen eintreten, die dem sachkundigen Beobachter sofort auffallen. So kann z. B. Gipfeldürre nach Streurechen oder Blossstellung des Bodens eintreten, Erkrankung oder Tod kann durch Zufuhr schädlicher Stoffe aus Fabriken, durch Ueberfluthung mit Seewasser u. s. w. bedingt sein. Es wird eine chemische Untersuchung äusserst selten nothwendig werden. Häufiger handelt es sich um Einflüsse der Atmosphärilien, vor allen der Temperatur, der Luftfeuchtigkeit, der Niederschläge, des Blitzes, nachtheiliger Gase u. s. w. Lässt sich feststellen, wann die Krankheit zuerst auftrat, dann wird durch Einziehung von Erkundigungen und durch Ermittelung der äusseren Verhältnisse oft schneller die Aufgabe zu lösen sein, als durch Untersuchung der erkrankten Pflanze. Oft wird aber auch diese zu dem gewünschten Ziele führen.

Im Allgemeinen sind die durch Thiere und Pflanzen erzeugten Krankheiten dadurch charakterisirt, dass diese zunächst an einigen Pflanzen oder Pflanzentheilen auftreten und sich dann successive ausbreiten, während jene in Einflüssen des Bodens oder der Atmosphäre begründeten Krankheiten, gleichmässig und gleichzeitig auf grösseren Flächen aufzutreten pflegen, da selten jene Einflüsse im Walde eng begrenzt und nur auf einzelne Pflanzen beschränkt zu sein pflegen.

Am leichtesten treten Täuschungen ein, wenn einer Erkrankung eine abnorme Prädisposition vorausgeht, weil dann oft nur diese nicht aber die dadurch ermöglichte Krankheit ins Auge gefasst wird. Oft genug treffen wir auch an demselben Baume verschiedene Krankheiten an, von denen jede für sich selbstständig arbeitet und darf man desshalb nicht sofort mit der Untersuchung aufhören, wenn man auch eine Krankheitsursache aufgefunden hat. Sehr oft begegnen wir z. B. in dem norddeutschen Flachlande verwüsteten Kiefernbeständen, in denen viele Bäume durch Trametes radiciperda getödtet sind. Eine genauere Untersuchung ergiebt dann oft, dass in demselben Bestande die Wurzelfäule in Folge mangelhaften Luftwechsels im Boden weit verderblicher eingetreten ist, als jener Wurzelparasit.

Nur die sorgfältigste Untersuchung, unterstützt durch gründliche Kenntniss der so mannigfach verschiedenen Erkrankungsformen, vermag uns vor Irrthümern zu schützen.

I. Abschnitt.

Beschädigungen durch Pflanzen.

Es kann nicht unsere Aufgabe sein, hier auf alle jene mannigfaltigen Beziehungen hinzuweisen, die der Kampf um's Dasein, der Kampf um den Raum, um Nahrung, Wasser und Licht sowohl zwischen ungleichartigen wie gleichartigen Pflanzen hervorruft. Jede Pflanze kann unter Umständen einer anderen nachtheilig werden, wenn sie mit dieser gleiche oder ähnliche Ansprüche an den Boden macht. Der Sieg zwischen zwei Concurrenten wird nicht allein entschieden durch die der Art eigenthümliche Schnellwüchsigkeit auf dem vorliegenden Standorte, sondern hängt in hohem Maasse von der individuellen Wuchsgeschwindigkeit der Pflanzen ab und diese ist es, die im gleichartigen Bestande in erster Linie den Ausschlag giebt. Es ist eine altbekannte Sache, dass schon im jugendlichsten Lebensstadium, ja zuweilen, z. B. bei der Eiche schon in der Grösse der Früchte[1]) die individuelle Wuchskraft zum Vorschein tritt und dass es desshalb von der grössten Bedeutung ist, nicht nur bei der Auswahl der Samen mit Sorgfalt zu verfahren, sondern auch beim Verschulen und Verpflanzen alle Schwächlinge zu entfernen. Bei dichtem Pflanzenstande muss ein Kampf aller Gewächse mit ihren nächsten Nachbarn eintreten, ich halte es aber nicht für die Aufgabe der Pflanzenpathologie, auf diese Erscheinungen näher einzugehen, glaube mich vielmehr darauf beschränken zu sollen, nur diejenigen Beschädigungen näher zu betrachten, welche in directen Angriffen einer Pflanze auf Leben und Gesundheit einer anderen bestehen.

---

[1]) Von Th. Hartig ist dies schon vor 30 Jahren durch Versuche im Braunschweiger Forstgarten dargethan.

Phanerogame Gewächse.

§ 4.

Eine scharfe Grenze zwischen solchen Pflanzen, die nur indirect, d. h. nur durch ihre Nähe und durch ihre Concurrenz im Genuss der Nährstoffe, des Lichtes u. s. w. anderen Pflanzen schädlich werden, sowie andererseits den ächten Parasiten besteht nicht. Jenen ersteren reihen sich vielmehr solche Pflanzen an, welche, ohne von der Substanz einer anderen zu leben, doch dieselben direct angreifen und an ihnen pathologische Erscheinungen hervorrufen.

Es sei z. B. auf Lonicera Periclymenum hingewiesen, deren Stämme gelegentlich junge Bäume umschlingen und dann einige Jahre später die Abwärtswanderung der Bildungsstoffe im Bastgewebe in eine begrenzte spiralige Bahn zwingen. Mit zunehmender Dicke des Baumes tritt bald ein directer Druck des Schlingstrauches auf denselben ein, und die Wanderung der Bildungsstoffe in senkrechter Richtung wird dadurch verhindert. Der unmittelbar unterhalb des Geisblattstammes befindliche Stammtheil wird oft gar nicht mehr ernährt und kann die dortige Cambialregion in Folge dessen allmälig absterben, während die oberhalb des passiv einschnürenden Geisblattstammes befindliche Baumregion einestheils einen sehr kräftigen Zuwachs zeigt, anderentheils sich in den jüngeren Theilen durch spiraligen Verlauf aller Organe der Gefässbündel abnorm verändert.

Fig. 1.

Eichenstamm von Lonicera Periclymenum umwachsen. Der Stamm des Geisblattes ist am untern freien Ende *d*, ferner bei *c* und am oberen Ende bei *b* sichtbar. Unterhalb desselben ist das Cambium abgestorben *e*, die Neubildung hat nur in einer Spirale *f* stattgefunden. Bei *g* ist der Zuwachs wieder normal. Der ganze Stamm ist von *a* abwärts entrindet dargestellt.

Unterliegt es auch keinem Zweifel, dass die nächste Ursache

der Wanderung der Bildungsstoffe im Bastgewebe der Verbrauch
dieser Stoffe am einen, die Erzeugung derselben am anderen Orte
ist, wodurch eine Wanderung vom Orte der Entstehung zum Orte
des Gebrauches hervorgerufen wird, so spricht doch neben vielen
anderen Erscheinungen auch die vorliegende in Fig. 1 illustrirte
Thatsache für die Annahme, dass die Bildungsstoffe im Bastgewebe
des Stammes weit leichter und schneller abwärts wandern als seitwärts; ja dass die seitliche Bewegung so sehr erschwert wird, dass
zuweilen die Ernährung des unter dem Geisblattstamme befindlichen
Cambiumstreifens ganz aufhört.

Es verdient hier auch Triticum repens erwähnt zu werden,
dessen Rhizome mit ihren scharfen Spitzen dann, wenn sie unmittelbar auf fleischige Wurzeln anderer Pflanzen stossen, diese
durchbohren und durchwachsen. Dies ist besonders in Eichensaatbeeten beobachtet, doch ist zu bemerken, dass die Durchbohrung
der Wurzeln den Eichen keinen erkennbaren Schaden zufügt.

Den Uebergang zu den ächten, d. h. den ausschliesslich von
den Bildungsstoffen anderer Pflanzen lebenden Parasiten bildet eine
Gruppe von Pflanzen, denen man es zunächst nicht ansehen kann,
dass sie einen parasitären Lebenswandel führen, da sie mit chlorophyllhaltigen Blättern versehen sind und mit ihren Wurzeln aus
dem Boden Wasser und anorganische Nährstoffe aufnehmen. Sie
bereiten sich Bildungsstoffe durch Assimilation, haften aber mit
einzelnen ihrer Wurzeln vermittelst eines Saugapparates, eines
Haustoriums, an den Wurzeln anderer phanerogamer Pflanzen und
entziehen diesen organische Substanz. Dahin gehören die Rhinan-
thaceen, eine Unterfamilie der Scrophulariaceen. Der Feldwachtel-
weizen (Melampyrum arvense), der Klappertopf (Rhinanthus Crista
galli), die Gattung Läusekraut (Pedicularis) und Augentrost (Eu-
phrasia) sind bekannte Beispiele für diese Lebensweise. Auf
eine nähere Besprechung dieser Pflanzen kann hier nicht eingegangen werden, da sie nur auf Krautpflanzen der Wiesen schmarotzen. Auch die Gattung Lathraea mit der bei uns sehr häufigen
Art Lathraea squamaria, Schuppenwurz, ist noch nicht lediglich
auf den Parasitismus angewiesen. Ihre Wurzeln haften zum Theil
auf den Wurzeln sehr verschiedenartiger Pflanzen, unter denen sich
mehrere Holzgewächse, Buchen, Hainbuchen, Haseln und Erlen befinden.

Obgleich auch in den Orobanchen noch Spuren von Chlorophyll nachgewiesen sind, zählen dieselben doch schon zu den zweifellos ächten Parasiten, die ihre Nahrung ausschliesslich den Wirthspflanzen entziehen, auf deren Wurzeln sie sich entwickeln. Unter den zahlreichen Arten treten einige auf Culturpflanzen in so massenhafter Entwicklung auf, dass sie ihnen bemerkbaren Schaden zufügen, so z. B. die Orobanche ramosa auf Taback und Hanf, Orob. lucorum auf Berberitze und Brombeere, Orob. Hederae auf Epheu, Orob. rubens auf Luzerne und Or. minor auf Rothklee. Zweifelhaft ist noch der Parasitismus des Fichtenspargels (Monotropa Hypopitys), doch da die Wurzeln der letzteren den Wurzeln von Nadelholzbäumen und auch Buchen aufsitzen, so erscheint ein Uebergang von Nährstoffen sehr wahrscheinlich, wenn auch die Hauptnahrung in Humusstoffen bestehen wird. An den Fichtenspargel schliessen sich die chlorophylllosen Orchideen an, die lediglich saprophytischer Natur sind.

Auch die Loranthaceen sind noch nicht im eigentlichen Sinne als Parasiten zu bezeichnen, da sie den Bäumen und Sträuchern, auf denen sie wohnen, doch im Wesentlichen nur Wasser und anorganische Nährstoffe und nur in sehr beschränktem Maasse auch organische Stoffe entziehen. Sie besitzen chlorophyllhaltige Blätter und verhalten sich zu ihren Wirthen ganz ähnlich wie das Edelreis sich zur Unterlage verhält. Sie geben sogar einen Theil der selbst bereiteten Bildungsstoffe an die Wirthspflanze ab, welche diese zum eigenen Wachsthum verbraucht. Ob allerdings dies bei allen oder auch nur den meisten Loranthaceen geschieht, ist zweifelhaft, bei Loranthus europaeus findet aber eine solche wechselseitige Ernährung statt. Die Art und Weise, wie die einzelnen Arten dieser Familie durch ihr Wurzelsystem den Pflanzen, welche sie bewohnen, das Wasser und die Nährstoffe entziehen, ist eine ungemein verschiedene, wenn man besonders auch die ausserdeutschen Arten ins Auge fasst[2]).

Die bekannteste und durch ganz Europa, Asien bis nach Japan verbreitete Art ist Viscum album, die gemeine Mistel. Die-

---

[2]) cf. Solms Laubach in Pringsheim's Jahrbüchern f. wiss. Bot. VI. p. 575 ff. R. Hartig, Zur Kenntniss von Loranthus europaeus u. Viscum album mit 1 Taf.; Zeitschrift für d. Forst- u. Jagd-Wesen. 1876 Seite 321 ff. Dr. C. v. Tubeuf, Beiträge zur Kenntniss der Baumkrankheiten, Seite 9—28. Springer Berlin. 1888.

selbe bewohnt fast alle Laub- und Nadelholzbäume, bevorzugt aber einige Holzarten, z. B. die Tanne, Kiefer, die Pappeln und Obstbäume, während sie auf anderen Bäumen wieder sehr selten oder gar nicht auftritt, so z. B. auf der Fichte, Eiche, Buche, Kastanie, Erle und Esche[3]). Bezüglich der Gestalt dieser allgemein bekannten Pflanze sei nur bemerkt, dass schmal- und breitblättrige Formen, nach der Holzart verschieden vorkommen. Ihre Verbreitung findet die Mistel durch Verschleppung der Beeren, welche von den Drosseln (besonders Turdus viscivorus) verzehrt werden, wobei die dem Schnabel anhaftenden klebrigen Samen vom Vogel an die Zweige, auf denen er sitzt, abgestreift und dadurch festgeklebt werden. Die im Frühjahr keimenden Samen entwickeln zuerst eine Art Saugscheibe, aus deren Mitte dann eine feine, das Rindegewebe durchbohrende Wurzel hervortritt. Diese Hauptwurzel dringt bis zum Holzkörper des Zweiges oder Stammes vor, ohne bei ihrer zarten Beschaffenheit im Stande zu sein, in diesen selbst hineinzuwachsen. Ihr Längenwachsthum an der Spitze ist damit beendigt, dagegen ist sie befähigt, durch ein hinter der Spitze gelegenes theilungsfähiges Gewebe, welches in der Cambialregion des Zweiges der Wirthspflanze gelegen ist, sich zu verlängern in demselben Maasse, als der Zweig sich durch einen Holz- und Bastring verdickt (Intermediäres Längenwachsthum). Der Holzring umschliesst die Spitze der Mistelwurzel, die mit jedem Jahre tiefer in den Holzkörper einzudringen scheint, thatsächlich aber nur durch das Dickenwachsthum des Stammes umschlossen wird. Das Längenwachsthum dieser Wurzel wie aller später an den Rindenwurzeln entstehenden „Senker“ hat also die grösste Aehnlichkeit mit dem Längenwachsthum eines Markstrahles, der sein eigenes Cambium im Cambiummantel des ganzen Stammes besitzt und sich dadurch jährlich nach der Holz- und nach der Rindenseite zu verlängern befähigt ist. An dem in der Rinde gelegenen Theile der Keimwurzel entstehen nun mehrere Seitenwurzeln, welche bald in der Längsrichtung des Zweiges und zwar sowohl aufwärts als abwärts fortwachsen und „Rhizoiden“ oder „Rindenwurzeln“ genannt werden. Sie wachsen mit ihrer pinselförmigen Spitze im jugendlichen Siebtheile, ohne jedoch die

---

[3]) Ueber die Mistel, ihre Verbreitung, Standorte und forstl. Bedeutung von Nobbe in Tharander forstl. Jahrbuch 1884.

Cambiumzone selbst zu berühren oder zu alteriren. Vor der Spitze werden die Organe des Siebtheiles aufgelöst und jedenfalls darf angenommen werden, dass die Auflösungsproducte auch von der Rindenwurzel aufgenommen und zu eigenem Wachsthum verbraucht werden. Das jährliche Längenwachsthum der Rindenwurzeln, die ein fortgesetztes Dickenwachsthum nicht zu besitzen scheinen, beträgt nach Messungen an der Kiefer etwa 0,75 mm, nach Messungen an der Tanne 1,7 cm. Entweder alljährlich einmal, sehr selten zweimal, oftmals nur ein Jahr um das andere entsteht nahe der Spitze der Rindenwurzel auf der Innenseite ein „Senker", d. h. ein keilförmiger Auswuchs von der Breite der Rindenwurzel, aber von sehr verschiedener Grösse, welcher die Cambialzone durchdringt und genau bis auf den Holzkörper der Wirthspflanze gelangt und nun dieselbe eigenthümliche Verlängerung zeigt, die schon für die Keimwurzel oben beschrieben wurde. Legt man die Rindenwurzel mit den an ihr entstandenen Senkern frei, wie dies Fig. 2 geschehen ist, so kann man von der Spitze der Wurzel c ausgehend genau feststellen, vor wie viel Jahren die einzelnen Senker entstanden sind, da dieselben mit jedem Jahre von einem Holzringe umwachsen werden. Auch in den neuesten Beschreibungen der Mistel

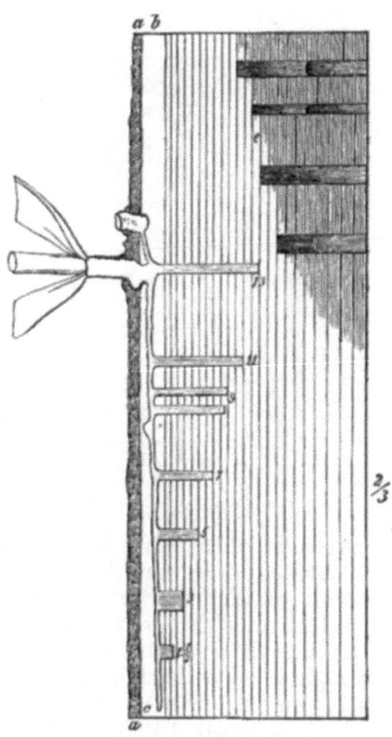

Fig. 2.

Wurzeln von Viscum album in Pinus silvestris. Die Rindenwurzel wächst mit ihrer Spitze c im Bastgewebe b, zeigt nach innen 8 Senker, nach aussen Wurzelbrutknospen und Ausschläge. Der älteste Theil der Rindenwurzel ist der todten Borkeregion a a schon nahe gerückt. Bei e sind Senker einer bereits in die Borkeregion eingetretenen Rindenwurzel.

findet man meist noch die Schacht'sche Abbildung reproducirt, welche irrthümlich zwischen älteren Senkern derselben Rindenwurzel jüngere darstellt. Die ganze Reihe der Senker nimmt nun an ihren Seitenflächen, mit denen sie unmittelbar den wasserleitenden Organen des Holzkörpers anliegen, Wasser und anorganische

Nährstoffe auf, die sie zunächst der Rindenwurzel und durch diese der beblätterten Mistelpflanze zuführen. Aus der eigenthümlichen Art des Längenwachsthums der Senker geht schon hervor, dass sich dieselben nicht allein nach der Holzseite, sondern auch nach der Rindenseite zu verlängern. Mit der Neubildung von Bast- oder Siebgeweben rücken auch die Rindenwurzeln immer mehr vom Cambiummantel nach aussen, wie dies schon in Fig. 3 zu erkennen ist. Bei Bäumen, deren Rinde, wie z. B. die der Weisstanne, viele Jahrzehnte hindurch glatt bleibt, bevor Borkebildung eintritt, ist dieses Entfernen der Rindenwurzeln von dem Cambiummantel ohne irgend welchen Nachtheil möglich. Es können dieselben 40 Jahre alt werden und dem entsprechend erlangen auch die Senker ein so hohes Alter, mit dem eine entsprechende Länge verbunden ist. Bäume dagegen, bei denen frühzeitig Borkebildung eintritt, wie z. B. bei der Kiefer, zeigen immer nur kurze Senker von 3—4 cm Länge und 12—15 jährigem Alter. Dies erklärt sich dadurch, dass mit der in der Regel lebhafteren Neubildung von Innenrinde auch ein schnelleres Hinwegrücken der Rindenwurzeln vom Cambiummantel verknüpft ist. Die äusseren Rindentheile verfallen der Borkebildung und sobald ein Rindentheil, in welchem eine Rindenwurzel der Mistel enthalten ist, der Borkebildung

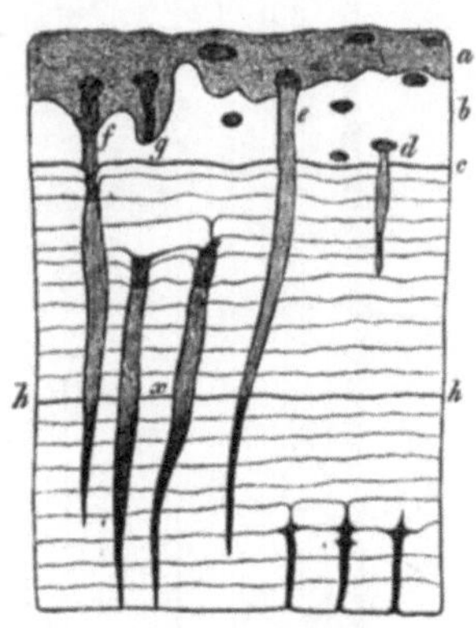

Fig. 3.

Querschnitt durch einen Stamm von Abies pectin. mit Viscum album. *a* Todte Borke mit abgestorbenen Rindenwurzeln. *b* Lebendes Bastgewebe. *c* Cambialregion. *d* Durchschnitt einer Rindenwurzel mit 6 jährigem Senker. *e* Desgl. 18 jährig, die Rindenwurzel soeben in die Borkeregion eintretend, während die Spitze des Senkers im Kernholz vertrocknet. *f* Die Rindenwurzel und der Basttheil des Senkers seit 2 Jahren todt. *g* Rindenwurzel seit 6 Jahren todt. *h h* Grenze zwischen Splint und Kern. *x* Zwei Senker, deren im Splint liegende Region noch lebend ist.

verfällt, vertrocknet auch der darin enthaltene Theil der Mistelwurzel und der Zusammenhang mit den Senkern wird unterbrochen. Dies wird durch Fig. 3 deutlich gemacht werden. Der Senker hört nun auf zu wachsen und wird oft sehr bald, oft erst nach längeren Jahren von den neuen Holzringen aussen geschlossen. Das Absterben einer Rindenwurzel erfolgt naturgemäss nicht im ganzen Verlaufe derselben gleichzeitig, sondern zuerst im ältesten, d. h. am weitesten nach aussen liegenden Theil derselben, während die jüngeren Theile, soweit sie noch im lebenden Rindengewebe eingeschlossen sind, lebend bleiben. Diese befinden sich nun aber in der Lage der Wurzel eines abgehauenen Baumes, d. h. sie können die aufgenommenen Nährstoffe nicht mehr der beblätterten Mistelpflanze zuführen, welche, wenn alle ihre zuleitenden Wurzeln in der Borke liegen, absterben muss. An deren Stelle treten nun zahllose Wur-

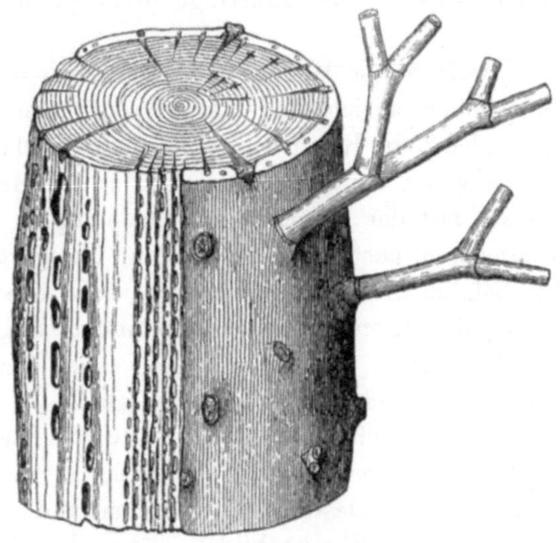

Fig. 4.

Weisstannenstammstück mit Viscum album-Bestand,
auf der einen Seite entrindet, um den Verlauf der Rindenwurzeln
und Senker zu zeigen.

zelbrutausschläge, indem auf der Aussenseite des noch lebenden Theiles der Rindenwurzeln Wurzelbrutknospen entstehen, die zu Ausschlägen sich heranbilden. Auch die in Fig. 2 dargestellte Mistelpflanze ist nur ein solcher Wurzelausschlag. Diese Ausschläge, welche Fig. 4 dargestellt sind, bilden für sich nun wieder ein neues Wurzelsystem, und so kommt es, dass ein von der Mistel befallener Stammtheil im höheren Alter mit zahllosen jungen und älteren Rindenwurzeln, mit alten und jungen Senkern durchsetzt ist. Es bildet sich auf dem Baume gleichsam ein Mistelbestand, der durch fortwährend neu entstehende Wurzelbrut sich verjüngt und dabei einen immer grösseren Theil des Baumes für sich in Anspruch nimmt. An älteren Tannen und Kiefern sind Mistelbestände von 1 m Länge und $\frac{1}{2}$ m Breite nicht gerade selten. Es mag noch darauf hingewiesen werden, dass auch die noch lebenden Senker von der Spitze aus absterben (Fig. 3), sobald diese in die von innen nach aussen vorrückende Kernholzregion des Baumes kommen. Auch bei Tanne und Fichte ist nur der äussere Holztheil wasserleitend und die Region, welche liquides Wasser enthält, ist selten mehr als 40—50 Jahrringe breit, ja in den Aesten viel schmaler.

Der Schaden, welchen die Mistel im Walde, sowie an den Obst-, Park- und Alleebäumen anrichtet, ist keineswegs unerheblich. In der Nähe von Nürnberg, im Reichswalde, sah ich mittelalte Kiefernbestände, in denen kaum ein Baum verschont ist und die Belaubung durch Mistelblätter mit der natürlichen Benadelung in Concurrenz tritt. Wo es praktisch ausführbar ist, wie in Obstgärten u. s. w., muss man die befallenen Aeste rechtzeitig, noch ehe eine allgemeine Verbreitung der Mistelpflanze stattgefunden hat, ganz abschneiden. Ein Abbrechen der Mistelpflanze allein veranlasst nur kräftige Wurzelausschlagbildung an derselben Stelle.

Mit wenigen Worten sei hier auch die Gattung Arceuthobium erwähnt, von welcher eine Art Arceuthobium Oxycedri in SüdEuropa und zwar schon in Oesterreich vorkommt und auf Juniperus Oxycedrus dicht gedrängte Büsche bildet, während in Nordamerika eine grössere Anzahl von Arten auf den Waldbäumen, besonders den Abietineen bekannt ist. Dieselben wachsen ähnlich, wie die europäische Form oder veranlassen die Entstehung von Hexenbesen, indem die in der Rinde lebenden Rhizoiden eine erhebliche Streckung der befallenen Zweige, aus deren Rinde zerstreut zahlreiche 1—2 cm lange Sprossen hervorbrechen, veranlassen, wie dies bei Arceuthobium Douglasii der Fall ist[4]). Die Nahrungsaufnahme erfolgt auch bei diesen durch einfache Senker, welche aus einer Zellreihe bestehen oder durch solche, welche Gefässe besitzen. Die Beschädigungen der Waldbäume durch diese Arceuthobien sind sehr erhebliche, doch ist nicht anzunehmen, dass diese Parasiten mit dem Anbau der

---

[4]) cf. C. v. Tubeuf l. c.

nordamerikanischen Nadelhölzer in Europa hierher übersiedeln werden.

Grösseres Interesse bietet noch der Loranthus europaeus die Riemenblume, welcher Parasit besonders in Oesterreich verbreitet ist, aber auch vereinzelt in Sachsen gefunden wurde, zumal die Art seiner Wurzelbildung von der der vorbeschriebenen Loranthaceen vollständig abweicht.

Die Riemenblume befällt vorzugsweise unsere Eichen und wird desshalb auch wohl Eichenmistel genannt, dann aber auch noch Castanea vesca und hat sich in den Mittelwaldungen Oesterreichs, insbesondere im Wiener Walde, dadurch sehr nachtheilig erwiesen, dass sie durch Tödten der Gipfel das Höhenwachsthum der Eichen-

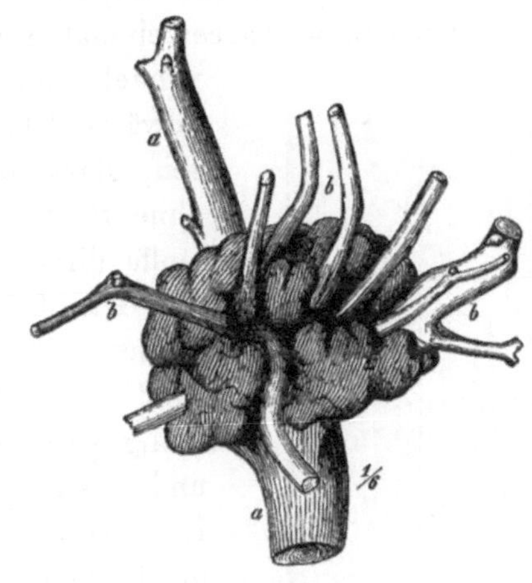

Fig. 5.

Maserkropf einer Quercus Cerris *a*, mit einer alten Loranthuspflanze *b b*.

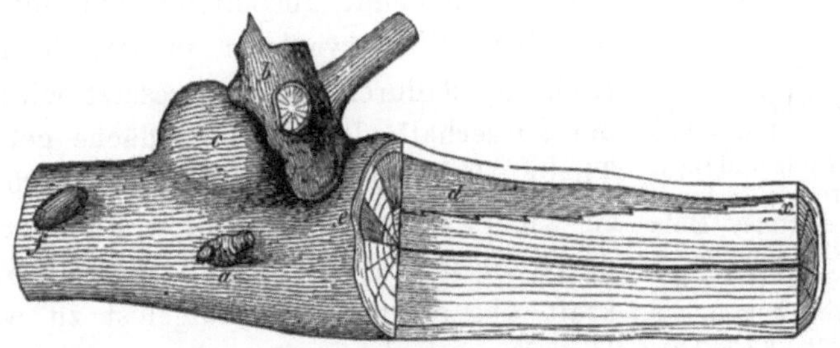

Fig. 6.

Loranthus europ. auf Zweig von Quercus Cerris.
a. Junge Pflanze. *b.* 5 jährige Loranthuspflanze.
c. Wucherung der Eiche. *d.* Längsschnitt durch
eine Wurzel der Loranthuspflanze. *x.* Wurzelspitze.
e. Querschnitt einer Wurzel. *f.* Samenkorn.

überhälter beeinträchtigt. An Stelle des Gipfelastes tritt oft eine maserige Anschwellung von der Grösse eines Menschenkopfes, wie Fig. 5 zeigt. Die Pflanze ist sommergrün, ihre länglichen Samen (Fig. 6 f) werden, wie bei Viscum, durch Drosseln an die Zweige geklebt, keimen dort, und wenn die jungen Mistelpflanzen (Fig. 6 a) wenige Jahre alt geworden sind, so sieht man schon an deren Basis eine lebhafte Anschwellung der Eichenpflanze hervortreten, welche den unteren Theil des Schmarotzers ganz einschliesst (Fig. 6 c).

Das Wurzelsystem unterscheidet sich von dem der vorbesprochenen Loranthaceen einmal darin, dass die wenigen an der Keimwurzel entstehenden Rhizoiden stets nur abwärts, d. h. dem Wasserstrom entgegen wachsen, dass diese Rhizoiden es sind, welche, ohne Senker zu bilden, Wasser und Nährstoffe direct aus dem Holze aufnehmen.

Die keilförmige Wurzelspitze (Fig. 7 x) wächst nicht ausserhalb der Cambiumzone, sondern im Jungholze, d. h. dem noch nicht völlig verholzten inneren Holztheile des Astes und zwar immer genau parallel mit dem Längsverlaufe der Organe des Holzes. Mit der flachen Innenseite der Wurzelspitze gleitet sie so lange in einer bestimmten Region des Jungholzes vorwärts, mit der gewölbten Aussenseite die noch unverholzten Elemente nach aussen drückend, abspaltend und auflösend, bis dem Weiterwachsen in der bisherigen Richtung dadurch ein Ziel gesetzt wird, dass die ausserhalb der Spaltungsfläche gelegenen Theile des neuen Holzes durch Verholzung zu widerstandsfähig geworden sind, um noch durch die in der Wurzelspitze liegende Wuchskraft abgespalten und aufgelöst zu werden. Die Wurzelspitze sitzt dann gleichsam in einer Sackgasse und ist gezwungen, in einer gewissen Entfernung hinter der Spitze, nämlich da, wo die gewölbte Aussenseite die Cambialzone berührt (Fig. 7 y), einen neuen Scheitelpunkt zu bilden, in welchem ein erneutes Längenwachsthum in einer weiter aussen gelegenen Wachsthumszone beginnt. Während der Entwicklung eines Jahrringes tritt für die Mistelwurzel, die naturgemäss nur in derselben Zeit zu wachsen vermag, in der die Cambialthätigkeit Jungholz er-

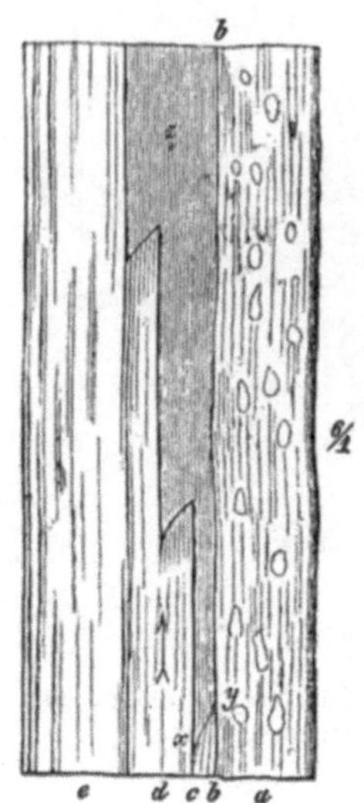

Fig. 7.

Jüngster Theil einer Wurzel von Loranthus europ. *a* Rinde und Bast. *b* Cambialregion. *cb* Jungholz. *d* Fertiges Holz des letzten Jahrringes. *e* Vorjähriger Holzring. *z* Loranthuswurzel. *x* Deren Spitze. *y* Der Ort, wo eine neue Wurzelspitze sich bildet.

zeugt, in der Regel dreimal die Nothwendigkeit hervor, die Wachsthumsrichtung weiter nach aussen zu verlegen, und entstehen dadurch auf der Innenseite eben so viele stufenförmige Absätze, die mit entsprechenden Vorsprüngen des Holzes correspondiren, wie dies aus den Fig. 6 u. 7 zu ersehen ist. Die Entfernung zweier Absätze beträgt etwa 5—8 mm, das Längenwachsthum der Wurzel jährlich etwa 1,5 cm. Da die Wurzeln dem Wasserstrome des Stammes entgegenwachsen, so ergiesst sich dieses aus den leitenden Organen des Holzes direct an den Absätzen in die Mistelwurzel. Letztere zeigt nun die Eigenthümlichkeit, dass sie auch ein lebhaftes Dickenwachsthum besitzt, wobei sie eine Reihe von Jahren mit dem Dickenwachsthum des Eichenastes gleichen Schritt hält und sich dadurch gegen das Einwachsen schützt. Selten schon nach 4, meist erst nach 8 Jahren und später hört ihr Dickenwachsthum auf und sie wird nun von den begrenzenden Holztheilen durch einen Ueberwallungsprocess eingeschlossen; während sie an der Spitze weiter wächst, liegen also die älter als 8jährigen Theile im Holze eingeschlossen, functioniren aber vollständig und können die Nahrung aufnehmen, so lange sie noch nicht in die Kernholzregion gerathen, in welcher keine Wasserleitung mehr stattfindet. Die aufgenommenen Nährstoffe können aber auch dann noch der Loranthuspflanze zugeführt werden. Von den im Holzkörper verborgenen Wurzeln verlaufen hier und da den Markstrahlen ähnliche Verbindungen bis zur Rinde und von hier können, wenn dies auch nur selten geschieht, durch Adventivknospen Wurzelbrutausschläge entstehen.

Sehr auffallend ist die maserige Anschwellung derjenigen Stelle des Eichenastes, auf der eine Loranthuspflanze haftet. Während der höher gelegene Theil des Eichenastes schliesslich ganz abstirbt, verdicken sich die Maserkröpfe, welche den ganzen unteren Theil der Mistelpflanze mit ihren Verästelungen umschliessen; es verdickt sich auch der Theil des Eichenastes, welcher die Maserknollen trägt, ohne eigene Blätter zu besitzen, und unterliegt es keinem Zweifel, dass die Assimilationsproducte der Schmarotzerpflanze auch zur Ernährung der Wirthspflanze verwendet werden.

Da es nicht durchführbar ist, die Drosseln wegen der Verbreitung des Mistelsamens abschiessen zu lassen, so wird man auch hier so viel als möglich beim Auftreten der Riemenblume durch Abschneiden der befallenen Aeste dem Uebel begegnen müssen.

Die Cuscuteen[6] „Flachsseide" sind chlorophyllose ächte Schmarotzer, die zwar vorwiegend nur auf krautartigen Gewächsen schädlich sind, doch auch oft genug auf Holzgewächsen gefunden werden, so dass eine kurze Erwähnung derselben hierher gehört. Die Samen derselben keimen im Frühjahr auf der Erde. Die jungen Pflänzchen gehen alsbald wieder verloren, wenn der lang fadenförmige Stengel nicht eine geeignete Wirthspflanze gefunden hat, in welchem Falle er den Stengel derselben spiralig umwindet und in die Rinde zahlreiche Saugwürzelchen, Haustorien genannt, einbohrt. Während die ursprüngliche, in der Erde haftende Wurzel verloren geht, ernährt sich die Seide dadurch, dass sie der umschlungenen Pflanze durch ihre bis in die Gefässbündel der Wirthspflanze eingedrungenen und dort sich oft in einzelne Zellfäden gleichsam pinselförmig zertheilenden Saugwurzeln die Nährstoffe entzieht. Sind dies schwächere Pflanzen, dann können sie frühzeitig getödtet werden; grössere Pflanzen werden nur in der Entwicklung beeinträchtigt, an Holzgewächsen habe ich einen irgend beachtenswerthen Schaden noch nie bemerkt.

Die Cuscuteen verbreiten sich durch die zahllosen Samen, welche in den reichblüthigen kugelförmigen Blütheständen, die in geringen Abständen übereinander stehen, erzeugt werden, doch hat man neuerdings auch erkannt, dass die Pflanze selbst zu überwintern im Stande ist. Die einzigen praktisch anwendbaren Mittel gegen den Parasiten bestehen in Verwendung seidefreien Saatgutes. Sodann ist aber auch die Vertilgung der so vielfach in Hecken und an Zäunen wuchernden Seidepflanzen vorzuschreiben. Dies sind die Standorte, wo wir am häufigsten und insbesondere auch an verschiedenen Holzgewächsen die Seide antreffen, und zwar in erster Linie Cuscuta europaea, die gemeine Seide. Sie schmarotzt auf fast allen Holzgewächsen, so z. B. Corylus, Salix, Populus, Prunus spinosa, dann insbesondere auf Humulus, Urtica, Galium. Die gefährlichste Art ist die Kleeseide, Cuscuta Epithymum, da sie vorzugsweise auf Klee und Luzerne schädlich wird. Neben zahlreichen anderen Wirthspflanzen, z. B. Thymus, Genista, Cal-

---

[5] cf. Sorauer, Handbuch. II. Auflage. II. Theil, S. 32—48.

v. Solms-Laubach, Ueber den Bau und die Entwicklung parasitischer Phanerogamen, in Pringsheim's Jahrb. Bd. IV.

luna u. s. w., ist sie selbst auf Vitis gefunden worden. Cuscuta Epilinum ist vorzugsweise auf Linum usitatissimum angewiesen, andere Species treten seltener auf.

Kryptogame Gewächse.

§ 5. Unächte Parasiten.

Auch unter den kryptogamen Pflanzen giebt es solche, die, ohne Parasiten im engeren Sinne zu sein, durch ihre Angriffe direct nachtheilig für andere Pflanzen werden können. Dahin gehört Thelephora laciniata, der zerschlitzte Warzenpilz[1]), dessen vegetativer Pilzkörper in den oberen Bodenschichten von humosen Bestandtheilen lebt, dessen Fruchtträger, wie Fig. 8 zeigt, an den jungen Pflanzen emporwachsen. Sie schliessen Blätter, Nadeln und Zweige von unten auf so vollständig ein, dass diese ersticken und absterben. Die rostbraunen, ungestielten, mehr oder weniger zusammenfliessenden, am Hutrande zerschlitzten Fruchtträger fand ich besonders oft an jungen Fichten, Tannen und Weymouthskiefern, seltener an Rothbuchen, bis zu einer Höhe von 20 cm vom Boden emporwachsend.

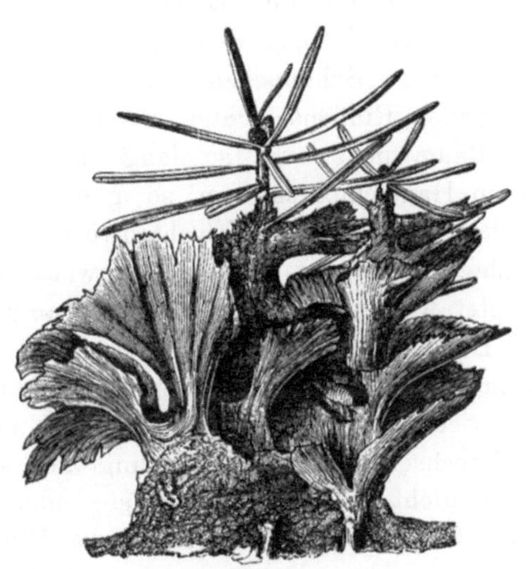

Fig. 8.
Thelephora laciniata.

In weit geringerem Grade, aber doch aus ähnlichen Ursachen kann ein übermässiger Flechtenwuchs den Bäumen nachtheilig werden. Wo sich im Walde reichlicher Flechtenwuchs an den Stämmen und Zweigen findet, ist dies ein Symptom anhaltend

---

[1]) cf. R. Hartig in Unters. aus d. forstbot. Inst. I S. 164. Berlin 1880.

3*

feuchter Luft. Es steht aber auch in Beziehung zu der Bodengüte und Schnellwüchsigkeit der Bäume, und ist es ja bekannt, wie Buchen auf den besten, zumal kalkreichen Böden glatte, flechtenarme Rinde, auf minderen, insbesondere auf sandigen Böden flechtenreiche Rinde zeigen. Ist das Dickenwachsthum einer Buche sehr schnell, dann muss auch das Periderm einer schnellen Neubildung unterworfen sein und die todten Korkzellen auf der Aussenseite der Rinde werden bald abschülfern und abgestossen werden. Eine belangreiche Flechtenentwicklung ist unmöglich. Bei sehr langsamem Dickenwachsthum werden die todten Korkzellen viel länger auf der Rinde verbleiben, es können sich somit zwischen ihnen die Flechten länger und kräftiger entwickeln, zumal selbstredend auch die Feuchtigkeit länger erhalten wird. Aehnliches gilt für solche Bäume, welche, wie die Fichte, die äusseren Peridermschichten als Schüppchen abstossen oder in späterem Alter die absterbenden Rindenschichten als Borkeplatten abwerfen. Je träger der Baumwuchs, um so langsamer ergänzen sich die äusseren todten Hautschichten, um so günstiger sind diese dem Flechtenwuchse. Ist somit der Flechtenwuchs mehr ein Symptom anhaltend feuchter Luft oder trägen Baumwuchses, so soll damit nicht behauptet werden, dass derselbe nicht in geringem Maasse dem Leben des Baumes nachtheilig werden kann. Im Sommer athmet der Baum auch an seinen älteren Stammtheilen durch Vermittelung zahlloser Lenticellen Sauerstoff ein, der zu den Processen des Stoffwechsels im Innern unbedingt nothwendig ist. Wird nun durch einen dichten, üppigen Flechten- oder Mooswuchs der Zutritt des Sauerstoffes zu den Lenticellen der Rinde erschwert, so darf man annehmen, dass dies nicht ohne Nachtheil für den Baum ist. Es lässt sich darin wohl eine Erklärung finden für die Erscheinung, dass mit einem sehr üppigen Flechtenwuchs, z. B. an Fichten und Lärchen, das Absterben vieler Zweige der innern Krone verbunden zu sein pflegt.

§ 6. Die Bacterien oder Schizomyceten.

Die Bacterien sind erst seit einigen Jahren auch als Pflanzen bewohnende Parasiten erkannt, jedoch sind die Fälle, in denen diese niederen Organismen zweifellos als Krankheitserreger im Pflanzenkörper auftreten, nur sehr vereinzelt.

Während bekanntlich die Fäulnissprocesse und die meisten ansteckenden Krankheiten der Menschen und Thiere auf die Wirkung der Spaltpilze zurückgeführt werden, wird der Pflanzenorganismus schon durch die Eigenthümlichkeit seines Aufbaues, insbesondere durch den Mangel offener Strombahnen, in denen eine Fortbewegung der Nahrungsflüssigkeit und damit eine Verbreitung der in ihr etwa befindlichen niederen Organismen stattfinden könnte, gegen diese geschützt. Nur durch die Gefässe und Intercellularräume können sie, sich reichlich vermehrend, in dem Pflanzenkörper sich ausbreiten, ohne die ihren Angriffen grossen Widerstand leistenden, aus Cellulose oder Holz bestehenden Wandungen passiren zu müssen.

Es kommt hinzu, dass die meist saure Reaction der Pflanzensäfte ihrem Wachsthum und ihrer Vermehrung ungünstig ist. In der That sind Bacterien bisher nur im Gewebe solcher Pflanzen vorgefunden, deren Zellen parenchymatischer Natur und sehr zartwandig sind, wie in Zwiebel- und Knollengewächsen. Sorauer[1]) bezeichnet die durch Bacterien hervorgerufenen Erkrankungen mit dem Collectivnamen „Rotz“ (Bacteriosis). Diese Erkrankungen zeichnen sich dadurch aus, dass die befallenen fleischigen Pflanzentheile in eine schleimig-schmierige, höchst übelriechende Breimasse verwandelt werden. Durch die von den Gefässen, in denen sich die Bacterien schneller verbreiten, ausgehende Spaltpilzvegetation werden die zarten Zellwände aufgelöst und mit dem plasmatischen Inhalte zur Bacterienernährung und -vermehrung verwendet, während oft das Stärkemehl erhalten bleibt.

Der gelbe Rotz der Hyacinthenzwiebeln (Bacterium Hyacinthi) ist eine häufige Erkrankung, bei welcher schleimige gelbe Bacterienmassen, von Wakker B. Hyacinthi genannt, in den Gefässen auftreten und von hier aus die Gewebe völlig verjauchen.

Die Bacterien greifen vollkommen gesunde, ausgereifte Zwiebeln unter normalen Verhältnissen nicht an. Es sind irgend welche Verwundungen nöthig, wie sie beim Herausheben der Zwiebeln und Einschlagen derselben an einem anderen Orte leicht vorkommen, oder es sind die Zwiebeln schon von Fadenpilzen angegriffen, unter denen besonders ein Hyphomycet fast ständiger Begleiter

---

[1]) Sorauer, Handbuch. II. Auflage. S. 74—112.

der Rotzkrankheit ist. In feuchter Lage dringen die Bacterien in die Wunde ein und veranlassen die Fäulniss derselben.

Auch die **Nassfäule** oder der Rotz der Kartoffel, die in den meisten Fällen als Folge der durch Phytophthora infestans hervorgerufenen Kraut- oder Zellenfäule auftritt, ist eine durch Spaltpilze erzeugte Krankheit.

Neuerdings wird von J. Burrill in Urbana Illinois eine mit blight bezeichnete Krankheit der Birn- und Apfelbäume beschrieben, deren Ursache dieser Forscher auf Invasion eines Bacteriums zurückführt. Die Krankheit scheint Aehnlichkeit mit dem durch Nectria ditissima erzeugten Baumkrebs zu haben und da bei diesem Pilz in der Rinde kleine Bacterien-ähnliche Gonidien in grosser Menge erzeugt werden, so dürfte zunächst noch zu prüfen sein, ob nicht diese Erkrankung nur irrthümlicherweise einem Spaltpilze zugeschrieben wird.

§ 7. Die Myxomyceten, Schleimpilze.

Unter den Myxomyceten führt eine, wenn auch geringe Anzahl ein parasitäres Leben, indem sie in den Wurzeln der von ihnen bewohnten Pflanzen eigenartige Anschwellungen veranlassen. Dahin gehört Plasmodiophora Brassicae[1]), welche die **Hernie der Kohlpflanzen** verursacht. Wurzel und Stengelbasis der Kohlpflanzen, welche von diesem Parasiten befallen sind, zeigen kleinere und grössere, oft faustgrosse Anschwellungen, die bald verfaulen. Der Ernteertrag der geschwächten Pflanze fällt oft ganz aus. Zur Bekämpfung der Krankheit wird man alle erkrankten Kohlstrünke verbrennen, damit sich der Parasit nicht im Boden verbreitet und wird andererseits auf Böden, auf denen die Krankheit auftrat, mit dem Anbau des Kohls einige Jahre aussetzen.

Fig. 9.
Wurzelwucherung der Eller, durch Schinzia Alni hervorgerufen.

An den **Erlenwurzeln** treten ganz allgemein verbreitet und schon in sehr jugendlichem Alter die bekannten sich reich verästelnden knolligen Wucherungen auf (Fig. 9), in deren Zellen Woronin einen Pilz nachgewiesen hat, den er Schinzia Alni benannte.

---

[1]) Woronin in Pringsheim's Jahrb. 1878. Bd. XI, S. 548.

Neuerdings hat Möller[2]) die in den Zellgeweben der Erlenwurzelknollen auftretenden plasmodienartigen Gebilde einem der Gattung Plasmodiophora angehörigen Schleimpilz, den er als Plasmodiophora Alni bezeichnet, zugeschrieben. Ob dieser mit Schinzia Alni identisch, oder von ihm noch verschieden und gleichzeitig mit ihm auftretend sei, bedarf weiterer Untersuchung.

Der weiteren Untersuchung harren auch die Wurzelknollen der Leguminosen und der Elaeagneen, in deren parenchymatischen Zellen plasmodienartige Gebilde auftreten.

§ 8. Die Pilze.

Allgemeines über Bau und Leben der Pilze.

An jeder Pilzpflanze unterscheidet man das Mycelium und den Fruchtträger. Ersteres nimmt die Nährstoffe auf, verarbeitet dieselben und dient allen vegetativen Verrichtungen, während die Fruchtträger der Erzeugung von Fortpflanzungsorganen dienen, mögen diese nun auf vegetativem Wege, durch Theilung und Abschnürung entstehen, also den Knospenbildungen höherer Pflanzen analog sein, oder auf sexuellem Wege zur Ausbildung gelangen. Die Entwicklung des Myceliums beginnt durch Auswachsen, d. h. durch Keimen einer Pilzzelle, die unter Aufnahme von Wasser und in der Regel auch gleichzeitiger Nährstoffaufnahme sich zu einem Pilzfaden, Pilzschlauch, „Hyphe" genannt, ausbildet. Das Wachsthum des Pilzschlauches ist ein Spitzenwachsthum, verbunden mit dem Hervortreten seitlicher Aeste, wodurch ein sich immer reichlicher verästelndes System von Pilzschläuchen entsteht, das man irrthümlich bildlich so dargestellt hat, wie einen Strom mit seinen Nebenflüssen und Quellen. Dieser Vergleich ist desshalb nicht zutreffend, weil alle Pilzhyphen fast gleich dick sind und ein nachträgliches Dickenwachsthum des ältesten Theiles eines Mycelfadensystems nur in beschränktem Grade einzutreten pflegt.

Die Pilzfäden oder Hyphen bleiben zwar bei manchen Arten völlig ungetheilt, in der Regel bilden sich aber in einiger Entfernung von der Spitze Querwände, durch welche der Innenraum in Kammern eingetheilt wird. Eine solche Hyphe nennt

---

²) H. Möller, Plasmodiophora Alni. Ber. d. deutsch. bot. Ges. 1885. Heft 3, S. 102.

man dann „septirt". Der Inhalt derselben besteht in der ersten Jugend aus meist farblosem Plasma, erst in einer gewissen Entfernung von der Spitze treten Körnelungen ein, die vorwiegend der Bildung von Fetttröpfchen zuzuschreiben sind. Oft füllen sich die Mycelzellen mit grossen Fetttropfen, und zwar vorzugsweise dann, wenn das Mycel Ruhezustände annimmt, in denen es bis zu späteren Vegetationsperioden verharrt, ähnlich wie die Kartoffelknolle sich mit Reservestoffen anfüllt, die erst im nächsten Jahre zu Neubildungen verwendet werden sollen. Nicht selten ist das Oel gefärbt, insbesondere giebt die goldgelbe Farbe des Oels vieler Rostpilze den Blatt- oder Rindengeweben, in denen das Mycel wuchert, eine gelbe Färbung. Im Plasma treten auch meist sehr bald Zellsafttropfen, sogen. Vacuolen auf, welche das Plasma zum grossen Theil an die Wand drängen und dadurch dem Inhalt ein schaumiges Ansehen geben.

Nur dann, wenn reiche Stickstoffnahrung vorhanden ist, also in Mycelien, welche zwischen oder in dem vorwiegend aus parenchymatischen Zellen bestehenden Rinden-Bast- oder Blattgewebe der Pflanzen vegetiren, erhält sich der Inhalt der Hyphen lange Zeit; er verschwindet dagegen frühzeitig, wenn das Mycel in sehr nahrungsarmem Gewebe, also insbesondere im Holzkörper der Bäume vegetirt. Verbreitet sich ein Pilzmycel im Inneren eines Baumes, dann findet dasselbe im Inhalte der Markstrahlzellen, sowie der Zellen des Holz- oder Strangparenchyms reichliche Stickstoffnahrung, es entwickelt kräftige Hyphen, wenn es auch im inhaltlosen Lumen der Tracheiden, Holzfasern oder Gefässe fortwächst. Die Spitzen der Hyphen werden gleichsam von rückwärts mit Plasma versehen, während sie proteinfreie Gewebstheile zu passiren haben. Das Plasma wandert hinter der Spitze her und zwar auf Kosten der älteren Hyphentheile, die sich bald entleeren und mit Luft füllen. Die leeren Mycelhyphen erhalten sich zwar noch eine Zeit lang, werden aber unter dem zersetzenden Einflusse des Pilzes selbst wieder aufgelöst, und findet man desshalb oft nichts mehr von dem Pilze, während doch zahlreiche Bohrlöcher in den Wandungen der Zellen zweifellos darthun, dass derselbe früher in dem Gewebstheile vorhanden gewesen ist. In demselben Maasse, als in einem Holzkörper das Mycel sich vermehrt, steigert sich der Proteinmangel zur Erzeugung neuen Pilzplasmas und dies giebt sich in der abnehmenden Dicke der neu entstehenden Pilzhyphen in auffallendster Weise zu erkennen.

Die Wandung der Pilzhyphen, aus Pilzcellulose bestehend, ist anfänglich sehr zart, erreicht aber mitunter nachträglich eine Dicke, dass das Lumen fast völlig verschwindet. Es wird dadurch ein aus solchen dickwandigen Hyphen bestehender Pilzkörper zuweilen steinhart. Umgekehrt verwandelt sich die Wandung ganz oder nur in ihrem äusseren, seltener inneren Theile in eine Gallerte, und gewisse Wandungszustände z. B. des Mycels von Hysterium, der Askenspitzen von Rosellinia quercina färben sich dann durch Jod so blau, wie das Stärkekorn.

Anfänglich sind die Pilzhyphen fast immer farblos, in späterem Alter nimmt die Wandung recht oft eine heller oder dunkler braune Färbung an, seltener sind andere Farben, z. B. die blaugrüne der Peziza aeruginosa, welche die sogenannte Grünfäule todten Eichen-, Buchen- oder Fichtenholzes veranlasst. Zuweilen beschränkt sich die Färbung auf die äusseren oder inneren Wandungsschichten.

Das durch seitliche Aussprossung sich verästelnde, durch Spitzenwachsthum vergrössernde Mycel bleibt in der Regel ein einfach fädiges, d. h. die Mycelfäden bleiben isolirt und verwachsen höchstens hier und da, wo sie sich gerade kreuzen. Vegetirt dasselbe äusserlich auf Blättern, Früchten u. s. w., wie z. B. bei den Mehlthaupilzen (Erysiphe), dann nennt man es epiphytisch; vegetirt es im Inneren der Pflanzen, ist es also endophytisch, dann wächst es entweder, die Wandungen durchbohrend, von Zelle zu Zelle, ist somit intracellular, oder es wächst zwischen den Zellen, ist intercellular und sendet dann, in der Regel ähnlich den meisten Epiphyten, kurze Zweige, Saugwarzen oder Haustorien genannt, in das Innere der Zelle, um aus diesem die Nahrung zu entnehmen.

Wenn das fädige Mycel Gelegenheit hat, sich ausserhalb des Nährsubstrates kräftig zu entwickeln, wie das insbesondere häufig der Fall ist bei holzbewohnenden Hymenomyceten, dann bildet es häutige Lager von oft mächtiger Entwicklung oder es füllt Spalten oder andere Hohlräume im Holzstamme aus. Am bekanntesten sind solche Häute, Krusten und Pilzmassen von Polyporus sulphureus, vaporarius, borealis, Hydnum diversidens, Trametes Pini, Merulius lacrymans u. A.

Oftmals nimmt das Mycel auch die Form von sich verästelnden Strängen an, die dann geeignet sind, den Pilz zur Wanderung durch nahrungsarme Substrate zu befähigen. Es handelt sich dabei entweder nur um lockere Vereinigung gleichartiger Pilzhyphen, Rhizoctonien genannt, oder die Stränge zeigen einen eigenartigen Bau. mit Organen verschiedener Natur. Die Stränge des ächten Hausschwammes z. B. führen gefässartige Organe mit weitem Lumen und perforirten Querwänden, daneben sclerenchymatische, dünne Fäden und drittens zarte, plasmareiche Hyphen mit Schnallenzellen. Diesen Strängen schliessen sich dann die sogenannten Rhizomorphen an, die in ihrem Aeusseren grosse Aehnlichkeit mit Wurzelfasern höherer Gewächse und je nach der zugehörigen Pilzart einen ganz eigenartigen inneren Bau zeigen. Am bekanntesten sind die Rhizomorphen des Agaricus melleus, welche bei freier Entwicklung eine rundliche Gestalt annehmen, im Rindengewebe der lebenden Bäume sich fächerförmig verbreiten. Ihr innerer Bau zeigt charakteristische Merkmale, durch welche sie sich von den Rhizomorphen anderer Pilze, z. B. der Dematophora necatrix sofort unterscheiden.

Aehnliche Bedeutung, wie den Knollen und anderen Rhizomen höherer Pflanzen ist den sogen. Sclerotien zuzuschreiben. Es sind eigenartig gebaute Mycelmassen, in denen reiche Vorräthe an Nährstoffen, besonders an Plasma und Oel niedergelegt sind, und die, oft lange Zeit ruhend, beim Eintritt günstiger Bedingungen keimen und dann entweder neues fädiges Mycel oder zunächst Fruchtträger des betreffenden Pilzes hervorbringen.

Die einfachste Form solcher Dauermycelkörper wird durch die Zellnester der Cercospora acerina dargestellt; es schliessen sich daran die Sclerotien der Rosellinia quercina und die allgemein bekannten Sclerotien der Claviceps purpurea.

Die Fruchtträger entspringen dem Mycelium und dienen zur Erzeugung der Reproductionsorgane, d. h. der Keime, aus denen neue Individuen hervorgehen. Dieselbe Pilzart erzeugt oft verschiedene Arten von Fortpflanzungsorganen, die auf oder in verschiedenartig gestalteten Fruchtträgern sich entwickeln. Die Gestalt der Fruchtträger ist für die Pilzart viel charakteristischer, als das Mycelium, und da die oft massig entwickelten Fruchtträger fast stets ausserhalb des Nährsubstrates, das Mycelium dagegen in der Regel in diesem verborgen sich entwickelt, so wird vielfach von dem Laien der Fruchtträger als der ganze Pilz angesehen, dem Mycelium wenig oder gar keine Beachtung geschenkt.

Bestehen die Fruchtträger nur aus einzelnen, dem Mycel entspringenden Pilzfäden, so bezeichnet man sie als Fruchthyphen oder Fruchtfäden, wogegen man die zusammengesetzten Pilzkörper Fruchtkörper nennt. Bei der grossen Mannigfaltigkeit in Gestalt und Bau der Fruchtträger kann es nicht unsere Aufgabe sein, hier näher auf deren Betrachtung einzugehen. An oder in den Fruchtträgern werden in der einen oder anderen Weise Zellen abgegliedert, welche Sporen genannt werden und durch Keimung zu neuen Individuen sich fortentwickeln. Diejenigen Zellen, aus denen die Sporen zunächst hervorgehen, werden Sporenmutterzellen genannt. Diese erzeugen die Sporen entweder in ihrem Inneren (in den Sporangien der Phycomyceten, in den Schläuchen oder Asken der Ascomyceten) oder durch Abschnürung an der Spitze, in welchem Falle die Mutterzelle als Basidie bezeichnet wird.

Bei den meisten Pilzgruppen sind Sexualprocesse nachgewiesen und gliedert sich der Entwicklungsgang derselben wie bei den anderen Pflanzen in zwei Abschnitte, Generationen, von denen die eine, als geschlechtslose Generation bezeichnete mit der Keimung einer sexuell befruchteten Zelle beginnt und zur Erzeugung von Sporen (Carposporen) führt. Aus der Keimung dieser Sporen geht die zweite Generation hervor, die sich durch Gestalt und Entwicklung wesentlich von der geschlechtslosen Pflanze unterscheidet. Sie schliesst mit der Entstehung männlicher und weiblicher Sexualapparate und Sexualzellen ab und wird desshalb die geschlechtliche Generation genannt. Solche Sporen, welche nicht als Abschluss der geschlechtslosen Generation entstehen, sondern ähnlich den Knospen, Brutzellen und anderen vegetativen Vermehrungsorganen dieselbe Pflanzenform erzeugen, wie die war, aus welcher sie hervorgingen, werden Gonidien genannt. Dem Vorschlage de Bary's folgend, mag diese Bezeichnung an Stelle des von Fries eingeführten Ausdruckes Conidien treten.

Die Gonidien dienen hauptsächlich dazu, innerhalb der Vegetationszeit eine Pilzform massenhaft zu verbreiten, während im Allgemeinen die Carposporen dazu dienen, die Pflanzenart von einem Jahr aufs andere zu übertragen.

Ich gehe nun über zu einer kurzen Darstellung der Lebensweise und Lebensbedingungen der Pilze. Gerade so verschiedenartig wie bei den Sämereien der Phanerogamen die Dauer der Keimfähigkeit, die Abhängigkeit der Keimung von äusseren Factoren ist, ebenso sehen wir bei den Sporen und Gonidien nach Pilzart verschieden die Keimfähigkeit entweder sofort nach der Reife oder nach einer langen Sporenruhe eintreten.

Andererseits geht z. B. bei den Gonidiensporen der Rostpilze die Keimfähigkeit schon wenige Tage nach der Reife wieder verloren, während die Eisporen der Phytophthora omnivora mindestens vier Jahre lang im Boden ruhen können, ohne dieselbe einzubüssen.

Die Ansprüche an die Wärme sind nicht so gross, wie diejenigen, welche die höheren Pflanzen erheben, wir sehen desshalb noch im Spätherbst die üppigste Pilzvegetation eintreten zu einer Zeit, in welcher die Vegetation der Bäume bereits eingeschlafen ist. Das Wärmeoptimum liegt auch bei den Pilzen sehr verschieden hoch, doch fehlen darüber noch zuverlässige Untersuchungen. Für diejenigen Pilze, die uns hier angehen, sind Temperaturen über 100° C. zweifellos immer tödtlich.

Eine ungemein wichtige Lebensbedingung für die Pilze ist hohe Feuchtigkeit der Luft oder des Substrates, in welchem sich dieselben entwickeln. Es erklärt sich dies nicht allein aus dem grossen Wasserbedarfe, sondern viel mehr noch aus der Leichtigkeit, mit welcher die Pilzmycelien oder jugendlichen Fruchtträger in trockener Umgebung durch übermässige Verdunstung absterben. Nur sehr selten wird es desshalb dem Pilzmycel möglich, sich in freier Luft zu entwickeln, die Fruchtträger, welche meist ausserhalb des Pflanzenkörpers ihre Sporen ausstreuen müssen, werden desshalb bei allen Rost- und Brandpilzen, ja auch bei sehr vielen Scheibenpilzen unter dem Schutze der Oberhaut des Wirthes gebildet, die dann erst nach der Sporenreife durchbrochen wird.

In wie hohem Maasse die Entwicklung der ganz ausserhalb des Substrates sich entfaltenden Fruchtträger von beständiger Luftfeuchtigkeit abhängt, das ist am besten daran zu erkennen, dass ja im Sommer trotz günstigster Temperatur weit weniger sogenannte „Schwämme" dem Boden entwachsen, als in dem durch grosse relative Luftfeuchtigkeit ausgezeichneten October. Die colossale

Verbreitung, welche der Lärchenpilz, Peziza Willkommii, im deutschen Flachlande gefunden hat, erklärt sich fast ausschliesslich durch die reiche Entwicklung völlig ausgereifter Früchte und Sporen in der feuchteren, zumal stagnirenden Luft der geschlossenen Niederungsbestände, während in der Zugluft der Alpen die Früchte fast stets vertrocknen, ehe sie reif geworden sind.

Die Luftfeuchtigkeit ist nicht allein bestimmend für das Reifen der Früchte und für das Keimen der Sporen ausserhalb der Pflanze, sondern scheint auch von grossem Einflusse zu sein auf die Entwicklung der Pilze im Inneren der Pflanze selbst. Die Thatsache, dass das in den Trieben der Kiefer perennirende Caeoma pinitorquum geradezu verheerend auftritt, wenn der Monat Juni regnerisch ist, umgekehrt kaum erkennbaren Schaden bei trockenem Wetter anrichtet, berechtigt mindestens zu dieser Annahme. In Rücksicht der Ernährungsweise unterscheidet man zunächst zwei Hauptcategorien von Pilzen. Parasiten oder Schmarotzer werden diejenigen Pilze genannt, die sich von lebenden Organismen, Saprophyten oder Fäulnissbewohner dagegen solche, die sich von todten Körpern ernähren. Eine scharfe Trennung aller Pilze in diese beiden Categorien ist aber nicht durchführbar. Zunächst kann oft darüber gestritten werden, ob man einen organischen Körper als todt oder lebend bezeichnen will. Der Holzkörper der Bäume besteht zum weitaus grössten Theile aus abgestorbenen Zellen, von denen nur noch die Wandungen zurückgeblieben sind und nur ein verhältnissmässig kleiner Theil, die Zellen des Strang- und Strahlenparenchyms, sind lebend und protoplasmahaltig. Da es viele Holzpilze giebt, die nur an alten Baumstöcken und an seit längerer Zeit gefällten oder abständigen Bäumen ihre Thätigkeit entwickeln, während andere Holzpilze am lebenden stehenden Baume ihre Zerstörungen ausüben, so erscheint es zweifellos, dass man den gesunden Holzkörper des lebenden Baumes auch als lebend bezeichnen muss, wenn auch nur ein Theil seiner Zellen Lebenserscheinungen zeigt. Schwer wird es in vielen Fällen, zu entscheiden, ob ein Holzkörper, z. B. der Kern mancher Bäume, noch lebend war, als er vom Pilzmycel ergriffen wurde, oder ob dessen Parenchymzellen bereits abgestorben waren. Von diesen zweifelhaften Fällen, in denen es schwer wird, sofort zu erkennen, ob ein Pilz als Parasit oder als Saprophyt lebt, abgesehen, giebt es nun aber zwischen den streng saprophytisch und den streng parasitisch lebenden Pilzen mannigfache Uebergänge. Zahlreiche Pilze sind im Stande, ihre volle Entwicklung als Saprophyten durchzumachen, unter Umständen aber auch rein parasitisch zu leben. Als Beispiele dienen Agaricus melleus und die Nectrien. Diese Pilze bezeichnet man als facultative Parasiten. Andere Pilze machen ihren ganzen Entwicklungsgang in der Regel in parasitärer Lebensweise durch, besitzen aber die Fähigkeit, wenigstens in bestimmten Stadien saprophytisch zu vegetiren. Man hat sie als facultative Saprophyten bezeichnet. Dahin gehört z. B. Phytophthora omnivora und Cercospora acerina. Wir haben demnach vier Gruppen zu unterscheiden: 1. reine Saprophyten; 2. facultative Parasiten; 3. facultative Saprophyten und 4. reine, d. h. streng obligate Parasiten, welche nur parasitisch wachsen können, z. B. die Uredineen.

Die Verbreitung einer infectiösen Krankheit kann in zweifach verschiedener Weise vor sich gehen, nämlich entweder durch Mycelinfection oder durch Sporen resp. Gonidieninfection.

Die Mycelinfection kommt in der Natur besonders bei unterirdisch wachsenden Parasiten vor, da die wechselnde Luftfeuchtigkeit eine oberirdische Mycelentwicklung ausserhalb der Pflanze nur ausnahmsweise zu Stande kommen lässt, wie bei Herpotrichia und Trichosphaeria.

Bei der Mycelinfection ist es gewissermaassen ein und dasselbe Pilzindividuum, welches sich von Wurzel zu Wurzel, von Zweig zu Zweig weiter verbreitet und ausdehnt; es ist desshalb ein solches Fortschreiten der Erkrankung in einem Waldbestande ein relativ langsames, dafür aber, wenigstens bei dichtem Pflanzenstande, in der Regel dadurch charakterisirt, dass alle oder die meisten Individuen innerhalb des localen Verbreitungsbezirkes erkranken. Es entstehen dadurch allmälig mehr oder weniger grosse Lücken im Pflanzenbestande.

Bei Trametes radiciperda, dem gefährlichsten Feinde der Fichten- und Kiefernbestände, ist Contact der kranken, pilzhaltigen Wurzel mit der gesunden Wurzel eines Nachbarbaumes nöthig, wenn das zwischen den Rindenschüppchen hervortretende Mycel in letztere hineinwachsen soll. Bei Agaricus melleus entspringen den kranken Wurzeln Mycelstränge in Gestalt der Rhizomorphen, die dann nach verschiedenen Richtungen unter der Oberfläche der Erde fortwachsend die ihnen auf ihrem Wege begegnenden Wurzeln gesunder Nadelholzbäume umklammern, mit ihrer conisch geformten Spitze zwischen die Rindenschuppen eindringen, diese absprengen und in das lebende Gewebe sich einbohren.

Bei Rosellinia quercina, dem Eichenwurzeltödter, ist es das zarte fädige, hier und da zu Rhizoctonien zusammentretende Mycel, welches bei feuchtwarmer Witterung von der erkrankten Pflanze aus in den oberen Bodenschichten sich verbreitet und in der später ausführlicher zu schildernden Weise die Wurzeln der Nachbarpflanze ergreift und tödtet. Dadurch, dass das Mycel an den Eichenwurzeln Dauermycel in Gestalt kleiner rundlicher Sclerotien bildet, wird der Parasit befähigt, sein durch vorübergehende Bodentrockniss oder durch Kälte unterbrochenes Wachsthum wieder fortzusetzen.

In ähnlicher Weise verbreitet sich Dematophora necatrix in den Weinbergen.

Die Verbreitung eines Parasiten durch Sporen und Gonidien ist nicht, wie die Mycelinfection auf die nächsten Nachbaren beschränkt, wenn diese auch der Ansteckungsgefahr am meisten ausgesetzt sind, es können vielmehr durch sie weit entfernt stehende Bäume inficirt werden, während nahe benachbarte Individuen gesund bleiben. Wie mannigfach verschiedene Verhältnisse hierbei maassgebend sind, wie insbesondere die Verschleppung durch Thiere und Menschen das Auftreten einer Epidemie bedingen kann, werden wir im speciellen Theile hervorzuheben haben. Hier mögen einige Beispiele auf diese Verhältnisse hinweisen.

Phytophthora omnivora entwickelt in Folge vorhergegangener sexueller Befruchtung im Inneren der Keimpflanzen Sporen, hier speciell Eisporen genannt; diese gelangen mit den verfaulenden Pflanzen in den Boden, können dort eine Reihe von Jahren ruhen und erzeugen aufs Neue die Krankheit, wenn sich geeignete Keimpflanzen dort entwickeln. Daneben erzeugt der Parasit aber auch zahllose Gonidien auf der Aussenseite seiner Blätter. Diese sind sofort keimfähig und werden durch den Wind auf die Nachbarpflanzen geführt, oder durch Thiere und Menschen verschleppt, so dass in Folge davon neue Infectionsheerde sich bilden.

Das Auftreten neuer Infectionsheerde der Trametes radiciperda, welche ihre Fruchtträger, wenigstens bei der Fichte, fast immer nur unterirdisch und zwar in Höhlungen zur Entwicklung gelangen lässt, dürfte vorzugsweise der Verschleppung durch Mäuse zuzuschreiben sein.

Der Getreidebrand entsteht in der Regel dadurch, dass man Saatgut benutzt, welchem äusserlich Brandsporen anhaften, kann aber auch durch den Stalldünger veranlasst werden, wenn brandiges Stroh zum Unterstreuen benutzt worden ist.

Höchst interessant gestalten sich diese Verhältnisse bei den heteröcischen Rostpilzen, d. h. bei den parasitischen Pilzen, welche ihre verschiedenen Entwicklungsphasen nicht auf derselben, sondern auf zwei verschiedenen Pflanzenarten durchleben. Es sei hier nur auf den Zusammenhang des Berberitzenpilzes und des Getreiderostes, oder des Fichtenblasenrostes und des Alpenrosen- und Kienporstpilzes, oder endlich des Weisstannenblasenrostes und des Preisselbeerpilzes hingewiesen. Das Auftreten der Krankheit ist bei diesen Parasiten durch die Gegenwart beider Wirthspflanzen bedingt, doch hat de Bary zunächst für den Alpenrosenpilz nachgewiesen, dass dieser im Nothfalle auch ohne Fichte bestehen kann, und scheint es mir zweifellos zu sein, dass der Preisselbeerpilz auch ohne Weisstanne sich zu entwickeln vermag. Für eine Reihe von Rostpilzen kennen wir nur das eine oder andere Entwicklungsstadium und bleibt noch zu ermitteln, mit welchen anderen Pilzformen dieselben im Zusammenhange stehen.

Auch die Angriffsweise der Parasiten bietet die mannigfachsten Verschiedenheiten dar. Während die Epiphyten, deren Mycel äusserlich auf der Epidermis der Blätter, Früchte und Stengel vegetirt, nur zarte Saugorgane in das Innere der Oberhaut senden, müssen die Endophyten die Keimschläuche ihrer ausserhalb keimenden Sporen oder ihre entwickelten Mycelien in das Innere der Pflanzen einbohren.

Man kann nach der Angriffsart zwei grosse Gruppen unter ihnen bilden, von denen die erste solche Parasiten umfasst, die unverletzte Pflanzen angreifen können, während die zweite Gruppe nur an schon vorhandenen Wundstellen einzudringen vermag, also die infectiösen Wundkrankheiten erzeugt. Die ersteren sind theilweise auf sehr jugendliche Entwicklungsstadien der Pflanze oder der Triebe, Blätter und Wurzeln angewiesen, seltener dringen ihre Pilzkeime auch in die Spaltöffnungen und Lenticellen älterer Blätter und Stengel ein. Nur sehr kräftige Mycelbildungen, wie die des Agaricus melleus und der Trametes radiciperda bohren sich auch in verkorkte Hautschichten, indem sie zwischen die Borkeschuppen der Wurzel eindringend diese auseinander drängen.

Zu den interessantesten Vorgängen dieser Art gehört die Angriffsweise der Rosellinia quercina.

Die Hauptwurzel der jungen Eiche ist durch einen ziemlich derben Korkmantel gegen Angriffe von aussen geschützt, das Mycel der Rosellinia vermag somit nur dadurch in das Innere zu gelangen, dass es zunächst die feinen Seitenwurzeln tödtet und, da diese jene Korkschicht durchsetzen, gleichsam eine Bresche in den schützenden Korkmantel legt. Da, wo die Seitenwurzeln den Korkmantel durchsetzen, entwickelt sich das Mycel zu fleischigen Knollen, die dann einen oder mehrere Zapfen durch die Bresche in das Innere der Wurzel hineintreiben. Erst an der Spitze dieser Zäpfchen bildet sich einige Zeit darauf das verderbliche fädige Mycel.

Verwundungen, welche dem Parasiten Eintritt in das Bauminnere gewähren, entstehen in mannigfacher Weise durch Thiere und Menschen, durch Hagelschlag, Windbruch, Schneedruck u. s. w., auf welche Verhältnisse hier nur hingewiesen werden mag.

Die Wirkungen, die von den Parasiten auf die Gewebe der Wirthspflanzen ausgeübt werden, lassen sich nur erklären durch die Annahme einer jeder Pilzart eigenthümlichen Fermentsubstanz, die, im Pilzplasma gebildet, von den Hyphen ausgeschieden wird und den benachbarten Zellen sich mittheilt.

Recht oft vegetirt das Mycel in lebenden parenchymatischen Geweben, ohne die geringste erkennbare Veränderung in diesen hervorzurufen, zumal wenn die Zellen bereits in den Dauerzustand übergegangen waren, als das Mycel in oder zwischen sie hineinwuchs.

Das Mycel der Calyptospora übt auf die fertigen Gewebe der Preisselbeere gar keine ersichtliche Wirkung aus, veranlasst dagegen in noch sehr jugendlichen Trieben eine Vergrösserung der Parenchymzellen der Rinde, die zu höchst auffälligen Anschwellungen des Stengels führt.

Beschleunigung der Zellvermehrung gehört zu den häufigen Folgen der Pilzwirkung. Es seien erwähnt die Stammanschwellungen der Weisstanne, in deren Rindengewebe Aecidium elatinum wuchert, ferner die Stammanschwellungen der Wachholderstämme (Gymnosporangium) u. s. w. Häufiger noch werden die bewohnten Pflanzentheile zu abnormen Wachsthumserscheinungen angeregt. Blüthen, Früchte und Stengeltheile verschiedener Pflanzenarten werden durch Pilze aus der Gattung Exoascus ganz eigenartig umgewandelt, ohne immer in ihrer Lebensdauer dadurch beeinträchtigt zu werden (Hexenbesen der Weissbuche etc.).

Ersichtliche Veränderungen des Zelleninhaltes können oft auf indirectem Wege durch Pilze veranlasst werden, so z. B. durch das Mycel des Hysterium macrosporum, wenn solches die Bastorgane an der Basis der Fichtennadel bereits getödtet und damit deren Leitungsfähigkeit für Bildungsstoffe vernichtet hat, während der übrige Theil der Fichtennadel noch lebend und assimilirend ist. Es füllen sich dann alle Zellen strotzend mit Stärkemehl an, da ja die neugebildeten Kohlenhydrate nicht aus dem Blatte entführt werden können.

Der im Zellsaft gelöste Gerbstoff ist eine vortreffliche Nahrung für das Mycel des Polyp. igniarius und wird von den in das gesunde Eichenholz eindringenden Pilzhyphen zuerst aufgenommen und schon in den jüngsten Theilen des Mycels verarbeitet und umgewandelt. Mit dem Auftreten von Pilzmycel im Eichenholze verschwindet desshalb auch der Gerbstoffgeruch, der längst für den Praktiker als Beweis der gesunden Beschaffenheit des Holzes gegolten hat. Interessant ist auch die Umwandlung eines Theiles des Zellinhaltes, wie der Zellwandungen unter der Einwirkung der Hyphen von Peridermium Pini in Terpentinöl. — Während oftmals, z. B. bei der Buchenkeimlingskrankheit, die Stärkekörner aus dem Zelleninhalte sehr bald verschwinden, widersteht die Stärke dem zersetzenden Einflusse verschiedener Holzparasiten oft länger, als die dicken verholzten Wandungen der Zellen, in denen sie lagern. Im Uebrigen ist die Zersetzungsart der Stärkekörner nach Art der Pilze, die auf sie einwirken, ungemein verschieden. — Dasselbe gilt für die Zellwandungen. Die auflösende Wirkung der lebenden Pilzhyphen ist eine zweifach verschiedene. Wo eine Hyphe der Wandung unmittelbar anliegt, löst sie die in derselben befindlichen Körnchen oxalsauren Kalkes auf, gerade so, wie ein Wurzelhaar die mit ihm in unmittelbaren Contact tretenden Kalktheilchen durch seine kohlensäurehaltige Flüssigkeit auflöst. Diese Wirkung ist beschränkt auf die direct vom Pilzfaden berührte Zellwandfläche. Jeder parasitische Pilz, welcher im Holzkörper lebender Bäume sich verbreitet, hat aber daneben noch eine ihm eigenthümliche Art der Holzzerstörung, und wenn eine und dieselbe Pilzspecies z. B. Polyporus sulphureus in ganz verschiedenen Baumarten wie Eiche, Weide und Lärche vegetirt, so wandelt sie in kurzer Zeit den Holzkörper so gleichartig um, dass es auf den ersten Blick schwer hält, die genannten im gesunden Zustand so auffällig verschiedenen Holzarten von einander zu unterscheiden. Es lässt sich dies nur durch den Einfluss eines ungemein kräftigen und für die Pilzspecies charakteristischen Fermentes genügend erklären, welches die Wandungen auf grössere Entfernung hin durchdringt und in vielen Fällen zunächst nur die incrustirenden Substanzen, insbesondere den Holzgummi auflöst.

In nebenstehender Fig. 10 ist der obere Theil der Wandungen noch verholzt, während der untere Theil aus reiner Cellulose besteht. Die Mittellamelle, die am meisten verholzt ist, löst sich nach dem Verschwinden des Lignins am frühesten auf, und dadurch werden die einzelnen Organe völlig isolirt, ähnlich wie dies bei Behandlung gesunden Holzes mit chlorsaurem Kali und Salpetersäure geschieht. Die Pilzhyphen durchbohren mit ihrer Spitze die Wandungen, verschwinden aber später wieder, indem sie selbst der Auflösung anheimfallen. Zahlreiche Löcher in den Wandungen verrathen deren frühere Gegenwart. In Fig. 11 sieht man, wie die Organe des Eichenholzes durch Fermentwirkung völlig isolirt und aufgelöst werden.

Bei anderen Holzparasiten findet die Zersetzung in der Weise

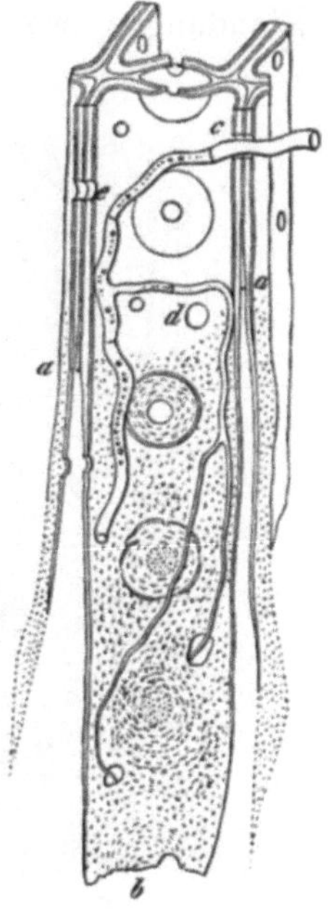

Fig. 10.

Tracheide von Pinus silvestris, durch Trametes Pini zerstört. Die primäre Zellwand ist bis zu *a a* völlig aufgelöst. Die secundäre und tertiäre Wandschicht ist im unteren Theile nur noch aus Cellulose bestehend, in welcher die Kalkkörnchen deutlich erkennbar werden *b*. Pilzfäden *c* durchbohren die Wände und hinterlassen Löcher *d* und *e*.

statt, dass vom inneren Lumen der Organe aus zuerst eine Zone in Cellulose umgewandelt wird durch Extrahirung der incrustirenden Substanzen, bevor eine völlige Auflösung der Wand eintritt. Die Wandungen werden also immer dünner, bis schliesslich nur noch

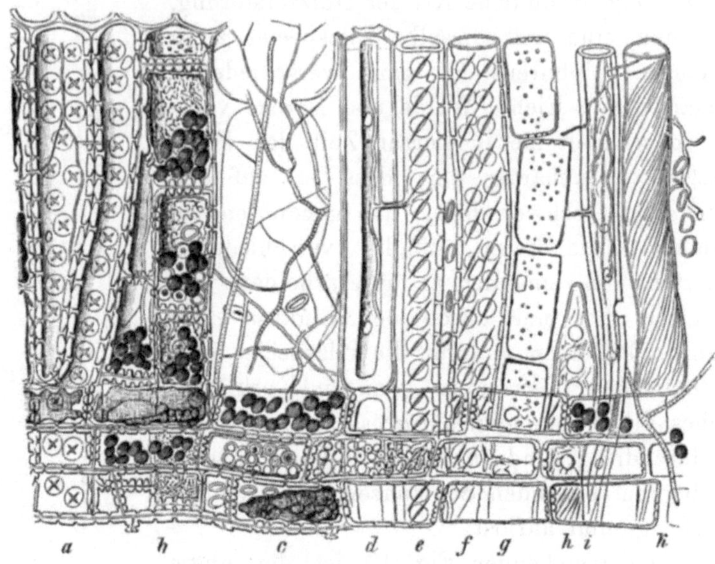

Fig. 11.

Zersetzung des Eichenholzes durch Thelephora Perdix.
a Tracheiden mit einzelnen Pilzfäden und Pilzbohrlöchern.
b Holzparenchym mit Stärkekörnern, die zum Theil in der Auflösung begriffen sind, indem die Granulose von aussen nach innen
verschwindet. *c* Gefäss mit Pilzhyphen. *d* Sclerenchymfaser
mit Pilzfäden und Bohrlöchern. *e* u. *f* Tracheiden, deren primäre Wand aufgelöst ist, so dass die Isolirung vollständig ist.
Die verdickten Scheiben der Hoftipfel liegen ebenfalls isolirt
zwischen den Tracheiden. Eine Kreuzung der Hoftipfelspalten
ist nicht mehr vorhanden, weil die Organe isolirt sind. *g* Völlig
isolirte und der völligen Auflösung nahe Holzparenchymzellen.
h Tracheide vor völliger Auflösung. *i* Sclerenchymfasern stark
zersetzt. *k* Tracheide, deren Wandung vor der Auflösung in
Spalten sich getrennt hat.

die Ecken übrig bleiben da, wo drei Tracheiden zusammenstossen Fig. 12. Mehrere Holzparasiten, z. B. Polyporus mollis und sul-phureus veranlassen eine Zersetzung, durch welche die Wandung mit Ausschluss der Mittellamelle so stark schwindet, dass zahl-reiche von rechts nach links aufsteigende Spalten in derselben entstehen. Selbstredend sieht man bei einer gewissen Einstellung des Mikroskopes gleichzeitig die ebenso aufsteigenden Spalten der Wandungshälfte, die der Nachbarfaser angehören, so dass eine schein-

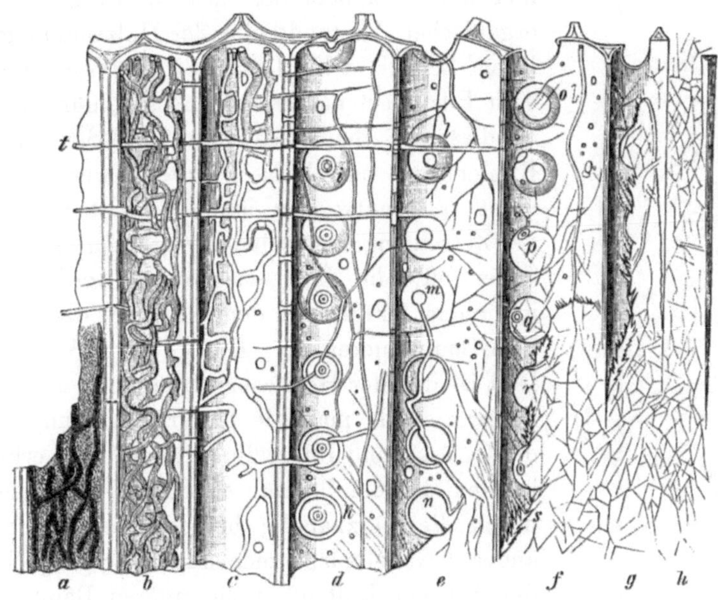

Fig. 12.

Zersetzung des Fichtenholzes durch Polyporus borealis.
a Tracheide mit üppig entwickeltem Mycel in einer aus den Markstrahlen stammenden braungelben Flüssigkeit. *b* u. *c* Die Pilzfäden sind noch bräunlich gefärbt und sehr kräftig entwickelt. *d* u. *e* Die Wände sind schon sehr verdünnt, vielfach durchlöchert. Die Pilzfäden sind schwächer ernährt und sehr fein. *f*. Die Tipfel sind fast völlig zerstört. *g* u. *h* Von den Wandungen sind nur noch Reste vorhanden. Die Zerstörung der Hoftipfel ist von *i* bis *r* zu verfolgen. Bei *i* ist der Hoftipfel noch intact, bei *k* ist die eine Wandung des Linsenraumes schon grösstentheils aufgelöst, und durch eine Kreislinie deren innere Begrenzung zu erkennen. Bei *l* ist die eine Seite des Hoftipfels ganz aufgelöst. Bei *m* bis *n* sieht man eine Reihe von Tipfeln, die nur noch auf einer Seite und zwar auf der mit der Schliesshaut versehenen eine sehr zarte Wandung zeigen, auf welcher bei Anfertigung des Präparates ein Riss entstanden ist. Von *o* bis *r* sieht man Tipfel, deren beide Wände ganz oder theilweise aufgelöst sind und nur noch bei *p* und *q* die verdickten Theile der Schliesshaut zu finden sind. Bei *s* erkennt man deutlich die streifige Structur der beiden Zellwände, welche unter einander verbunden die gemeinsame Tracheidenwand darstellen. Bei *t* sieht man Pilzhyphen, welche die Tracheiden in verticaler Richtung durchziehen.

bare Kreuzung der Spalten zu Stande kommt. Die Wandungen sind gebräunt und sehr kohlenstoffreich. Fig. 13. Auf die anderweiten, für jede Pilzart charakteristischen Zersetzungsformen werden wir im speciellen Theile aufmerksam zu machen haben. Es sei hier nur noch bemerkt, dass die Frage, ob alle organischen Bestandtheile der Holzwandung vor ihrem Zerfall in Kohlensäure und Wasser zuvor vom Pilzmycel aufgenommen sein müssen, oder ob dieselben theilweise direct mit Sauerstoff zu Kohlensäure und Wasser oxydirt werden, noch nicht zu beantworten ist. — Die Schnelligkeit der Zersetzung hängt bei der grossen Menge von Sauerstoff, die dabei verbraucht werden muss, in hohem Grade von dem Zutritte der Luft zu dem Bauminneren ab. Ein gewisser Vorrath an Luft ist in jeder Holzfaser vorhanden. Bei Laubhölzern würde man die fernere Zuleitung durch die Gefässe und Intercellularräume sich erklären können, bei den harzführenden Nadelholzbäumen durch die Harzkanäle; bei der Weisstanne und anderen Nadelholzbäumen ohne Harzgänge bleibt die Art der Luftzufuhr zu inneren Baumtheilen noch unerklärt. Die entstehende Kohlensäure kann auf demselben Wege entweichen, auf dem der Sauerstoff zugeführt wird. In wie weit Kohlensäure oder Sauerstoff im Wasser gelöst die Wanderung vollziehen können, ist noch festzustellen.

Es bleibt mir nun zum Schlusse meiner allgemeinen Besprechung noch die Frage zu erörtern übrig, ob und welche Mittel uns zu Gebote stehen, den Beschädigungen durch Pilze entgegenzutreten. Ich bin der Ueberzeugung, dass jeder wissenschaftlich gebildete Forstmann mit vollstem Interesse Kenntniss nehmen würde von der Aufklärung über das Wesen und die Ursachen der Baumkrankheiten auch dann, wenn es nicht möglich sein sollte, denselben in der Praxis entgegenzutreten. Ist es doch durchaus nicht die Aufgabe der

Fig. 13.
Tracheide von Pinus, durch Polyporus mollis zerstört. Die Cellulose ist meist extrahirt und die Wände bestehen meist aus Gummi. Im trocknen Zustande erhalten sie Risse, die sich aber nicht auf die primäre Wand *a b* erstrecken. Kreuzung der Spalten an den Hoftipfeln *c* und den Bohrlöchern *d* u. *e*. Einfache Spalten bei *f*.

Wissenschaft, zunächst die Gedanken zu lenken auf eine praktische Verwerthung der gefundenen Wahrheiten oder wohl gar die Forschung in erster Linie solchen Gebieten zuzuwenden, auf denen in baarem Gelde zu berechnende Ergebnisse in Aussicht stehen. Die Aufgabe der Wissenschaft ist eine edlere und höhere. Kommen wir aber in unserem Streben, die Geheimnisse der Natur zu ergründen, nebenbei auch zu Ergebnissen, deren Verwerthung im Nutzen der Menschheit liegt, dann haben wir die Pflicht, auf diese hinzuweisen. Ich habe dies nie versäumt, und wenn ich auch die vielfachen Hindernisse nicht unterschätze, welche dem ausführenden Beamten noch lange Zeit im Wege stehen werden, wenn er die Ergebnisse der wissenschaftlichen Forschung in der Praxis zu verwerthen gedenkt, so glaube ich doch, dass die Forstwirthe als Pfleger des Waldes mindestens die Verpflichtung haben, von den Ergebnissen der wissenschaftlichen Forschung Kenntniss zu nehmen und mit Sorgfalt die Gesundheit ihrer Pflegebefohlenen überwachen und nicht allein alles thun sollen, was die Entstehung von Krankheiten zu verhindern vermag, sondern auch sofort energische Mittel zu ergreifen haben, um eine entstehende Krankheit im Keime zu ersticken und deren Weiterverbreitung zu verhindern.

Es kann hier nicht näher auf eine Darstellung der Maassregeln eingegangen werden, denn diese sind für jede Krankheit selbstredend verschieden, aber gerade so, wie es gewisse allgemeine Vorschriften und Verhaltungsmassregeln giebt, deren Befolgung zur Erhaltung der menschlichen Gesundheit rathsam erscheint, so giebt es auch allgemeine Maassregeln für die Behandlung der Waldungen, durch deren Befolgung wir die Gesundheit derselben schützen können.

Die beste prophylactische Maassregel gegen Entstehung und Verbreitung von Epidemien ist Erziehung gemischter Waldbestände. Unterirdische und oberirdische Ansteckung wird dadurch am meisten beeinträchtigt, wenn jeder Baum durch andersartige Nachbarbäume gleichsam isolirt wird. Wechsel der Holzart auf Böden, welche von Wurzelparasiten eingenommen sind oder in denen Dauersporen von vieljähriger Lebenszeit ruhen, kann unter gewissen Umständen gerathen erscheinen. Vermeidung der Einschleppung von Pilzsporen durch Menschen und Thiere insbesondere beim Handelsverkehr mit jungen Bäumchen ist geboten.

Die therapeutischen Maassregeln nach Ausbruch einer Krankheit werden, wenn es sich um Wurzelparasiten handelt, theilweise im rechtzeitigen Ausreissen oder Ausroden der erkrankten Pflanzen, theils in Isolirung des inficirten Terrains durch schmale Stichgräben bestehen. Als gemeinsame und wichtigste Maassregel ist aber die sofortige und schleunige Entfernung aller pilzkranken Pflanzen aus dem Walde zu rathen, damit nicht von ihnen aus die Ansteckung durch Sporen ausgehen kann. Sauberkeit im Walde ist die Vorbedingung für die Gesundheit desselben.

Nachdem vorstehend die wichtigeren allgemeinen Gesichtspunkte zusammengestellt sind, welche beim Studium der parasitischen Pilze ins Auge zu fassen sind, werde ich, dem Plane dieser Schrift entsprechend, nur die auf Holzgewächsen auftretenden Parasiten in systematischer Reihenfolge vorführen. Nur solche auf landwirthschaftlichen oder gärtnerischen Culturpflanzen schmarotzende Pilze, die eine allgemeinere, praktische Bedeutung erlangt haben, werde ich kurz erwähnen. Im Uebrigen muss ich demjenigen, der einen Ueberblick auch über die in dieser Schrift nicht aufgeführten Pflanzenparasiten sich zu verschaffen wünscht, auf die Handbücher von Frank oder Sorauer verweisen.

Indem ich mich dem neuesten Pilzsystem anschliesse, nach welchem drei Gruppen, nämlich Phycomyceten (Algenpilze), Ascomyceten und Basidiomyceten unterschieden werden, beginne ich mit der ersten Gruppe. Dieselbe umfasst 5 Ordnungen, nämlich Zygomycetes, Entomophthoreae, Saprolegniaceae, Peronosporeae, Chytridiaceae und Ustilagineae.

Von diesen Ordnungen sind es nur zwei, die hier näher ins Auge gefasst werden sollen.

§ 9. Peronosporeae.

Die Peronosporeen sind ächte Pflanzenparasiten, deren Mycelium meist intercellular, seltener auch intracellular die Gewebe höherer Pflanzen bewohnt, durch besondere Saugorgane, Haustorien, aus den lebenden Zellen die Nahrung entnimmt und dieselben hierdurch sofort oder erst nach längerer Zeit tödtet. Dem

Mycelium entspringen Fruchthyphen, welche entweder durch die Spaltöffnungen herauswachsen, oder, die Oberhaut von innen durchbrechend, hervorkommen und in verschiedener Weise Gonidien erzeugende Sporangien bilden.

Die Gonidien entwickeln ihren Keimschlauch, nachdem sie zuvor in einen Wassertropfen gelangt einige Zeit umhergeschwärmt sind (Schwärmsporen), doch können die Sporangien auch direct keimen, ohne zuvor Schwärmzellen im Inneren erzeugt zu haben.

Im Gewebe der Wirthspflanze, selten auch ausserhalb derselben entstehen an dem Mycelium weibliche Sexualapparate, Oogonien, an die sich bei der Befruchtung die männlichen Sexualapparate, Antheridien genannt, anlegen. Letztere entsenden einen kleinen Fortsatz, Befruchtungsschlauch, in das Innere des Oogoniums, durch welchen ein kleiner Theil des Inhaltes des Antheridiums in den Protoplasmakörper des Oogoniums übertritt und letzteres befruchtet. Es entsteht hierdurch die sich mit einer dicken Zellhaut umgebende Eispore, Oospore.

Während die Gonidien im Laufe des Sommers die schnelle Weiterverbreitung der Parasiten vermitteln, da sie leicht abfallen und durch Wind oder Thiere verschleppt werden, gelangen die Eisporen mit den abgestorbenen und verfaulenden Pflanzentheilen in die Erde, überwintern dort, können auch eine Reihe von Jahren (Phytoph. omnivora) sich hier keimfähig erhalten, und keimen entweder direct aus oder entwickeln zunächst Sporangien mit Schwärmgonidien.

Phytophthora omnivora Syn.: Phytophthora Fagi[1]) und Peronospora Sempervivi.

Die Krankheit, welche dieser Parasit hervorruft, ist schon vor 100 Jahren als Buchenkeimlingskrankheit in der forstlichen Literatur erwähnt worden und dürfte keinem in Buchenrevieren

---

[1]) Dieser Parasit ist von mir im Jahre 1875 unter dem Namen P. Fagi in der Zeitschrift für Forst- und Jagdwesen Seite 117—123 beschrieben, eine ausführliche Bearbeitung der Entwicklungsgeschichte desselben und der durch sie erzeugten Krankheit habe ich in den Untersuchungen aus dem forstbot. Inst. 1880 Seite 33—57 unter Beigabe einer Figurentafel gegeben. Unter dem Namen P. Sempervivi ist derselbe Pilz von Schenk im Jahre 1875, also gleichzeitig mit mir, beschrieben. Zur Erledigung der Prioritätsfrage hat de Bary (Beiträge zur Morph. u. Phys. der Pilze 1881 S. 22) den Namen Phyt. omnivora vorgeschlagen.

wirthschaftenden Forstmanne unbekannt geblieben sein. Sie tritt fast jedesmal, wenn nach einem Buchensamenjahre reichlicher Aufschlag sich einfindet, durch ganz Deutschland auf und zwar um so verheerender, je regnerischer der Monat Mai und Juni ist. Ebenso allgemein verbreitet zeigt sich der Parasit in den Saatbeeten an Nadelholzkeimlingen jeder Art. Es werden aber auch andere Laubholzpflanzen, z.B. Acer, Fraxinus, Robinia, sowie Fagopyrum, Clarkia, Sempervivum u. s. w. von dem Pilz befallen.

Die Krankheit äussert sich an den Buchenkeimlingspflanzen dadurch, dass diese entweder schon während der Keimung im Boden von dem Keimwürzelchen an schwarz werden und absterben oder erst nach der Entfaltung der Samenlappen am Stengel oberhalb und unterhalb oder am Grunde dieser selbst dunkelgrün und missfarbig werden Fig. 14 a, b, oder derartige Flecken auf den Samenlappen Fig. 14 c, oder den ersten Laubblättern Fig. 14 d, erkennen lassen. Bei anhaltend feuchtem Wetter ergreift diese Fäulniss schnell die ganze Pflanze, bei trockenem Wetter werden die Pflanzen rothbraun und trocken, wie von Feuer versengt. Junge Ahorn-, Eschen- und Robinien-

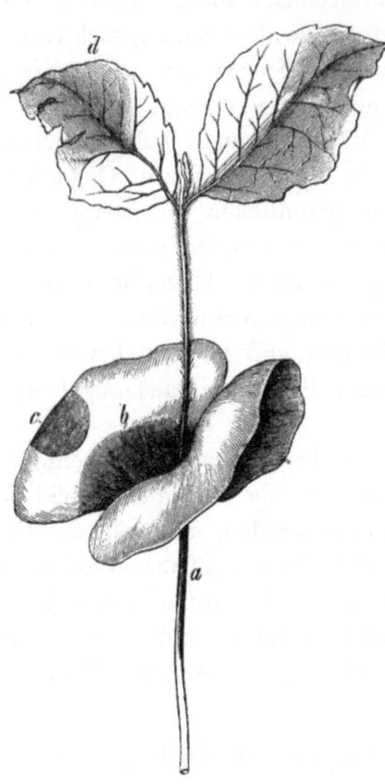

Fig. 14.

Erkrankter Buchenkeimling.
Stengel unter den Samenlappen schwarzgrün *a*, Samenlappen am Grunde *b* oder fleckenweise *c* krank.
Erste Laubblätter fleckig *d*.

pflänzchen zeigen ähnliche Krankheitssymptome, insbesondere gehen oft von der Basis der Samenlappen aus tiefschwarze Striche am Stengel auf- oder abwärts. Oft wird nur die Spitze des Stengels mit den Blättern geschwärzt und erholt sich dann die Pflanze, wird dagegen der untere Stengel befallen, so geht die Pflanze zu

Grunde. In Nadelholzrillensaaten geht oft schon ein grosser Theil der Pflanzen zu Grunde, bevor dieselben sich über die Bodenoberfläche erhoben haben, meist verfault die Wurzel und der Stengel, und die jungen Pflanzen fallen um oder vertrocknen, ohne dass irgend welche mechanische Verletzungen zu erkennen wären. Dabei ist bemerkenswerth, dass hier und da sämmtliche Keimlinge zu Grunde gehen und verschwinden, so dass Lücken von Handbreite und mehr in den Saatrillen entstehen.

Der ansteckende Charakter der Krankheit kennzeichnet sich durch die auffälligen Verbreitungserscheinungen. Eine erkrankte Pflanze ist bald von kranken Nachbarn umgeben und so schreitet die Krankheit in Vollsaaten centrifugal, in Rillensaaten zweiseitig vorwärts. Führt durch eine Buchenschonung ein begangener Fusssteig, dann erkranken und sterben auf diesem und zu beiden Seiten desselben sämmtliche Pflanzen in kurzer Frist. Es ist ferner beobachtet, dass in Saatbeeten, in denen einmal die Krankheit auftrat, in den Folgejahren die Epidemie meist in viel stärkerem Maasse wiederkehrt. Als in hohem Grade die Krankheit fördernd ist regnerisches Wetter, zumal bei höherer Lufttemperatur, Beschattung jeder Art, also sowohl durch Schutzbäume, als auch durch künstliche Bedeckung erkannt. Die ersten Erkrankungen in einem Jahre können nur dadurch entstehen, dass

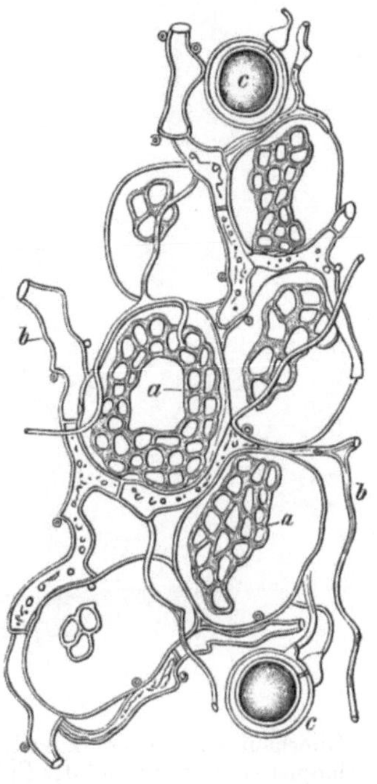

Fig. 15.

Zellgewebe aus einem erkrankten Buchensamenlappen. Das Protoplasma der Zellen hat die Stärkekörner verloren und sich von der Zellwand zurückgezogen a. Die theils dicken, theils feinen Pilzfäden b b sind intercellular und mit sehr kleinen Saugwarzen versehen. Befruchtete Oogonien mit je einer Oospore c c.

Eisporen des Parasiten, welche im Erdboden geruht haben, die keimenden Pflänzchen inficiren. Das Mycel verbreitet sich im Gewebe der Samenpflanze und zwar bei der Rothbuche sowohl im Stengel als auch in den Samenlappen, die ja während des Emporsteigens aus dem Boden befallen werden können. Es ist in dem Gewebe der Samenlappen fast nur intercellular Fig. 15b und entnimmt durch sehr kleine rundliche Saugwarzen aus dem Zellinneren seine Nahrung, infolge dessen die Stärkekörner bald verschwinden

und das Plasma getödtet wird, so dass es sich von den Zellwänden zurückzieht Fig. 15a. Während der Pilz sich in der Pflanze noch weiter verbreitet, durchbrechen zahlreiche Hyphen von innen die Oberhaut, Fig. 16, und werden zu Sporangienträgern. Die Spitze derselben schwillt an Fig. 16 f, zu einem citronenförmigen an der Spitze papillösen, an der Basis kurz gestielten Sporangium Fig. 16 g. Nach dessen Abschnürung vom Träger verlängert sich letzterer aufs Neue, um dann noch einmal ein zweites Sporangium zu bilden Fig. 16 g, h, während inzwischen das erstere in der Regel abfällt. Fig. 16 i. Gelangen die Sporangien in Wasser, also z. B. in einen Regen- oder Thautropfen, der auf oder zwischen den Samenlappen sich erhalten hat, dann keimen dieselben direct

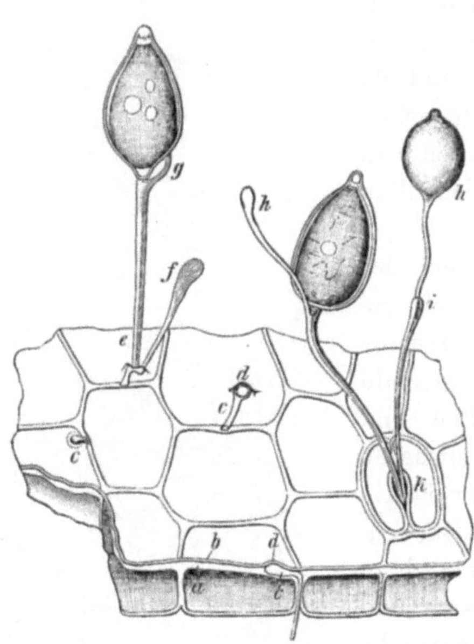

Fig. 16.

Oberhaut eines erkrankten Buchensamenlappen. a Aussenwand der Epidermiszelle. b Cuticula. c Pilzhyphe, welche zwischen Wand und Cuticula wachsend, letztere durch Anschwellung abhebt d, dann durchbricht e, und als Sporangienträger hervorwächst f. Nach Ausbildung des ersten Sporangiums bildet sich durch Auskeimung g ein zweites h, während das erste abgestossen wird i. Bei k eine Spaltöffnung, aus welcher Sporangienträger hervorgewachsen sind.

mit einem oder mehreren Keimschläuchen, die dann in der Regel in die Oberhaut der Wirthspflanze sich einbohren, oder der plasmatische Inhalt der Sporangien bildet eine grosse Anzahl von sehr kleinen, sich lebhaft bewegenden Gonidien — Schwärmsporen, Zoosporen, Fig. 17c, — die sich nach Auflösung der Sporangienspitze ins Freie begeben und einige Stunden hindurch lebhaft wie Infusorien im Regen-

tropfen umherschwärmen, bis sie sich auf der Oberhaut der Wirthspflanze festsetzen und mit einem oder selbst vier Schläuchen auskeimen Fig. 17 a, b. Zuweilen erfolgt das Schwärmen schon im
Inneren des Sporangiums und die Keimschläuche durchbohren theils
die Seitenwände, theils drin-
gen sie aus der offenen Sporan-
giumspitze hervor, Fig. 17 c,
um dann, eine Zeitlang auf
der Oberhaut der Wirths-
pflanze hinkriechend vorzugsweise an solchen Punkten in
das Innere einzudringen,
wo sich eine Wandung
der Oberhautzellen befindet.
Fig. 17 b, d. Seltener bohren
sich Keimschläuche auch an
solchen Stellen in das Innere ein, wo sie zunächst in
das Innere einer Epidermiszelle gelangen. Fig. 17 e.
Schon 3—4 Tage nach der
Infection kann unter günstigen Verhältnissen die Entwicklung des Parasiten in
der inficirten Pflanze wieder
soweit vorgeschritten sein,
dass aufs Neue Sporangienträger zum Vorschein kom-
men.

    Die Sporangien und
die in ihnen entstehenden
Schwärmzellen dienen der
Verbreitung der Krank-

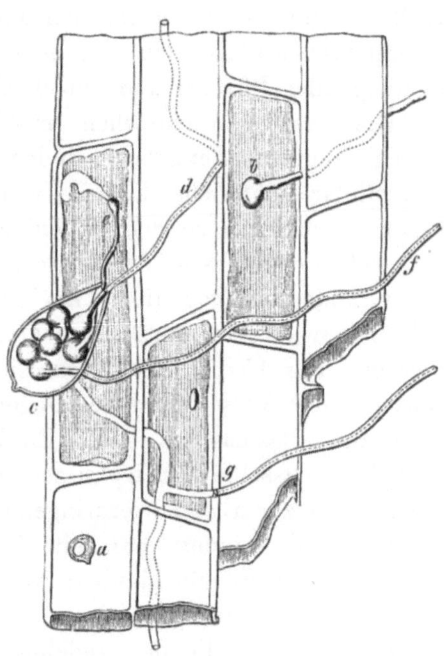

Fig. 17.

Oberfläche eines Buchenkeimlings mit
Schwärmzellen *a b*, welche keimen und
ihren Keimschlauch da einbohren, wo im
Inneren zwei Epidermiszellen ihre gemeinsame Wand haben. Ein Sporangium *c*
mit Schwärmzellen, welche schon im Inneren ausgekeimt sind *d f*. Ein Keimschlauch *e* ist direct in eine Epidermiszelle
gewachsen. Bei *g* ist ein Keimschlauch
wieder nach aussen hervorgewachsen.

heit während der Monate Mai, Juni, bis in den Monat Juli
hinein. Sie fallen entweder direct auf Nachbarpflanzen oder werden
durch den Wind fortgeführt. Grossen Antheil an der Verbreitung
tragen die Thiere, z. B. Mäuse in den Saatcämpen, das Wild und
sehr auffällig die Menschen. Das Absterben aller Pflanzen an

Wegen ist die Folge davon, dass an den Beinkleidern resp. Röcken der Passanten die Sporangien und Schwärmzellen haften bleiben und im weiteren Verlaufe des Weges successive abgestreift werden.

Aus dem Gesagten erklärt sich hinlänglich der fördernde Einfluss des Regens, der Beschattung u. s. w. In dichten Saaten wachsen unterirdisch die Hyphen auch direct von einer Pflanze zur anderen und erklärt sich daraus sehr leicht die vollständige Vernichtung aller Pflanzen auf einzelnen Stellen des Saatbeetes.

Die Eisporen entstehen im Gewebe der Wirthspflanze nach vorangegangenem Sexualacte, indem im Blattparenchym der Buche intercellular zahlreiche kurze Hyphenzweige an der Spitze kugelförmig anschwellen zu den Oogonien, während kleinere sogenannte Antheridien ebenfalls an der Spitze besonderer Hyphen oder aber nahe dem Grunde des Oogoniums am Träger dieses Organes entstehen und sich wie jene durch eine Querwand von ihren Trägern abgrenzen. Fig. 15 c, c. Nachdem sich das Antheridium schon sehr frühzeitig der Aussenwand des Oogoniums angelegt und der grösste Theil des Plasmas zu einer Eizelle sich zusammengeballt hat, entwickelt dasselbe einen kurzen in das Innere des weiblichen Organes bis zur Eizelle vordringenden Fortsatz, den Befruchtungsschlauch und wandert nun ein Theil des Antheridiuminhaltes in das Innere der Eizelle hinüber, wodurch diese befruchtet wird und sich zur Eispore ausbildet.

In den Wurzeln der Nadelholzkeimlinge bilden sich die Eisporen sowohl im Rindenparenchym als auch im Inneren der Tracheiden aus, woselbst sie oft in Folge des beschränkten Entwicklungsraumes eine längliche Gestalt annehmen.

Mit den verfaulenden Pflanzentheilen gelangen die Eisporen in den Boden und können dort mindestens vier Jahre hindurch sich keimfähig erhalten. Etwas Erde aus einem Buchensaatcampe, in welchem 1875 die Krankheit aufgetreten war, in Wasser fein zertheilt und auf ein Buchensaatbeet ausgegossen, hatte sowohl 1876, als auch 1878, ja selbst 1879 noch das Erkranken und Absterben der keimenden Pflanzen zur Folge.

Aus dem Gesagten resultiren die praktischen Maassregeln, die uns gegen die Krankheit zu Gebote stehen. Zur Verhütung des Auftretens einer Epidemie haben wir Saatcämpe, in denen die Krankheit einmal verderblich geworden ist, nicht wieder als solche zu verwenden, wohl aber können wir sie zur Verschulung von Pflanzen benutzen. Die im Boden ruhenden Eisporen werden nur Keimlingspflanzen verderblich. Zeigt sich die Krankheit in einem Saatbeete, so sind alle künstlichen Beschattungsvorrichtungen, durch welche die schnelle Verdunstung des Wassers auf den Samen-lappen verhindert wird, zu beseitigen. Alle getödteten und sichtlich erkrankten Pflanzen sind zu entfernen. Stehen viele nahe zusammen, dann ist durch Uebererden am schnellsten der Sporangien- und Gonidienverbreitung entgegenzutreten. Bei vereinzeltem Auftreten der kranken Pflanzen sind diese vorsichtig auszuziehen und in eine dichte Schürze zu legen, um das Ausstreuen der Sporangien zu verhüten. Es muss auch das Verschleppen der Krankheit beim Betreten der Beete möglichst vermieden werden dadurch, dass der Arbeiter die gesunden Pflanzen nicht mit den Schuhen berührt. Die Revision der Saatbeete hat täglich zu erfolgen.

Phytophthora infestans. Der Kartoffelfäulepilz.

Dieser Pilz ist der Erzeuger der Kartoffelkrankheit, die zwar wohl schon früher aus Nordamerika nach Europa verschleppt, doch vorzugsweise erst seit 1845 hier verheerend aufgetreten ist und seitdem in nassen Jahren immer wieder grosse Verluste herbeiführt. In der Art ihrer Verbreitung und Abhängigkeit von nasser Witterung ist sie der Buchenkeimlingskrankheit sehr ähnlich; sie äussert sich durch das Auftreten schwarzer Flecken auf dem Kraute, die, an Umfang zunehmend und auch den Stengel ergreifend, das frühzeitige Absterben der oberirdischen Pflanze zur Folge haben können. In der Regel zeigen sich die Knollen der befallenen Pflanzen ebenfalls mehr oder weniger erkrankt, zuweilen nur in geringem Maasse, indem beim Durchschneiden einzelne braune Flecken zu erkennen sind. In nassen Jahren verfaulen die Knollen oft schon grössten-theils auf dem Felde, die von der Krankheit weniger befallenen Knollen verfaulen im Keller oder in den Gruben während des Winters, wobei Spaltpilze eine hervorragende Rolle mitspielen (Nassfäule).

Das Mycel der Phytophthora infestans überwintert in den Knollen und wächst nach Auspflanzung derselben in die sich entwickelnden Triebe, das Gewebe der Stengel und Blätter durchziehend. Untersucht man die Umgebung der schwarzen Flecken, so erkennt man schon mit unbewaffnetem Auge eine Zone, welche durch schimmelartigen Anflug ausgezeichnet ist. Hier wachsen die zahlreichen Sporangienträger besonders aus den Spaltöffnungen hervor, ähnlich gestaltet und mit ähnlichen aber zahlreicheren Sporangien ausgestattet, wie die der Phyt. omnivora. Die Sporangien verbreiten die Krankheit auf gesunde Pflanzen, werden durch den Wind selbst auf Nachbarfelder geführt und zweifelsohne auch durch Thiere, z. B. Hasen verschleppt. Ihre Keimung resp. Schwärmsporenbildung gleicht der der verwandten Art. Die Sporangien gelangen aber auch in grosser Zahl in den Erdboden und mit dem Regenwasser tiefer geführt auf die Knollen, die sie bei anhaltender Bodennässe nach Entwicklung der Keimschläusche inficiren. Man glaubt die Thatsache, dass dickschalige Kartoffelsorten der Krankheit weniger erliegen, als dünnschalige dem Umstande zuschreiben zu dürfen, dass letztere leichter von den Keimschläuchen der Pilze durchbohrt werden.

Die Eisporenbildung, wie ich sie für Ph. omnivora nachgewiesen habe, ist für den Kartoffelpilz noch nicht aufgefunden worden und vielleicht überhaupt fehlend. Durch das Perenniren des Mycels in den Knollen ist sie für die Existenz des Pilzes nicht nothwendig. Den grössten Einfluss auf die Entstehung und Verbreitung der Krankheit übt die Feuchtigkeit der Luft und des Bodens aus, insoferne bei feuchter Umgebung reichliche Sporangienbildung auf den Blättern erfolgt und die Keimung der Sporangien und Gonidien oberirdisch und unterirdisch sehr begünstigt wird.

Bei feuchter Aufbewahrung im Winter entstehen, zumal an etwaigen Wundstellen der Knollen, oder an den Knospen reichliche Sporangienträger, und es kann durch die daran sich bildenden Sporangien die Krankheit im Winterlager auf bisher gesunde Knollen übertragen werden.

Peronospora viticola.

Seit einem Jahrzehnt etwa ist der vorstehend benannte Parasit des Weinstockes aus Amerika zu uns eingewandert und hat sich in dieser Zeit durch die Weinbaudistricte Europas schnell verbreitet.

Die Bezeichnung der Krankheit in Amerika als Mildew oder grape vine Mildew ist in Frankreich zu Mildiou umgestaltet. In

Deutschland hat man sie als falschen Mehlthau der Reben bezeichnet.

Die Erkrankung äussert sich durch das Auftreten grosser Schimmelflecke auf der Unterseite der Blätter, während auf der Oberseite diese Pilzstellen gelbe oder rothe Färbung bekommen. Die kranken Stellen vertrocknen und die Blätter fallen vorzeitig ab. Bei regnerischer Witterung breitet sich die Krankheit rapid aus, durch trockene Witterung wird die Weiterverbreitung sofort beeinträchtigt. Der Pilz überwintert in Form von Oosporen, welche in den erkrankten Blättern sich bilden. Die Verbreitung im Sommer erfolgt in ähnlicher Weise, wie bei Phytophthora durch Sporangien und Schwärmsporen. Die Infection erfolgt vorwiegend nur an den jungen Trieben und Blättern, deren Oberhaut noch wenig cuticularisirt ist. Je frühzeitiger im Jahre die Erkrankung, durch nasse Witterung begünstigt, auftritt, um so nachtheiliger wird sie für den Stock und für die Entwicklung der Trauben.

Es ist nicht unwahrscheinlich, dass noch andere Arten der Gattungen Peronospora und Pythium auch an jungen Pflanzen der Waldbäume schädlich werden, und wäre insbesondere zu prüfen, ob Pythium de Baryanum, welches das Umfallen engstehender Sämlinge vieler landwirthschaftlicher Culturpflanzen veranlasst, auch in Saatbeeten der Laub- und Nadelholzpflanzen schädlich wird. Zu den Peronosporeen gehört auch die Gattung Cystopus. Am bekanntesten ist Cystopus candidus, der Erzeuger des weissen Rostes der Kreuzblüther.

§ 10. Ustilagineae.

Die Ordnung der Brandpilze enthält zwar nur Parasiten der Krautpflanzen und zwar vorzugsweise der grasartigen Pflanzen, doch sind die durch sie erzeugten Krankheiten so bedeutungsvoll, dass eine kurze Erwähnung derselben hier Platz finden mag.

Als Brand hat der Sprachgebrauch der Praktiker eine Reihe der verschiedenartigsten Krankheitserscheinungen der Pflanzen benannt, im engern Sinne verstehen wir aber unter Brand nur solche Krankheiten, bei denen gewisse Pflanzentheile und zwar vorzugsweise Blüthen und Früchte, seltener Blätter, Stengel oder gar Wurzeltheile zu einer schwarzbraunen Sporenmasse sich umwandeln. Dieses Sporenpulver entsteht im Gewebe der betreffenden Pflanzentheile, welche von reichlichem Mycel der Brandpilze durchsetzt sind, durch Abschnürung oder Zergliederung massenhaft entwickelter Pilzfäden, während das Gewebe der Pflanzentheile selbst fast vollständig zerstört wird.

Die Sporenmassen treten entweder frei zu Tage, oder bleiben von der äusseren Haut der Pflanzentheile umschlossen und erscheinen als schwarz durchschimmernde Anschwellungen.

Die Brandsporen, deren Keimfähigkeit sich mehrere Jahre hindurch erhält, entwickeln beim Eintritt günstiger Keimbedingungen in der Regel einen kräftigen Schlauch, der oft schon nach Erreichung der doppelten oder dreifachen Länge des Sporendurchmessers an seiner Spitze oder seitlich eine Mehrzahl von kleineren Sporen, Sporidien genannt, bildet und als Vorkeim, Promycelium, bezeichnet wird.

Oftmals zergliedert sich das Promycelium direct in eine Mehrzahl von Sporidien. Bei solchen Arten, deren Promycelium die Sporidien wirtelförmig auf der Spitze entwickelt, findet ein Copulationsprocess zwischen je zwei Nachbarsporidien statt, und fallen diese dann paarweise ab.

Befindet sich eine keimende Brandspore oder Sporidie in unmittelbarer Nähe einer geeigneten, jugendlichen Nährpflanze, dann bohrt sich der Pilzschlauch durch die Oberhaut in das Gewebe derselben ein und gelangt so in den Stengel, in welchem das Mycelium vorherrschend intercellular aufwärts wächst, ohne erkennbare Nachtheile hervorzurufen. Erst in demjenigen Pflanzentheile, in welchem die Sporenbildung vor sich geht, tritt eine Zerstörung der Gewebe ein.

Die Brandsporen, welche schon vor oder während der Ernte ausfallen und in den Ackerboden gelangen, werden in der Regel alsbald keimen und in Ermangelung geeigneter junger Wirthspflanzen zu Grunde gehen. Die Uebertragung von Jahr zu Jahr erfolgt desshalb meist durch Verwendung solchen Saatgutes, dem äusserlich Brandsporen anhaften, und schon beim Dreschen des Getreides bietet das Verstäuben der Sporen aus brandigen Pflanzen reichliche Gelegenheit zur Verunreinigung der Saatkörner mit solchen Brandsporen. Es wird aber oftmals auch durch Verwendung brandigen Strohes als Stalldünger der Transport der Brandsporen auf das Feld herbeigeführt.

Die Keimung der Brandsporen ist in hohem Grade abhängig von Luft und Bodenfeuchtigkeit und ein Boden, der seiner physikalischen Beschaffenheit nach von Natur oder durch Beimengung reichen Mistdüngers eine hohe wasserhaltende Kraft besitzt, fördert die Keimung der Brandsporen und somit das Auftreten der Krankheit.

Aus dem Gesagten ergiebt sich, dass vor allen Dingen der Transport der Brandsporen auf das Feld vermieden werden muss, dass mithin möglichst reines Saatgut zu verwenden ist. Wo solches nicht zu haben ist, da muss durch 12—16 stündiges Einweichen der Saatkörner in einer halbprocentigen Kupfervitriollösung der Tod der anhaftenden Brandsporen herbeigeführt werden. Es ist ferner die Verwendung brandigen Strohes im Dünger zu vermeiden.

Die wichtigsten Brandarten sind:

Der Steinbrand auch Schmier- oder Stinkbrand des Weizens (Tilletia Caries und laevis), welcher ausser Weizen auch Quecke, Mäusegerste und Wiesengras (Poa pratensis) befällt und zwar dadurch charakterisirt ist, dass das im frischen Zustande übel riechende Sporenpulver noch zur Erntezeit in den Körnern eingeschlossen ist. Die Brandkörner werden erst beim Dreschen zerschlagen und wird dadurch ein Verstäuben der Sporen veranlasst, die den gesunden Körnern anhaften, mit diesen ausgesät werden und dadurch die neue Pflanze wieder brandig machen.

Der Staubbrand, Ustilago, ist die artenreichste und schädlichste Gattung. Ustilago Carbo befällt nicht nur Hafer, Weizen und Gerste, sondern auch eine grosse Anzahl Wiesengräser, zerstört die Fruchtknoten und meist auch die Spelzen vollständig, so dass das braune Sporenpulver schon auf den Halmen verfliegt. Ustilago destruens, Hirsebrand, zerstört die noch in der obersten Blattscheide eingeschlossene Rispe der Hirse. Ustilago Maydis, der Maisbrand, erzeugt an den Stengeln, Blättern und Kolben der Maispflanzen grosse Beulen, welche ganz von schwarzbraunem Sporenpulver erfüllt sind. Zahlreiche andere Arten treten noch an Gräsern, Kräutern und Zwiebelgewächsen auf.

Der Stengelbrand, Urocystis, ist besonders durch den Roggenstengelbrand, Urocystis occulta, häufig vertreten. Er ist dadurch sehr auffällig, dass das oberste Halmglied der Roggenpflanze rinnenartig aufplatzt und das schwarze Sporenpulver zu Tage treten lässt.

Urocystis Violae, Anemonis, Cepulae sind andere oft auftretende Formen.

Ascomycetes. Schlauchpilze.

Die zweite Gruppe der Pilze hat ihren Namen daher bekommen, dass die Sporen im Inneren von Schläuchen (Asken) gebildet werden und die Sporenfrüchte in vielen Fällen als Resultate vorangegangener Geschlechtsvorgänge erkannt wurden. Die sehr zahlreichen hierhergehörigen Pilze zerfallen in 4 Ordnungen, die Erysipheen, Tuberaceen, Pyrenomyceten und Discomyceten.

§ 11. Die Mehlthaupilze. Erysiphei.

Alle Mehlthaupilze sind ächte Parasiten, deren Mycel auf der Oberfläche der Pflanzen, nämlich auf der Epidermis der Blätter, Früchte und Stengel vegetirt, durch Saugwarzen (Haustorien) den Nahrungsbedarf aus dem Inneren der Oberhautzellen bezieht, welche dadurch gebräunt und getödtet werden. Auf dem Mycelium entwickeln sich die meist kugelförmigen, mit unbewaffnetem Auge als kleine dunkle Punkte erkennbaren, völlig geschlossenen, also mündungslosen Perithecien, die überwintern und den Pilz auf das nächste Jahr verpflanzen, während im Laufe des Sommers an zahlreichen einfachen, aufrechtstehenden Hyphen die Gonidien durch Abschnürung sich bilden, die sofort keimfähig sind und die Krankheit während der Vegetationsperiode weiter verbreiten. Da das Mycelgespinnst und die Gonidienträger bei reichlicher Entwicklung einen feinen grauen, mehlartigen Ueberzug auf der Blattoberfläche darstellen, heisst die Krankheit „Mehlthau“.

Man hat als Verhütungsmaassregel das Verbrennen der von den Mehlthauperithecien besetzten Blätter im Herbste empfohlen, dagegen nach dem Auftreten des Mehlthaus im Sommer das Bestreuen der erkrankten Pflanzentheile mit Schwefel als wirksam bezeichnet. Leider fehlt es noch völlig an einer wissenschaftlichen Untersuchung der Wirkung, die von dem Schwefelpulver auf das Pilzmycel ausgeübt wird.

Die zahlreichen Arten der Mehlthaupilze sind neuerdings in mehrere Gattungen vertheilt, welche einestheils nach der Zahl der Asken im Perithecium, anderentheils nach der Zahl der Sporen im Ascus, sowie endlich nach dem Bau der sogenannten Stützfäden, das heisst eigenartiger fadenförmiger Auswüchse einzelner Wandungszellen des Peritheciums nach aussen gebildet worden sind. Wir haben nur wenige Arten hier hervorzuheben.

Erysiphe (Phyllactinia) guttata bildet Mehlthau auf Fagus, Carpinus, Corylus, Quercus, Betula, Alnus, Fraxinus, Lonicera, Pirus communis und Crataegus. Die Perithecien besitzen unverzweigte, gerade, am Grunde zwiebelförmig verdickte Stützfäden und im Inneren mehrere zweisporige Schläuche. In Rothbuchenbeständen veranlasst dieser Parasit zuweilen ein frühzeitiges Vertrocknen der Blätter.

Erysiphe (Uncinula) bicornis (Aceris) schädigt recht oft die Blätter und jungen Triebe von Acer. Mir ist diese Art besonders auf Acer platanoides und campestre bekannt geworden. Sie bildet grauweisse grosse Flecke oder ganze Ueberzüge auf einer Seite oder auf beiden Seiten der Blätter, während die schwarzen Flecke durch Rhytisma acerinum entstehen. Die Perithecien besitzen mehrere achtsporige Schläuche und die Stützfäden sind an der Spitze einmal gabelig getheilt. Die Gonidien sind elliptisch. Schon im August sind oft die Blätter des Ahorn völlig von weissen Flecken bedeckt.

Erysiphe Tulasnei ist der vorigen Art nahe verwandt, kommt nur auf der Oberseite der Spitzahornblätter vor. Die Gonidien sind kugelförmig. Erysiphe (Uncinula) adunca erzeugt den Mehlthau auf Weiden- und Pappelblättern.

Erysiphe (Sphaerotheca) pannosa bildet den bekannten Mehlthau der Zweige und Blätter der Rosen. Rechtzeitiges Pflücken der befallenen Blätter und Verbrennen derselben ist zumal in nassen Jahren nothwendig.

Oidium Tuckeri ist der Pilz der Weintraubenkrankheit. Die Traubenkrankheit hat sich seit dem Jahre 1845, in welchem sie zum ersten Male in England beobachtet wurde, über alle weinbauenden Länder Europas verbreitet. Das Mycel entwickelt sich auf Blättern, Stengeln und Trauben. Soweit letztere befallen werden, stirbt die Oberhaut ab und verliert ihr Ausdehnungsvermögen, so dass mit dem Wachsthum der Beere ein Aufplatzen der Oberhaut und damit das Verderben der Weinbeere eintritt. Bisher sind nur die Gonidien dieses Pilzes aufgefunden worden, und ist noch die Frage zu beantworten, wie der Pilz überwintert.

§ 12. Die Trüffelpilze. Tuberacei.

Die Trüffelpilze sind ausgezeichnet durch unterirdische rundliche Fruchtkörper, in welchen die schlauchtragenden Hymenien die Oberfläche labyrinthischer Gänge auskleiden. Gonidien und Sexualorgane sind nicht bekannt.

Durch die Untersuchungen von Rees[1]) wurde zuerst festgestellt, dass die Hirschtrüffel, Elaphomyces granulatus, ihr Mycel parasitisch an Kiefernwurzeln entwickelt. Es ist ferner bekannt, dass die essbaren Trüffelarten der Gattung Tuber an den Wurzeln der Eiche und Rothbuche schmarotzen. Neuerdings hat Frank das Auftreten von Pilzgebilden an den Wurzeln phanerogamer Pflanzen, insbesondere der Nadelholzbäume und der Cupuliferen, eingehender studirt und die grosse Verbreitung von Mycelbildungen an den zarten Wurzelspitzen der Bäume constatirt. Die Aussenwände der jungen Wurzeln werden vom Pilzmycel, welches in und zwischen deren Zellen eindringt, so dicht überzogen, dass sich ein geschlossener Pilzmantel bildet. Die befallenen Wurzeln zeigen zum Theil abnorme Gestaltungen durch reiche Verästelung und Wucherung der Gewebe, indem sich eine Art symbiotischen Verhältnisses herstellt, wie wir es bei manchen anderen Pflanzenparasiten in ähnlicher Weise beobachten. Das vom Pilz durchwucherte Gewebe der Wurzelrinde stirbt nach einiger Zeit, und wenn die Pilzfäden in die inneren Gewebe der Wurzel eindringen, so sterben diese Wurzeln ganz und gar ab. Frank hat diesen Erscheinungen den Namen Mycorhiza, Pilzwurzel, gegeben. Welche verschiedenen Pilzarten sich an dieser Erscheinung betheiligen, ob insbesondere ausser den Tuberaceen auch Pilze aus anderen Gruppen Mycorhizen bilden, ist noch nicht festgestellt. Frank ist der Ansicht, dass diese Wurzelpilze eine wichtige Rolle im Leben der Bäume spielen, indem sie die Ernährung derselben gleichsam vermitteln und auch organische Nährstoffe den Bäumen aus dem Boden zuführen.

Ob diese Ansicht in der Folge ihre Bestätigung finden wird, bleibt abzuwarten, ist aber zur Zeit sehr zu bezweifeln, nachdem zunächst die Aufnahme organischer Nährstoffe durch die Baumwurzeln noch nicht bewiesen, andererseits festgestellt ist, dass die

---

[1]) Dr. M. Rees und Dr. K. Fisch, Untersuchungen über Bau und Leben der Hirschtrüffel, Elaphomyces 1888.

Bäume sich ohne Pilzwurzel sehr gut zu ernähren im Stande sind und neben den verpilzten Wurzeln jeder Zeit ein sehr grosser Theil der Wurzeln völlig frei von Pilzen ist.

§ 13. Die Kernpilze. Pyrenomycetes.

Bei den Kernpilzen kleidet das die Asken tragende Hymenium die Innenfläche kuglicher oder flaschenförmiger Behälter aus, welche Perithecien genannt werden und durch eine die Sporen entlassende Oeffnung an der Spitze ausgezeichnet sind. Die zahlreichen hierher gehörenden Gattungen kann man in zwei Gruppen theilen, in solche, deren Perithecien einzeln stehen (simplices), und in solche, deren Perithecien in grösserer Anzahl auf einem gemeinsamen Polster vereinigt, oder in einem Stroma vertieft stehen (compositi).

Als beachtenswerthe Parasiten sind folgende Arten näher zu besprechen.

Trichosphaeria parasitica[2]).

Dieser Parasit bewohnt vorzugsweise die Tanne, nach v. Tubeuf auch die Fichte und Hemlockstanne. Er ist überall verbreitet, wo die Weisstanne zu Hause ist, sein farbloses Mycel perennirt auf der Unterseite der Zweige, von wo aus er auf die Unterseite der Tannennadeln wächst, diese an den Zweig gleichsam festspinnend. Die später absterbenden Nadeln fallen desshalb nicht ab, sondern bleiben an den Zweigen hängen. Fig. 18.

Die an der Oberseite der Zweige entspringenden Nadeln Fig. 18 a bleiben wenigstens im ersten Jahre meist lebend, weil das Mycel auf die Unterseite der Zweigaxe beschränkt ist. Mit der Entwicklung der neuen Triebe wächst das Mycel auf diese und tödtet die jungen noch nicht völlig ausgebildeten Nadeln der Triebbasis sofort, die dann zusammenschrumpfen. Die erst später vom langsam nachwachsenden Mycel erreichten Nadeln der Mitte und Spitze des Triebes bewahren ihre Schwertform.

Das Pilzmycel bildet auf der Nadelunterseite anfänglich weisse, später bräunlich werdende Polster, Fig. 19 bb, welche die blauen Streifen der Tannennadelunterseite nur theilweise überziehen. Auf

---

[2]) R. Hartig, Ein neuer Parasit der Weisstanne, Trichosphaeria parasitica. Allgem. Forst- u. Jagd-Zeitg. Januar 1884.

diesen Polstern entstehen in der Folge die sehr kleinen Perithecien. Fig. 20.

Das Pilzpolster entsteht dadurch, dass von den die Nadeln überziehenden Hyphen Fig. 21 a nach der Blattoberfläche zu zahlreiche Verästelungen b ausgehen, welche ein aus parallelen unter einander verwachsenden Pilzhyphen bestehendes fleischiges Polster c bilden. Jede Hyphe entsendet da, wo sie die Oberhaut der Nadel be-

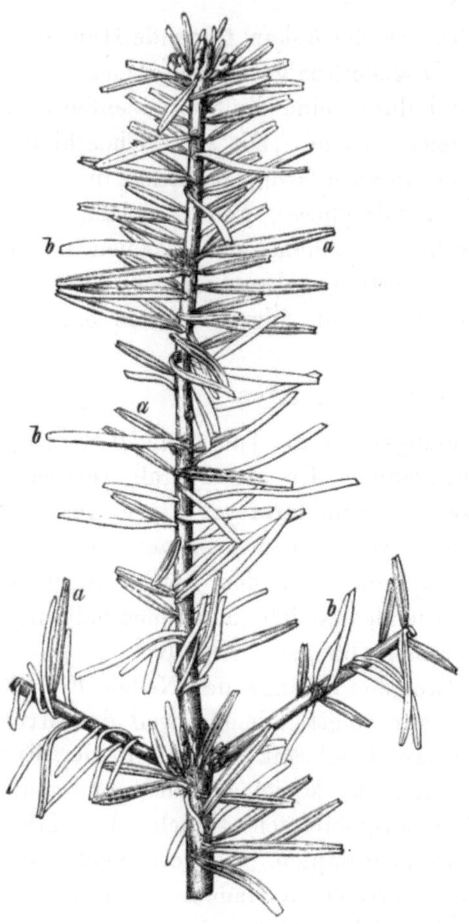

Fig. 18.

Weisstannenzweig mit Trichosphaeria parasitica. *a* Die gesunden Nadeln. *b* Die getödteten braunen Nadeln, welche am Grunde durch Pilzfäden an dem Zweig befestigt sind. Im untersten Theile jedes Triebes sind die vom Pilz getödteten Nadeln zusammengeschrumpft, da sie zur Zeit des Pilzangriffes noch nicht ausgebildet waren.

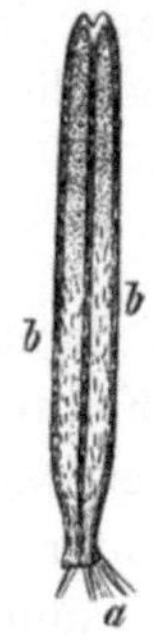

Fig. 19.

Unterseite einer Tannennadel mit Trichosphaeria parasitica. Das farblose Mycel wächst bei *a* von der Zweigaxe auf der Nadelunterseite und bildet auf dieser weisse Pilzpolster *b b*.

rührt d, ein feines stabförmiges Saugwärzchen in die Aussenwand e der Oberhautzellen, durch dessen Fermentausscheidung die Oberhautzellen und Spaltdrüsen f getödtet und gebräunt werden. Die chlorophyllhaltigen Zellen des Blattinneren g werden erst später durch das hier und da eindringende Mycel h getödtet. Der Vorhof der Spaltöffnungsapparate, dessen Wandung mit Wachskörnchen ausgekleidet ist, lässt keine Saugwärzchen eindringen i. Die schwarzbraunen Perithecien Fig. 22, welche auf dem Pilzpolster später entstehen, sind mit unbewaffnetem Auge

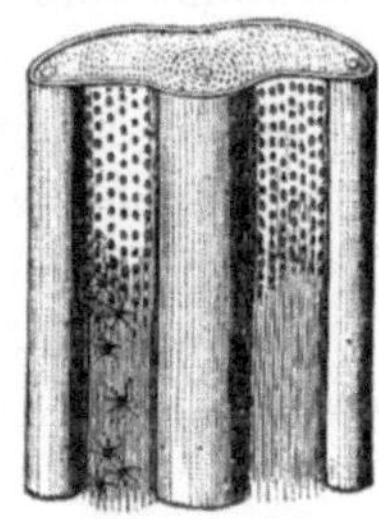

Fig. 20.

Theil einer Tannennadel, auf welcher das Pilzpolster der linken Seite zahlreiche kleine Perithecien trägt.

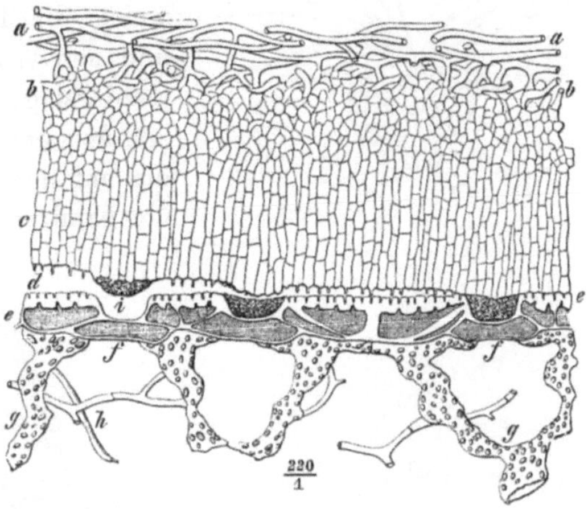

Fig. 21.

Mycelpolster der Trichosphaeria par. auf der Unterseite der Tannennadel. a Das fädige Mycel, das bei b sehr reich sich verästelnde Zweige nach unten aussendet, die ein aus parallel verlaufenden Hyphen bestehendes Polster c entwickeln. Wo diese die Blattoberfläche treffen, entsenden sie je ein stabförmiges Saugwärzchen d in die Aussenwand der Epidermiszellen e e. Bei d ist das Polster ein wenig von dem Blatt abgehoben, wobei ein Theil der Stäbchen aus der Epidermis herausgezogen worden ist. Die Epidermiszellen f f werden gebräunt. Die chlorophyllhaltigen Blattparenchymzellen g g färben sich erst später braun, wenn auch fädiges Mycel h eingedrungen ist. In den Vorhof der Spaltöffnungen i wächst das Mycelpolster, ohne Stäbchen zu bilden, ist dagegen mit den dort angehäuften Wachskörnchen bekleidet.

kaum erkennbar und zeichnen sich durch die in der oberen Hälfte entspringenden borstenförmig abstehenden Haare aus. Im Inneren der Perithecien finden sich oft kleine stabförmige Organe a, neben den Asken b, die je 8 meist vierkammerige rauchgraue Sporen enthalten.

Diese Sporen sind es, die leicht keimend, die Krankheit hervorrufen, wenn sie in geeigneter Weise auf Tannenzweige gelangen. Das Mycel verbreitet sich schmarotzend von der Infectionsstelle aus nach allen Richtungen und kann schliesslich grosse Tannenzweige völlig entnadeln; in dichten Verjüngungen wächst es auch von Zweig zu Zweig, daneben durch Sporeninfection neue Heerde erzeugend.

Da natürliche Verjüngungen, zumal solche unter Mutterbestand, in hohem Grade erkranken können, ist Abschneiden der erkrankten Zweige zu empfehlen und hat sich im Grossen schon bewährt.

Herpotrichia nigra[3]).

Dieser Parasit bewohnt vorzugsweise die Fichte, Krummholzkiefer und den Wachholder in den höheren Gebirgslagen. In den Knieholzbeständen entstehen grosse Fehlstellen, die auf den ersten flüchtigen Anblick den Eindruck hervorrufen, als habe ein

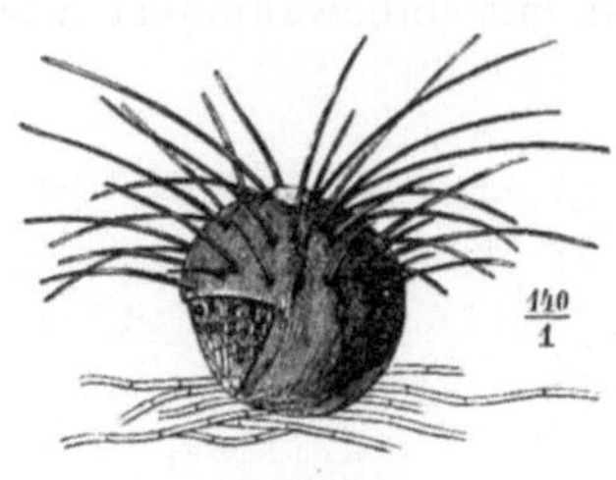

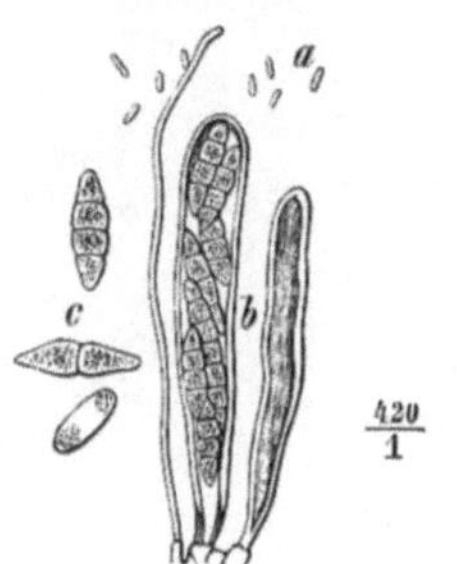

Fig. 22.

Perithecium der Trichosphaeria parasitica. Die schwarzbraune Kugel zeigt an der Spitze eine runde Oeffnung und in der oberen Hälfte abstehende Borstenhaare. Links unten ist ein Theil der Wandung weggeschnitten, um den aus Asken und Paraphysen gebildeten hellen Kern zu zeigen. Diese sind stärker vergrössert darunterstehend gezeichnet, und zwar bei *a* oft vorkommende stäbchenartige Gebilde, bei *b* Asken mit Sporen, bei *c* isolirte Sporen.

Fig. 23.
Fichte mit Herpotrichia nigra.
$\frac{1}{2}$ der natürl. Grösse.

Feuer alles verkohlt. In Fichtensaat- und Fichtenpflanzkämpen der höheren Lagen werden oft sämmtliche Pflanzen im Winter und Frühjahr unter Schnee und unmittelbar nach Abgang desselben,

---

[3]) R. Hartig, Herpotrichia nigra n. sp. Allgem. Forst- u. Jagd-Zeitg. Januar 1888.

zumal wenn sie auf die Erde niedergedrückt waren, von dem schwarzbraunen Mycel überwuchert und getödtet.

In den Fichtenbeständen des Bayerischen Waldes findet man auf grossen Gebieten den jungen Fichtennachwuchs ganz oder bis zur Kniehöhe hinauf durch den Pilz getödtet.

Das schwarzbraune Mycel überwuchert die ganzen Zweige und Pflanzen, deren Nadeln völlig eingesponnen werden. Fig. 23.

Das Mycel bildet keine anliegenden 'olster, sondern überspinnt regellos die ſadeln, Fig. 24 b, auf denen auch die 'erithecien entstehen a. Es bildet über en Spaltöffnungen schwarzbraune Knöll‑hen, Fig. 25, überzieht aber in gekör‑

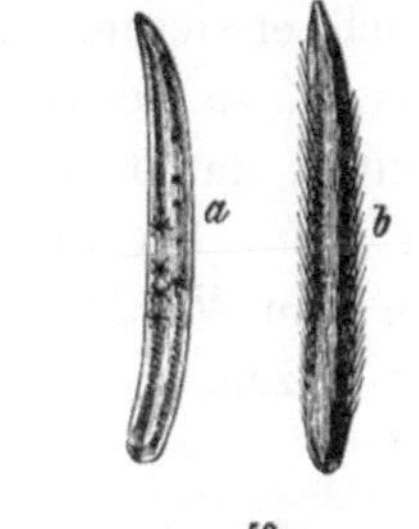

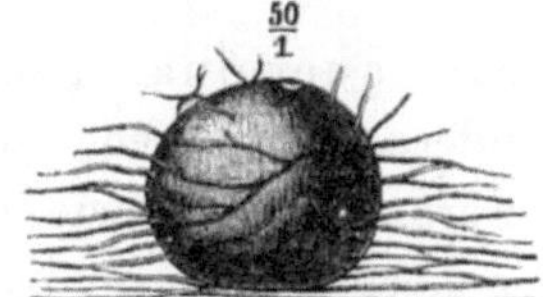

Fig. 24.

a b Fichtennadeln mit Her‑potrichia nigra, zweimal ver‑grössert. Das braune Mycel bildet in den Spaltöffnungen schwarze Knöllchen, die aber viel kleiner sind als die schwarzen Perithecien, von denen eins unten 50 fach vergrössert dargestellt ist.

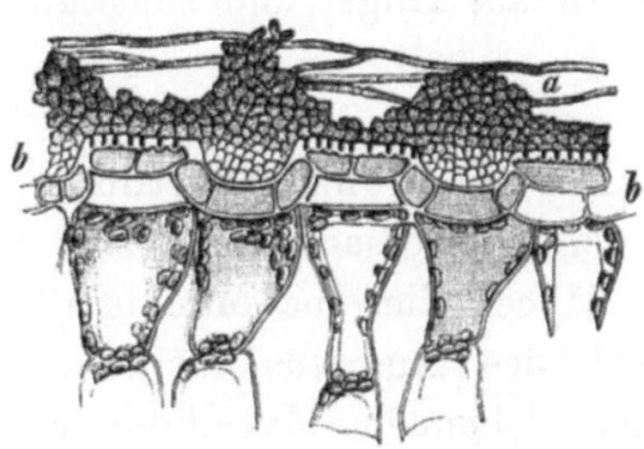

Fig. 25.

Mycelbildung von Herpotrichia nigra. *a* Das fädige Mycel entwickelt auf der Nadeloberfläche gekörneltes Mycel, welches knollenförmig die Spaltöff‑nungsapparate bedeckt. Stäbchenför‑mige Haustorien werden in die Aussen‑wand der Epidermiszelle eingebohrt.

nelter Form auch die Nadeloberfläche und entsendet stabförmige Saugwarzen in die Aussenwand der Epidermiszellen, die dadurch getödtet und gebräunt werden. Auch die tiefer liegenden Parenchym‑zellen werden durch den Pilz getödtet, schon bevor fädiges Mycel an anderen Stellen der Nadel durch die Spaltöffnungen in das Innere eingedrungen ist.

Die schwarzbraunen, verhältnissmässig grossen Perithecien Fig. 24 zeigen an ihrer Oberfläche zahlreiche, sich vorzugsweise nach unten an das Mycel anlegende, verästelte Hyphen. Oft sind die schwarzen Kugeln vom Mycel grösstentheils verdeckt. Die

Asken enthalten zweizeilig stehende anfänglich und scheinbar noch zur Reifezeit zweikammrige, endlich aber grösstentheils vierkammrige Sporen, die sehr leicht keimen.

Biologisch interessant ist, dass der Pilz vorzugsweise bei niederer Temperatur noch unter dem Schnee oder beim Abgange des Schnees wächst, da dann die Luft mit Feuchtigkeit völlig gesättigt ist. Sein allgemeines Auftreten in den höheren Gebirgslagen hat bereits zu der allgemeinen Maassregel geführt, die Fichtenkämpe in tieferen Lagen anzulegen. Es hat sich ferner als nützlich erwiesen, sofort nach Abgang des Schnees die Pflanzkämpe u. s. w. zu besichtigen und alle zu Boden gedrückten Pflanzen aufzurichten, damit sie dem Winde exponirt werden. Man wird auch gut thun, bei Fichtenculturen die jungen Pflanzen nicht in Mulden und Vertiefungen, sondern auf Hügel und sonstige Erhebungen zu setzen.

Rosellinia quercina[4]).

Der Eichenwurzeltödter, Rosellinia quercina, gehört zu den interessantesten Parasiten insbesondere desswegen, weil sein Mycel dieselbe Mannigfaltigkeit der Formen zeigt, wie das Mycel des Agaricus melleus. Dasselbe gehört zu jenen parasitisch lebenden Mycelbildungen, die früher in eine besondere Gattung Rhizoctonia zusammengestellt wurden.

Die durch Rosellinia quercina erzeugte Krankheit scheint nur die Wurzeln junger 1—3jähriger Eichen zu befallen, ist aber zumal im Nordwesten Deutschlands sehr verbreitet. In Eichensaatbeeten äussert sich dieselbe durch Verbleichen und Vertrocknen der jungen Pflanzen zumal in nassen, regenreichen Jahren. Es vertrocknen zuerst die Blätter nahe der Triebspitze, später auch die unteren, und zieht man solche Pflanzen, welche die ersten Symptome der Erkrankung zeigen, aus dem Boden, so erkennt man an der Hauptwurzel hie und da schwarze Kugeln von Stecknadelknopfgrösse, Fig. 26, besonders an solchen Stellen, wo feine Seitenwurzeln der Hauptwurzel entsprungen sind. Auch erkennt man äusserlich der Wurzel anhaftend und diese gleichsam umspinnend hier oder da zarte, den Zwirnfäden ähnliche sich verästelnde Stränge, die Rhizoctonien, die auch zwischen die umgebenden Erdschichten

---

4) R. Hartig, Untersuchungen aus d. forstbot. Institut I S. 1—32.

dringen und, wie wir sehen werden, die Krankheit unterirdisch von Wurzel zu Wurzel verbreiten. In der Umgebung jener schwarzen Knollen und soweit die Rhizoctonien der Wurzeloberfläche eng anliegen, ist das Rindengewebe der Wurzel gebräunt. Die Spitze der Pfahlwurzel ist oft vollständig verfault, doch zeigen auch Pflanzen, deren Wurzeln bis zur Spitze lebend sind, die zuvor beschriebenen Krankheitssymptome.

An älteren, bereits getödteten Pflanzen sind die Rhizoctonien nicht mehr weiss, sondern braun gefärbt und die schwarzen Körner oft in grosser Menge wahrzunehmen. Zuweilen findet man diese auch am unteren Theile des Stengels, d. h. oberhalb der Samenlappen, und am besten sind sie zu finden, wenn man die Eichenpflänzchen recht sauber abwäscht, da dann diese schwarzen Knöllchen durch ihren Glanz scharf hervortreten. Bei feuchtwarmem Wetter verbreitet sich das Absterben in

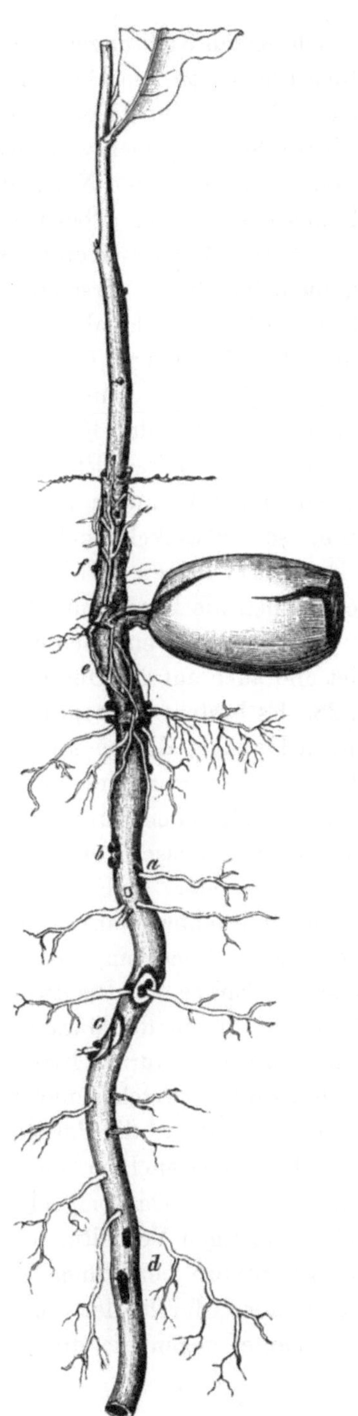

Fig. 26.

Eichensämling mit Rosellinia quercina. Die Seitenwurzeln sind zum Theil noch gesund, meist aber durch das fädige Mycel getödtet und an der Stelle, wo sie das Gewebe der Pfahlwurzel durchbrochen haben, mit Infectionsknöllchen besetzt *a b*. In der Nähe ist das Rindengewebe gebräunt, die Korkschicht oft schon vertrocknet *c*. Selten zeigen sich Infectionsknöllchen an anderen Stellen der Wurzel *d. f*. Oberhalb und unterhalb der Eichel ist das Rindengewebe gebräunt und Rhizoctonienstränge *e* umspinnen die Pflanze.

Rillensaaten nach beiden Richtungen, in Vollsaaten centrifugal allseitig so, dass endlich Plätze von 1 m Durchmesser und mehr verdorrt sind. Wenn trockenes Wetter eintritt oder der Herbst naht, hört die Verbreitung der Krankheit auf, doch wird man an den scheinbar noch gesunden Pflanzen in der nächsten Nachbarschaft der getödteten die geschilderten Krankheitssymptome bei Untersuchung der Wurzeln noch reichlich beobachten können. Werden solche Pflanzen mit inficirten Wurzeln im nächsten Jahre verschult, so werden sie je nach den Witterungsverhältnissen noch absterben und unter Umständen die Krankheit auf ihre Nachbarn übertragen, oder sie erholen sich langsam nach mehrjährigem Kümmern und bilden eine neue Pfahlwurzel, wenn deren Spitze der Krankheit erlegen war.

Bringt man eine getödtete Pflanze in einen feuchtwarmen Raum oder pflanzt sie im Juli mitten in ein Beet gesunder diesjähriger Eichenpflanzen, so entwickelt sich aus jenen schwarzen Knollen, die wir als Dauermycelien (Sklerotien) bezeichnen wollen, an verschiedenen Stellen die Rinde durchbrechend, sehr bald ein Mycel, welches in feuchter Luft ein dichtes weissgraues schimmelartiges Gewebe bildet und auch auf der Oberfläche des Bodens radial sich verbreitet. Fig. 28. Es besteht aus septirten, anfänglich farblosen, später sich bräunenden Hyphen, die nach einiger Zeit sich zusammenlegen, hier und da seitlich verwachsen und feine Stränge, Rhizoctonien bilden, die aus zahlreichen, unter einander kaum verwachsenen Einzelhyphen zusammengesetzt sind. Gelangt dies Mycel, sei es in isolirten Hyphen oder in Form von Rhizoctonien, an eine gesunde Wurzel einer Nachbarpflanze, so umspinnt es diese und dringt in die Rindenzellen direct ein, soweit solche noch lebend sind, d. h. also nahe der Spitze der Pfahlwurzel und in die zarten Seitenwurzeln. Es dringt bis in die Markröhre, wo solche vorhanden ist und tödtet die Wurzel in kurzer Frist. Im lebenden Rindenparenchym der Hauptwurzel, welches nur noch am untersten, jüngsten Theile zu finden ist, füllt es die Parenchymzellen mit einem üppigen Gewebe, einem Pseudoparenchym aus, das durch Auftreten reicher Fetttropfen sich als ein Dauermycel charakterisirt. Wir können derartige, unter günstigen Verhältnissen auskeimende Bildungen als gefächerte Sklerotien bezeichnen. Der ältere Theil der Hauptwurzel ist nun aber durch den in ihrer Rinde zur Ausbildung gelangten Korkmantel gegen die directen Angriffe des Parasiten geschützt. Die äusseren Rindenzellen sind theils zusammengeschrumpft, theils abgestossen, und es bleibt nur ein Weg, in das Innere der Wurzel zu gelangen. Da, wo die feinen Seitenwurzeln den Kork-

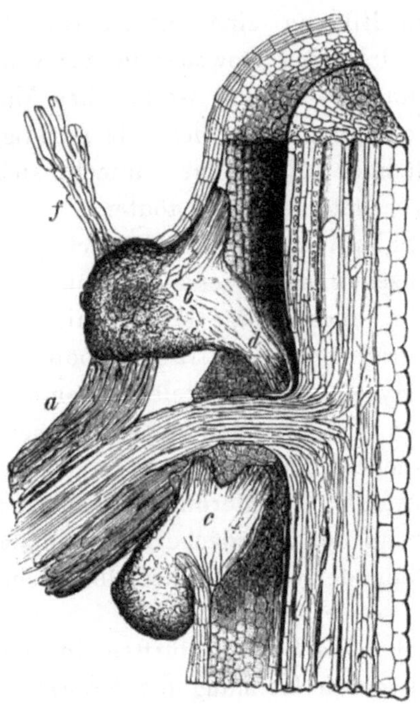

Fig. 27.

Infectionsstelle der Rosellinia quercina, 20 mal vergrössert. Die vom fädigen Mycel getödtete feine Seitenwurzel *a* zeigt da, wo sie den Korkmantel der Pfahlwurzel durchbricht, fleischige Infectionsknollen *b c*, welche Zapfen (*d*) in das Gewebeinnere senden. Die angrenzenden Zellgewebe *e* sind gebräunt, aber frei vom Mycel. An den oberen Knollen hat sich ein Rhizoctonienstrang *f* entwickelt, durch dessen Keimung und Ernährung ein Theil des Knollengewebes verzehrt ist.

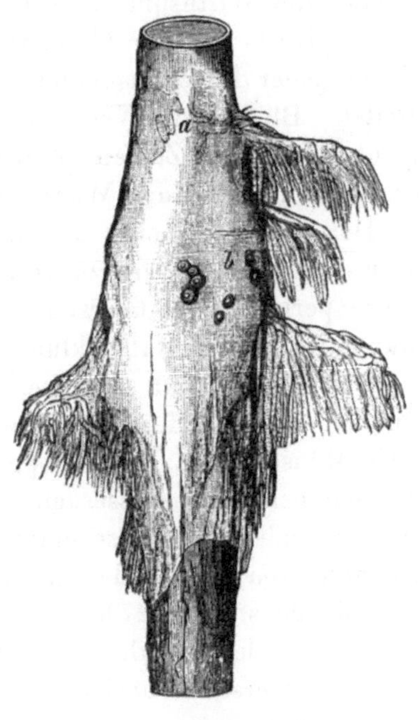

Fig. 28.

Eichenwurzel mit Mycelium der Rosellinia quercina (*a*), auf dem bei *b* die Perithecien sich entwickelt haben.

mantel durchsetzen, wird, nachdem erstere durch den Parasiten getödtet sind, gleichsam eine Lücke, eine Bresche gebildet, woselbst der Parasit einzudringen vermag und dies Eindringen erfolgt in eigenartiger Weise. Fig. 27. An solcher Stelle bilden sich zunächst feine weisse Mycelknäuel, oft oberhalb und unterhalb der Basis der getödteten Seitenwurzel; dieselben werden zu fleischigen, aussen sich mit einer schwarzbraunen Rinde bekleidenden Knollen, die nach innen in das Gewebe der Eichenwurzel mehrere fleischige Zapfen senden, Fig. 27 c d.

Das benachbarte Rindengewebe wird getödtet und gebräunt Fig. 27 e. Tritt nunmehr trockenes oder kaltes Wetter ein, dann gewinnt die Wirthspflanze Zeit zur Bildung einer neuen Wund-korkschicht auf der Grenze des lebenden Gewebes in der Um-gebung jener Infectionsknöllchen und die Pflanze ist für dies Mal gerettet. Bleiben die Vegetationsbedingungen für den Pilz günstig, so entsprosst dem Zapfen ein feinfädiges Mycel, das nunmehr sich durch alle Gewebe der Wurzel verbreitet und diese tödtet.

Der Parasit besitzt in den Sklerotien ein Mittel, sich von einem Jahr aufs andere zu verpflanzen und während des Sommers Trockenperioden zu überstehen, die alles fädige Mycel mit den daran etwa in der Entwicklung begriffenen Fruchtträgern tödten.

Das oberflächlich vegetirende Mycelium entwickelt im Sommer Gonidien auf quirlförmig verästelten Trägern und diese können, durch Mäuse u. dgl. verschleppt, neue Infectionsheerde erzeugen. Es entstehen aber ausserdem schwarze, kugelförmige Perithecien von Stecknadelknopfgrösse entweder an der Oberfläche der kranken Eichenpflanzen selbst oder in der Nähe derselben auf der Oberfläche des Erdbodens. Fig. 27 b.

Die in den Perithecien entstehenden Sporen dürften in der Regel wohl erst im nächsten Jahre durch Keimung die Krankheit neu erzeugen.

Grösseren Schaden veranlasst der Parasit meist nur in nassen Jahren. Er ist zu bekämpfen durch Isolirgräben, welche um die erkrankten Stellen in den Saatkämpen anzulegen sind. Die Ver-wendung kranker Pflanzen zur Verschulung in Pflanzkämpe ist zu vermeiden.

Die Rhizoctonia violacea, welche den sog. Safrantod und Luzernetod veranlasst, ist noch nicht wissenschaftlich in ihren verschiedenen Entwicklungsstufen untersucht, und es bleibt der Folgezeit vorbehalten, festzustellen, ob diese parasitischen Mycel-bildungen einer dem vorigen Pilze verwandten Pflanzenform ange-hören. Die von Fuckel mitgetheilten Angaben, demnach dies Mycel einer Pilzform Byssothecium circinnans angehören solle, tragen das Gepräge der Unwahrscheinlichkeit in so hohem Grade an sich, dass es nicht der Mühe werth ist, davon Notiz zu nehmen.

Dagegen glaube ich an dieser Stelle den nachstehenden wichtigen Parasiten des Weinstockes besprechen zu müssen:

Dematophora necatrix[5]). Der Wurzelpilz des Weinstockes.

Unter den zahlreichen Feinden des Weinstockes nimmt der Wurzelpilz, Dematophora necatrix eine hervorragende Stelle ein. Die durch ihn erzeugte Krankheit wird als Wurzelpilz, Weinstockfäule, Pourridié de la vigne, Pourriture, Blanc des racines, Blanquet, Champignon blanc, Aubernage, Mal nero, Morbo bianco bezeichnet und ist in Frankreich, Italien, Schweiz, Oesterreich und im Südwesten Deutschlands verbreitet.

Unter den Wurzelerkrankungen des Weinstockes ist die durch Phylloxera vastatrix erzeugte allgemein bekannt. Ganz dieselben Krankheitssymptome an oberirdischen Pflanzentheilen hat auch der Wurzelpilz zur Folge und oft genug kommen Verwechselungen vor.

Ob auch Agaricus melleus am Weinstock schädlich wird, wie behauptet worden ist, kann ich nicht sagen, da mir bisher kein Material zugesandt wurde, an dem dieser Pilz thatsächlich sich zeigte. Es scheint dagegen, als ob in sehr nassen Jahren und auf schweren Böden auch die „Wurzelfäule" als Folge des Erstickens, d. h. durch Luftmangel im Boden, entstehen könnte. An solchen erstickten Stöcken tritt dann oft ein Pilz: Roesleria hypogaea auf, dessen saprophytischer Charakter mir sehr wahrscheinlich ist. Der Parasit, mit dem wir uns hier zu beschäftigen haben, verbreitet sich durch sein Mycel unterirdisch in den Weinbergen von Stock zu Stock, so dass grosse Verheerungen zu beklagen sind. Dabei werden auch andere Pflanzen, die in den Weinbergen cultivirt werden, Obstbäume, Kartoffeln, Bohnen, Runkeln u. dgl. von dem Pilz getödtet. Bei meinen Versuchen tödtete das Mycel sofort junge Ahorne, Eichen, Buchen, Kiefern, Fichten u. s. w.

An solchen Pflanzen, an denen das Mycel in üppiger Entwicklung ist, wie an dem Rebstocke, Fig. 29, und dem jungen Ahorne, Fig. 30, bildet dasselbe üppige, schneeweisse Massen, wolliger oder strangartiger Natur, die sich den Pflanzen äusserlich anschmiegen, aber auch im Boden auf grössere Entfernungen verbreiten. Wo

---

[5]) R. Hartig, Dematophora necatrix n. sp. Untersuchungen a. d. forstbot Institut in München. III 1883.

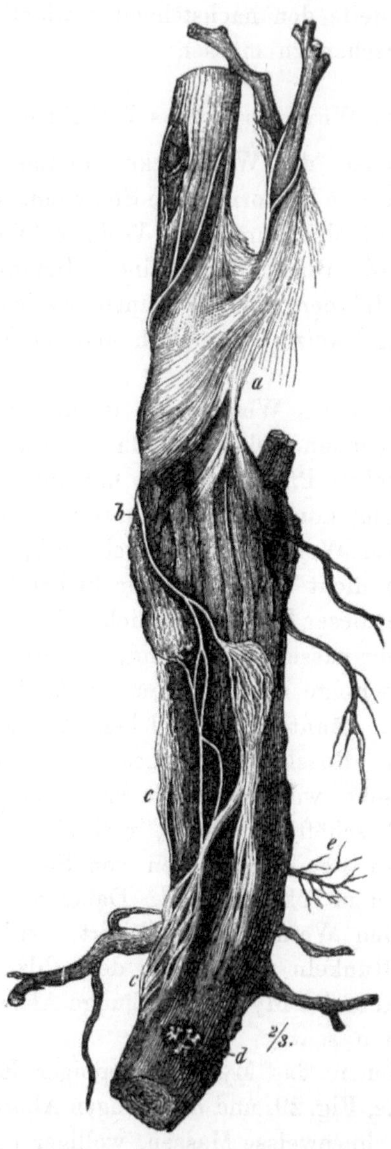

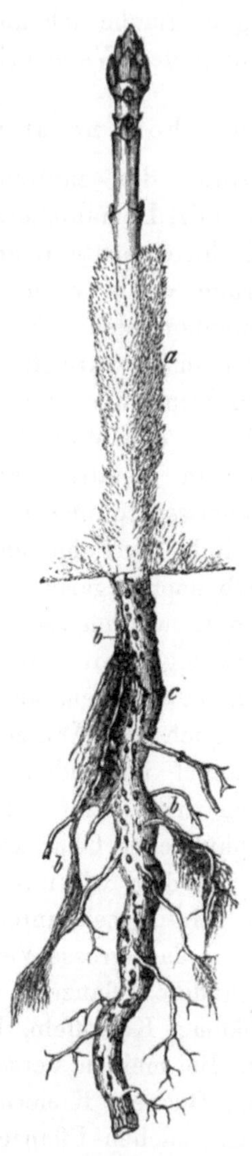

Fig. 29.

Durch Dematophora necatrix getödteter
Weinstock nach längerem Aufenthalt
im Feuchtraum. Das fädige Mycel *a*
geht in weisse Rhizoctonienstränge *b*
über, die sich verästeln *c c*. Bei *d*
und *e* wachsen Rhizomorphen aus dem
Inneren hervor.

Fig. 30.

Ahornpflanze, durch Dematophora necatrix inficirt. Der oberirdische Theil ist um 14 Tage
früher gezeichnet als der unterirdische. Das weisse wollige
Mycel (*a*) überwuchert die
Pflanze. Unterirdisch zeigen sich
Rhizoctonien *b b* aus dunklerem
Mycel. Aus der Rinde brechen
zahlreiche Sclerotien (*c*) hervor.

dieses Mycel feine Faserwurzeln anderer Pflanzen erreicht, tödtet es diese und dringt an deren Basis in das Innere der stärkeren Wurzeln ein, Fig. 31 a, und verbreitet sich nun in deren Innerem

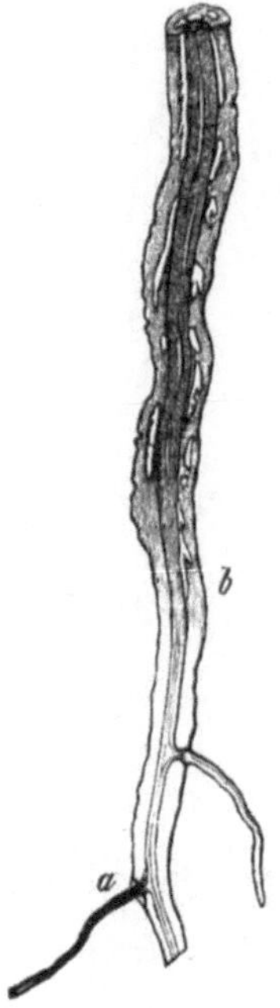

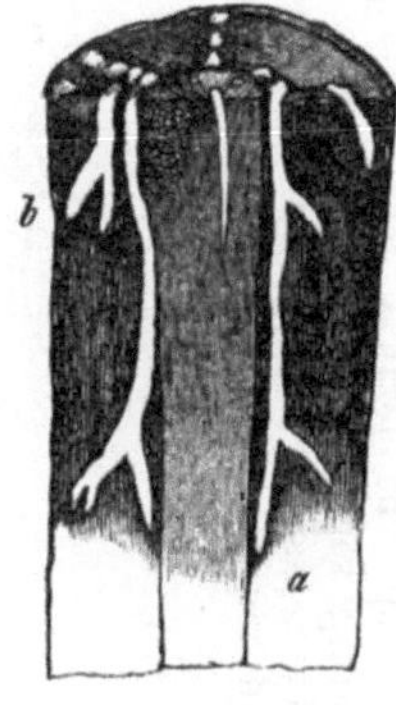

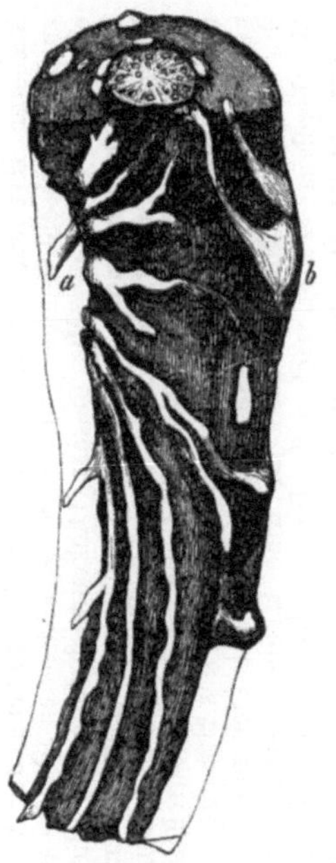

<table>
<tr><td>

Fig. 31.

Längsschnitt durch die Wurzel eines Weinstockes, der im oberen Theile bis *b* durch die Rhizomorphen der Dematophora necatrix getödtet ist, im unteren Theile eine Infectionsstelle bei *a* zeigt.

</td><td>

Fig. 32.

Grenze des gesunden und kranken Wurzeltheiles *a*. Die Rhizomorphen verästeln sich seitlich und nach aussen, so dass einzelne Zweige *b* bis zur Oberhaut reichen $^5/_1$.

</td><td>

Fig. 33.

Kräftige Weinstockwurzel, durch Dematophora inficirt. Das Rindengewebe ist zum Theil sorgfältig wegpräparirt, so dass die Rhizomorphen, welche von *a* aus sich entwickelt haben, zu erkennen sind. Bei *b* bilden sich die sclerotienartigen Mycelknollen, auf denen später die Gonidienträger entstehen. $^5/_1$.

</td></tr>
</table>

in Form eigenartiger Rhizomorphen, Fig. 32, alle benachbarten Gewebe tödtend. Im weichen Rindengewebe der Weinstockwurzel bleiben sie strangartig und verästeln sich seitlich und nach aussen, so dass die Wurzel gleichsam von einem Netz von Strängen umsponnen ist, Fig. 33.

Diese Rhizomorphen sind völlig verschiedenartig gebaut von denen des Agaricus melleus. Ich gebe eine etwas schematisch ge-

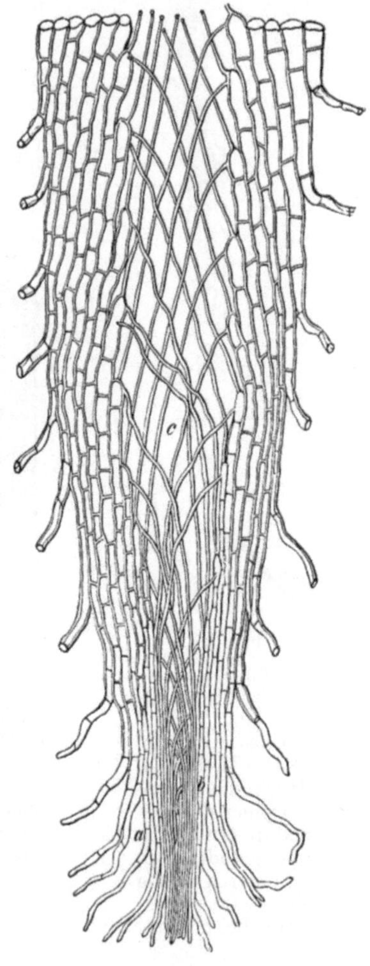

Fig. 34.

Schematischer Längsschnitt durch eine Rhizomorphenspitze von Dematophora necatrix. An der äussersten Spitze sind die den Strang bildenden Hyphen sehr fein, pinselförmig, nicht mit einander verwachsen. Mit dem Wachsthum des Stranges dringen die äusseren Hyphen (bei a) in das Rindenzellgewebe der Wurzel ein, das in der Figur nicht zur Darstellung gelangt ist. Zum Ersatz desselben entstehen im Centrum (in der Höhe von b) immer neue Hyphen durch seitliche Aussprossung. In geringer Entfernung von der Spitze verwachsen die äusseren Hyphen, soweit sie nicht im Zellgewebe der Wirthspflanze stecken, unter einander zu einer geschlossenen pseudoparenchymatischen Rinde unter gleichzeitiger Verdickung der einzelnen Hyphen. Mit diesem Dickenwachsthum ist die Entstehung eines Hohlraumes im Inneren (c) verbunden, welcher von sehr zarten Hyphen erfüllt ist. Diese zarten Hyphen sind lediglich die nicht verdickten obersten Theile jeder neuen Aussprossung. Verfolgt man den Verlauf einer Hyphe des Rhizomorphenstranges, so durchzieht derselbe von seiner Sprossstelle aus als feine Hyphe den inneren Hohlraum des Stranges, tritt dann meist von der entgegengesetzten Wandung in diese ein, verdickt sich hier sehr stark, durchläuft in schräger Richtung die Wandung und tritt dann als freie Hyphe aussen hervor, in dem Parenchymgewebe der Wirthspflanze weiter wachsend. Da, wo die Hyphe sich verdickend in die Wand des Stranges eintritt, findet eine neue Sprossung statt, und die dort entstehende Hyphe wiederholt denselben Vorgang, der vorstehend geschildert ist.

haltene Spitze dieser Rhizomorphen in Fig. 34 und verweise auf die Figurenerklärung.

Die nach aussen abzweigenden Rhizomorphenäste durchbrechen die Rinde von innen und bilden neues fädiges Mycel, das sich im

Boden verbreitet, oder sie schwellen unter der Wurzelrinde zu knolligen Sklerotien an, Fig. 33 b, die zuweilen in Reihen angeordnet aus der Rinde hervorbrechen, Fig. 35.

Auf diesen Knollen entstehen nun die Gonidienträger in grosser Anzahl in Form von Borsten, an deren Spitze die Gonidien abgeschnürt werden, Fig. 36.

Sehr häufig entstehen aber auch diese Fruchtträger auf dem fädigen Mycel, welches in Form von Rhizoctonien und Ueberzügen die kranken Pflanzen oder fremde Gegenstände bekleidet.

Perithecienbildung konnte ich bisher nicht beobachten trotz mehrjähriger Cultur des Parasiten.

Es ist zu prüfen, ob in den Weinbergen durch Imprägniren der Rebpfähle mit Creosotöl dem Weiterschreiten der Erkrankung begegnet werden kann, nachdem das anfänglich von mir in Vorschlag gebrachte Aushungern durch Isolirgräben u. s. w. doch zu langwierig sein dürfte.

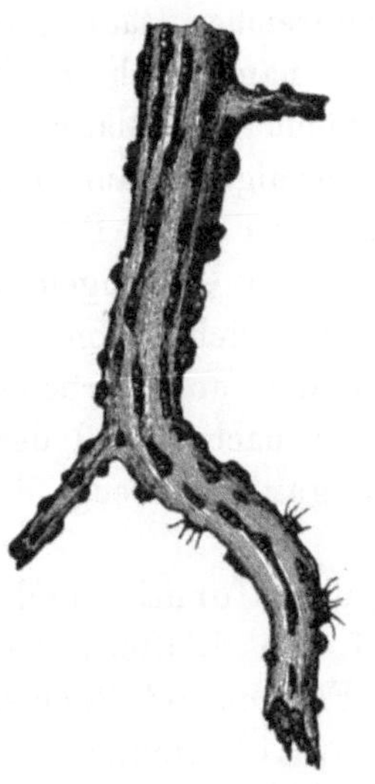

Fig. 35.

Wurzel eines Weinstocks mit zahlreichen sclerotienartigen Knollen, auf denen hier und da borstenförmigeGonidienträger sich entwickeln.

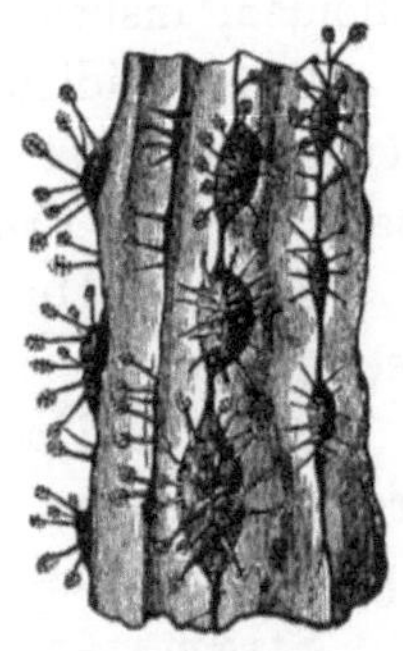

Fig. 36.

Ein Theil von Fig. 35, nach Ausbildung der Gonidienträger vergrössert $5/1$.

Cucurbitaria Laburni[6].

An Wundstellen des Cytisus Laburnum dringt häufig der vorgenannte Parasit ein und veranlasst das Absterben der Rinde und Zweige auf grösserer Ausdehnung oder selbst das Absterben der ganzen Pflanze. Neben den schwarzbraunen kuglichen Perithecien, welche heerdenweis zusammenstehen, kommen sehr verschiedenartige

---

[6] Cucurbitaria Laburni, auf Cytisus Laburnum. Freiherr v. Tubeuf, Cassel, Fischer 1886.

Gonidienformen vor, die entweder frei auf dem Stroma oder im Inneren von Höhlungen des Stromas oder in Pycniden sich entwickeln. Bei der leichten Keimfähigkeit aller dieser Vermehrungsorgane kann der Parasit häufig grosse Ausbreitung erlangen.

In ähnlicher Weise scheint Cucurb. Sorbi die Rinde von Sorbus Aucuparia zu befallen.

Hier ist mit wenigen Worten der „Fleckenkrankheiten" auf den Blättern zahlreicher Bäume, Sträucher und Krautpflanzen zu erwähnen, welche namentlich im Herbste oft in ausgedehntem Maasse auftreten, indem die Blätter von zahlreichen scharf umgrenzten, meist kreisförmigen braunen, oft roth eingefassten Flecken bedeckt werden. Es sind meist Pilze aus der Familie der Sphaerelloiden, insbesondere der Gattungen Sphaerella und Stigmatea.

Die Gonidien bilden sich schon auf den lebenden Blättern, die Perithecien erst auf den abgestorbenen Pflanzentheilen und zwar meist erst im Frühjahr nach Abfall der Blätter.

Sphaerella Fragariae erzeugt die Fleckenkrankheit der Erdbeerblätter.

Sphaerella punctiformis und maculiformis veranlasst braune Flecken auf den Blättern der Eichen, Linden, Haseln. Sph. Fagi erzeugt Flecken auf Buchenblättern u. s. w.

Stigmatea Mespili veranlasst die Blattbräune der Birnenblätter, Stigmatea Alni Flecken auf Erlenblättern.

Einer verwandten Familie gehört Gnomonia an und ist Gnomonia erythrostoma der Erzeuger der Blattbräune der Süsskirschen. Die inficirten Blätter sterben schon frühzeitig ab, ohne abzufallen. Auf denselben entwickeln sich die Perithecien mit den einzelligen Schlauchsporen. Entfernung alles an den Bäumen hängenden Laubes während des Winters ist anzurathen.

An Aprikosen, Pfirsich und Schlehe tritt ein Parasit, Valsa Prunastri, häufig schädlich auf, indem derselbe das Absterben von Zweigen veranlasst, deren Rinde von dem Pilz bewohnt wird. Die Spermazienform tritt zuerst auf und entsendet in Ranken die Spermatien, während später, d. h. erst im nächsten Frühjahr, die Perithecien in der abgestorbenen Rinde sich entwickeln.

Nectria.

Die Gattung Nectria umfasst eine Mehrzahl parasitischer Pilze, die ihre meist roth gefärbten Perithecien in grösserer Anzahl zusammenstehend auf der Oberfläche eines warzenförmigen, aus Pseudoparenchym bestehenden Stromas entwickeln. Vor deren Entstehung dient dasselbe Stroma der Erzeugung zahlloser Gonidien. Dieses Gonidien tragende Stroma wurde früher als besondere Gattung Tubercularia bezeichnet.

Die nachstehend aufgeführten drei Arten dieser Gattung sind facultative Parasiten, die, wie so viele andere Parasiten, auch als Saprophyten leben können.

Nectria Cucurbitula[7].

Die Nectria Cucurbitula gehört, wie alle Nectrien, zu denjenigen Parasiten, die in der Regel nur an vorgebildeten Wundstellen in das Innere der Wirthspflanzen einzudringen vermögen, und als solche ist vorzugsweise die Fichte, seltener die Tanne, Kiefer u. s. w. zu bezeichnen. Im Walde sind es meist die Frassstellen der Grapholitha pactolana, Fig. 37, seltener Hagelschlagstellen oder die Basis eines durch Schneeanhang herabgebogenen Zweiges, dessen Rinde im oberen Winkel ein wenig eingerissen ist, welche als Eingangspforten vom Parasiten benutzt werden.

Die keimenden Ascosporen oder Gonidien senden ihre Mycelschläuche in das Rindengewebe und sind es besonders die Siebröhren des Weichbastes (Fig. 38 b) oder die Intercellularräume zwischen diesen (Fig. 38 c), in welchen das ästige Mycel schnell vorschreitet. Man trifft das Mycel in dem anscheinend noch vollständig gesunden, frischen Bastgewebe, die Bräunung der Gewebe erfolgt erst einige Zeit darauf. Das Wachsthum des Pilzes scheint meistens nur im ruhenden Rindengewebe stattzufinden. Es hört dasselbe für gewöhnlich auf, wenn die Pflanze und deren Cambium zu erneuter Lebensthätigkeit erwacht, und müssen wir somit annehmen, dass die Widerstandsfähigkeit der lebenden Gewebe der Wirthspflanze im vegetativen Zustande eine grössere sei, als im ruhenden Zustande. Wie die Fig. 37 zeigt, kann das Wachsthum

---

[7] R. Hartig, Untersuchungen I, Seite 88.

in der Längsrichtung in einer Wuchsperiode 10 cm überschreiten. In seitlicher Erstreckung übersteigt die absterbende Stelle selten mehr als 3—4 cm. Das von dem Pilz getödtete Gewebe wird von den lebenden Pflanzentheilen durch eine Korkhaut abgesondert und in der Regel verhindert diese Korkschicht das Weiter-wachsen des Parasiten im nächsten Jahre.

Ist der getödtete Rindentheil dem Winde und der Sonne exponirt, dann trocknet er schon im Anfange des Sommers aus, ist der befallene Pflan-zentheil noch nicht stark, so ver-trocknet auch der Holzkörper und

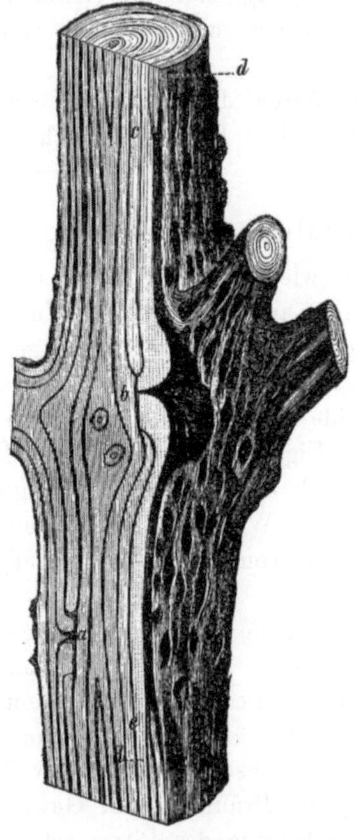

Fig. 37.
Fichte mit Nectria Cucurbitula.
a Eine überwallte Hagelschlagstelle ohne Infection. *b* Frassstelle einer Larve der Grapholitha pactolana, welche überwallt, aber nach 2 Jahren inficirt ist. Das Mycel hat sich von *c* bis *c* im Cambium, bis *d d* in der Rinde verbreitet. Auf der getödteten Rinde sind zahlreiche Gruppen von Perithecien erschienen.

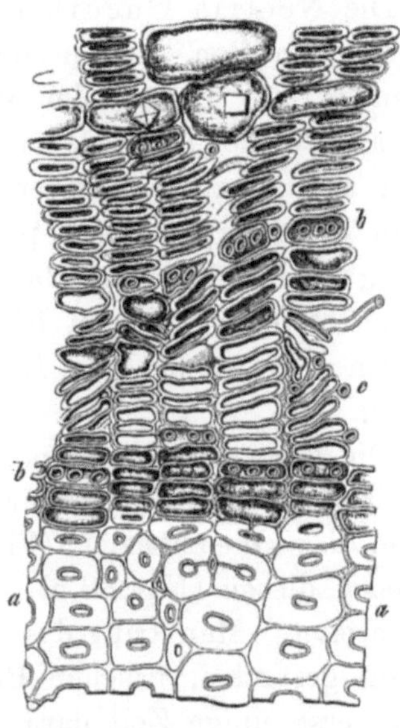

Fig. 38.
Querschnitt durch Rinde und Holz einer vor Kurzem inficirten Fichte. *a.* Holz. *bb.* Siebröhren mit einem oder mehreren Mycel-fäden im Innern. *c.* Mycel in den Intercellularräumen. $^{420}/_1$

der Gipfel der Pflanze stirbt ab, wird gelb und dürr. Recht oft findet man in den jungen Fichtenbeständen solche dürre Gipfel, ohne eine Spur von den Schlauchfrüchten zu bemerken, die nur zur Reife gelangen können, wenn der Rindenkörper, in welchem das Mycel verborgen ist, stets feucht erhalten bleibt. Ist dies der Fall, wie wir es oft an unteren, durch den Schatten und Schutz der Zweige gedeckten und feucht erhaltenen Rindentheilen beobachten, dann entwickelt sich aus der getödteten Rinde eine grosse Anzahl von weissen und gelblichen Fruchtpolstern, welche etwa in Stecknadelknopfgrösse die äusseren Rinden- und Kork-schichten durchbrechen, oder auch zwischen den lockeren Rinden-schüppchen verborgen bleiben. Diese Fruchtpolster erzeugen zuerst zahllose Gonidien, später dagegen bilden sich auf ihnen zahlreiche rothe Perithecien von rundlicher Kürbisform, deren Ascosporen meist im Winter oder Frühjahr ausgestossen werden und dann an die Frassstellen des Fichtenrindenwicklers oder an andere Wunden gelangen.

Mit dem Verschwinden des Wicklers, wie z. B. im Gefolge des strengen Winters 1879/80, in welchem die Räupchen zum grössten Theile erfroren, vermindert sich selbstredend auch die Beschädigung durch die Nectria, weil dieser die Gelegenheit zur Infection ent-zogen wird. Fichten, welche nur von der Motte, nicht aber vom Pilz befallen werden, gehen fast niemals zu Grunde, sondern er-holen sich nach einigen Jahren des Kümmerns vollständig. Solche Fichten, welche von der Nectria nur einseitig befallen sind, können sich ebenfalls wieder erholen, da die getödtete Rindenstelle im Laufe der Jahre wieder überwallt. Der Schaden, welcher durch das Absterben der Gipfel in den Fichtenschonungen veranlasst wird, ist aber ein ungemein grosser und erscheint es desshalb rathsam, durch Aushieb und Verbrennen der vom Pilz befallenen, getödteten Gipfel den Parasiten in Schranken zu halten.

Nectria ditissima[8].

Die Laubholzbäume werden vorzugsweise durch die Nectria ditissima heimgesucht und sind es mancherlei gestaltete, meist als Krebs bezeichnete Erkrankungsformen, die durch diesen Pilz

---

[8] R. Hartig, Untersuchungen I, Seite 209 Taf. VI.

hervorgerufen werden. Der Pilzkrebs tritt am häufigsten auf an Rothbuchen, Eichen, Haseln, Eschen, Hainbuchen, Ellern, Ahorn, Linden, Apfel, Faulbaum und Traubenkirschen.

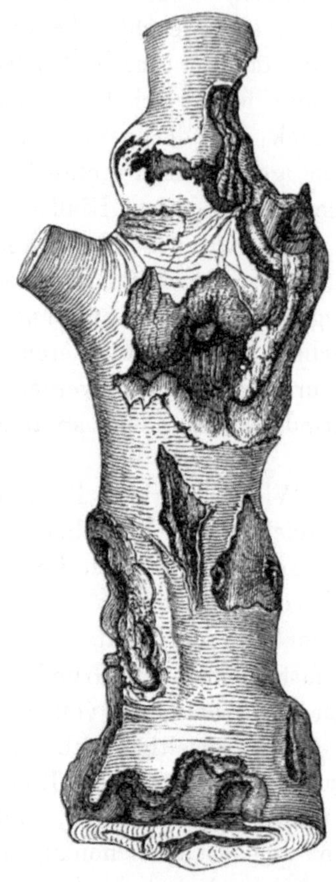
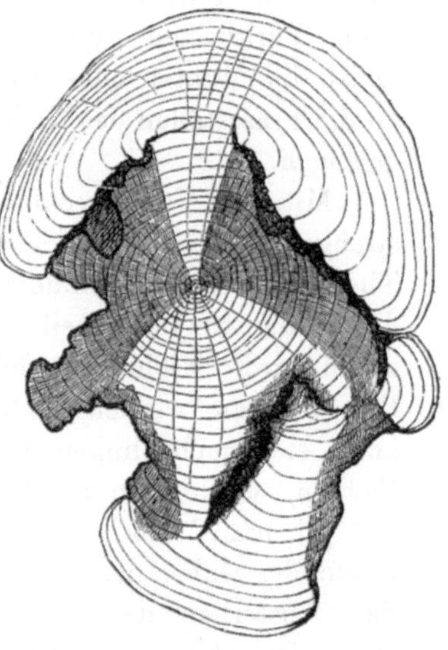

Fig. 39.
Rothbuchenzweig mit 2 Hagelschlagwunden, von denen die obere *b* durch Nectria inficirt, die untere *a* dagegen ohne Infection durch Ueberwallung geschlossen ist.

Fig. 40.
Rothbuchenkrebsstamm mit zahlreichen Krebsstellen, die sich aber nur an wenigen Stellen vergrössern, woselbst dann auch die rothen Perithecien der Nectria ditissima allein zu finden sind. ½ Natürl. Gr.

Fig. 41.
Querschnitt desselben Stückes am unteren Ende entnommen. Natürl. Gr.

Dieser Parasit gelangt zwar in der Regel nur durch Wundstellen in das Rindengewebe der Bäume, doch konnte ich auch junge Blätter durch Gonidien und Ascosporen inficiren. Die häufigste Art der Verwundung ist wohl die durch Hagelschlag (Fig. 39). Erfolgt keine Infection einer Hagelstelle, so überwallt diese in kurzer Zeit (Fig. 39 a), wird sie durch Gonidien oder Ascosporen der Nectria inficirt, so verbreitet sich das Absterben und die Bräunung von der Infectionsstelle aus allseitig, am schnellsten in der Längsrichtung des Stammtheils. Doch wandert das Mycel selten schneller nach einer Richtung als etwa 1 cm, selten bis 3 cm jährlich. Dass die erkrankte Stelle im Laufe der Jahre vertieft erscheint, erklärt sich daraus, dass die gesunde Umgebung nicht allein ungestört sich verdickt, sondern sogar eine Zuwachssteigerung erkennen lässt. Diese erklärt sich schon daraus zur Genüge, dass die in den Blättern assimilirten Bildungsstoffe bei ihrer Wanderung im Bastgewebe selbstredend auf die gesunde Seite des Stammtheils beschränkt sind und bei dem Ausweichen der Krebsstelle vorzugsweise an deren Rande wandern werden, der dadurch besonders kräftig ernährt wird und als Wulst stark hervortritt. Es entstehen dadurch im Laufe der Jahre Verunstaltungen auffälligster Art.

Oftmals ist auch die Basis eines Seitenzweiges, welcher im oberen Winkel eine Rindenverletzung besass, die Infectionsstelle (Fig. 42), von der aus das Absterben alljährlich fortschreitet. Insbesondere kommt beim Haselstrauch das Einreissen in der Gabel zweier Aeste oftmals vor, wenn beim Ernten der Nüsse ein gewaltsames Herabbiegen der Aeste erfolgt. Hier ist dann die Ausgangsstelle für eine fortschreitende Krebskrankheit, wie sie in Fig. 43 dargestellt ist.

Ich glaube annehmen zu dürfen, dass unter gewissen, mir noch nicht bekannten Umständen das Pilzmycel aus dem Rindenkörper in den Holzstamm gelangt, in welchem es aufwärtswandernd hier und da von innen in das Rinden- und Cambiumgewebe gelangt und auf diesem Wege Krebsstellen erzeugt, ohne dass jedesmal eine Verwundung von aussen stattfindet (Fig. 44). Die bekannte Erscheinung, dass einzelne Baumindividuen mit Krebsstellen übersät sind, während Nachbarbäume derselben Art ziemlich verschont bleiben, lässt sich kaum anders erklären, als durch die Annahme einer Pilzwanderung im Holzkörper des Baumes. Es wird die Forschung dieser Frage sich noch zuzuwenden haben.

Das Pilzmycel verbreitet sich im Rindengewebe der Bäume

unter Entwicklung zahlloser äusserst kleiner, den Spaltpilzen ähnlicher Gonidien, die dem Anscheine nach wesentlich dazu beitragen, dass sich das Gewebe der Rinde mit Ausschluss der äusseren

Fig. 42.
Hainbuche mit Nectria ditissima, welche im Zweiggelenke eingedrungen ist. Natürl. Gr.

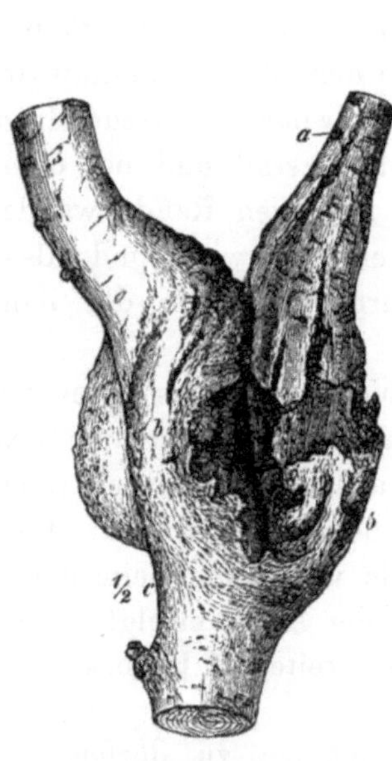

Fig. 43.
Haselstrauch mit Infection und Krebs der Nectria ditissima, deren Sporen an einer eingerissenen Zweiggabel gekeimt haben. *a, b, b* Grenze der Krebsstelle mit rothen Perithecien besetzt. *c c* Gesunde Seite des Astes. ½ Natürl. Gr.

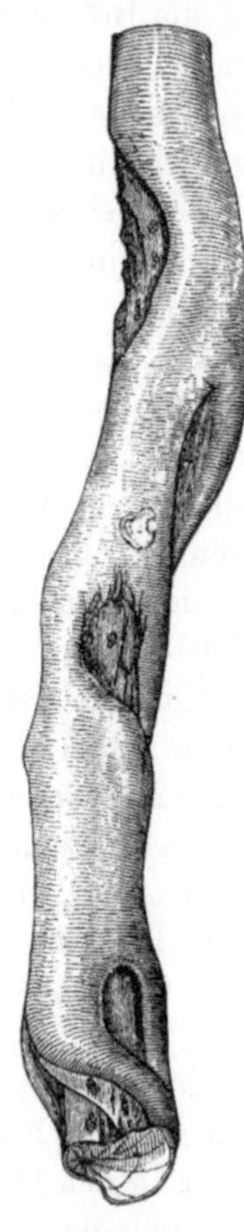

Fig. 44.
Rothbuchenzweig mit zahlreichen Krebsstellen ohne erkennbare Wundstellen in der Rinde.

Korkschichten fast ganz auflöst. Nur in denjenigen Rindentheilen, die seit dem letzten Jahre getödtet wurden, mithin in der Peripherie der Krebsstelle, treten weisse Gonidienpolster zum Vorscheine, die auch von **Willkomm** in dessen Bearbeitung des Buchenkrebses bereits gesehen und als Fusidium candidum bestimmt wurden. Auf ihnen entstehen dann die tiefrothen Perithecien, welche sehr klein sind und nur bei sorgfältiger Nachforschung erkannt werden. Sie sitzen theils gruppenweise, theils einzeln auf der todten Rinde oder mit Vorliebe in den feinen Rindenrissen (Fig. 42). An älteren Krebsstellen sucht man sie oft lange Zeit vergeblich, da diese nicht mehr an allen Theilen des Umfanges sich vergrössern. Fig. 40 zeigt nur oben links eine Zunahme des Krebses und zahlreiche rothe Kügelchen.

Beim Rothbuchenkrebse habe ich mehrfach die Beobachtung gemacht, dass der Weiterverbreitung des Pilzmycels früher oder später stellenweise eine Grenze gesetzt wird, in Folge dessen die Gestalt der Krebsstelle eine sehr unregelmässige wird. Hier und da vergrössert sich der Krebs noch eine Reihe von Jahren, schliesslich kann aber durch eine Art Ueberwallungsprocess die Krebsstelle völlig zuwachsen (cf. Fig. 40 und Fig. 41).

Es sei noch bemerkt, dass der Parasit durch ganz Deutschland verbreitet ist, dass insbesondere die Buchenkrebskrankheit von der Insel Rügen bis in den südlichen Theil Bayerns, z. B. sehr heftig nahe bei München, aufgetreten ist, dass junge Pflanzen von 5 bis 10jährigem, sowie Bäume von 140jährigem Alter von der Krankheit befallen werden können, diese aber im letzteren Alter auf die Zweige und Aeste der Krone beschränkt bleibt.

Klimatische Verhältnisse, insbesondere Frost sind vollständig indifferent, dasselbe gilt bezüglich des Bodens. Obgleich der Schaden nicht gering ist, der durch diesen Parasiten veranlasst wird, so ist es mir doch zweifelhaft, ob in der Praxis mit Erfolg etwas gegen ihn unternommen werden kann. Die beschädigten Stämme bleiben in der Regel doch am Leben und geben Brennholz. Ein Aushieb derselben bei den Durchforstungen ist allerdings anzurathen, soweit nicht eine schädliche Blosslegung des Bodens dadurch herbeigeführt wird. In Eichenbeständen wird man ebenfalls, sobald es sich um Durchforstungen und um Lichtungen behufs Unterbaues handelt, in erster Linie die Krebsstämme weghauen. Dass man aber soweit gehen solle, alle Krebsstämme zu entfernen, wenn dadurch der Bestand auch stark durchlöchert werden würde, möchte ich nicht anrathen.

Sehr oft kommt die Nectria ditissima in Gemeinschaft mit Baumläusen[9]) vor. Lachnus exsiccator erzeugt grosse Cambialgallen an Rothbuche, welche später aufplatzen und zur Infection durch den Pilz Gelegenheit darbieten. Im Zellengewebe verbreitet sich das Mycel mit rapider Geschwindigkeit. Auch die Buchenwolllaus, Chermes Fagi, welche weisse wollige Ueberzüge auf der Buchenrinde bildet, verbindet sich oft mit dem Pilz, der dann das schnelle Absterben der Rinde herbeiführt, ohne Krebsstellen zu erzeugen.

Nectria cinnabarina[10]).

Diese Nectria ist wohl einer der verbreitetsten Pilze, der sich auf fast allen Laubholz-Bäumen und Sträuchern ansiedelt, wenn diese durch Frost getödtet sind. Neben seiner saprophytischen Lebensweise tritt er auch als Parasit auf und zwar am häufigsten an Ahorn, Linde und Rosskastanie. Die Infection erfolgt an Astwunden, sehr oft auch von Wurzelwunden aus, welche bei dem Verpflanzen in Gärten und Baumschulen nicht zu vermeiden sind. Das Mycel dieses Pilzes wächst in den Gefässen des Holzkörpers schnell aufwärts, dringt in alle Organe

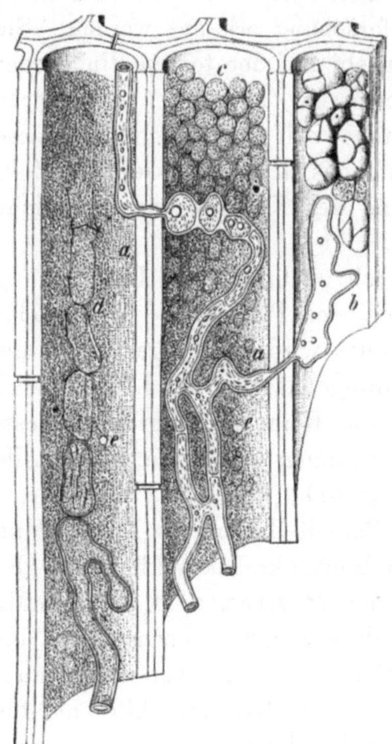

Fig. 45.
Ahornholz mit Mycel von Nectria cinnabarina. Das kräftige Mycel *a a* durchbohrt die Wandungen der Holzfasern, löst die Stärkekörner *b*, *c* auf, indem es zunächst die Granulose extrahirt. Mit der zerfallenden Cellulose und den sich ebenfalls wieder auflösenden Mycelfäden *d* entsteht eine grün gefärbte Flüssigkeit im Inneren der Organe. Bohrlöcher in den Wandungen *e e* zahlreich vorhanden. $^{1200}/_1$ (Nach H. Mayr).

des Holzes ein, zersetzt das Stärkemehl und lässt im Inneren der Organe eine grüngefärbte Substanz zurück. Fig. 45. Hierdurch

[9]) Untersuch. a. d. forstb. Inst. zu Münch B. I, S. 151—163.

[10]) H. Mayr, Ueber den Parasitismus von Nectria cinnabarina 1882 in Unters. a. d. forstb. Inst. B. III.

wird der Holzkörper geschwärzt, während Cambium und Rindengewebe sich gesund erhalten. Der Holzkörper verliert seine Saftleitungsfähigkeit, die Blätter vertrocknen vorzeitig im Sommer
oder fallen ab und die Rinde der jüngsten Triebe vertrocknet,
wenn deren Holzkörper vollständig abgestorben ist. Im Herbste
oder erst im nächsten Frühjahre treten aus der Rinde der abgestorbenen Theile die zinnoberfarbigen Gonidienpolster in grosser
Zahl nebeneinander zum Vorschein und machen sich durch ihre
Grösse und Färbung schon von weitem bemerkbar. Die später
entstehenden Perithecien sind viel dunkler roth gefärbt, gross und
mit rauher Aussenseite versehen.

Es ist interessant, dass dieser Pilz dem lebenden Cambium
und Rindengewebe nichts anzuhaben vermag, vielmehr erst dann
sich in diesem entwickelt, wenn dasselbe entweder durch Frost
oder dadurch getödtet wurde, dass der Holzkörper von innen aus
durch das Mycel des Parasiten zum Abtrocknen gebracht wurde.

Abschneiden und Verbrennen der mit den Gonidienpolstern
und Perithecien besetzten Zweige und Aeste ist das einfachste
Mittel gegen die Verbreitung desselben. Sofortiges Theeren oder
Beschmieren mit Baumwachs bei allen Verwundungen der Bäume
ist das beste Schutzmittel gegen Infection.

Polystigma.

Die Arten der Gattung Polystigma veranlassen die Entstehung
rother, fleischiger Flecken auf Blättern der Gattung Prunus. Polystigma rubrum[11]) kommt auf Pflaumen- und Schlehdornblättern
vor. Die im Sommer entstehenden grossen tiefrothen fleischigen
Flecken zeigen auf der Unterseite der Blätter zahlreiche kleine Punkte,
die Mündungen der in der Blattsubstanz verborgenen Spermogonien,
aus denen hakenförmig gebogene farblose Spermatien hervortreten.
Die Perithecien entstehen auf den Flecken erst nach dem Abfallen
der Blätter bis zum nächsten Frühjahre. Durch Aussaat der Ascosporen auf junge Pflaumenblätter erhält man nach 6 Wochen neue
Spermogonien. Beseitigung des inficirten Laubes durch Zusammenrechen und Verbrennen oder durch Umgraben ist das beste Vor-
beugungsmittel.

---

[11]) Tulasne. Selecta Fungorum Carpologia II, pag. 76.

Polystigma fulvum veranlasst gleiche Flecken auf Prunus Padus und eine dritte Art Pol. ochraceum solche auf Sauerkirschen.

Claviceps purpurea[12]). Mutterkorn.

In wenig Worten soll hier auch der Getreidekrankheit Erwähnung geschehen, welche nach dem Auftreten eigenartiger Sklerotien oder Mycelknollen als Mutterkorn bezeichnet worden ist.

Jene bekannten, auf zahlreichen Gramineenarten beobachteten schwarzen Mutterkornbildungen fallen bei der Ernte zur Erde, überwintern daselbst und keimen auf feuchtem Boden im nächsten Frühjahre in der Weise, dass aus jedem Sclerotium in der Regel eine Mehrzahl von langgestielten, kugelförmigen Fruchtträgern zur Entwicklung gelangt. Die röthlichen, kugelförmigen Köpfchen zeigen in der ganzen Oberfläche eingesenkt zahlreiche flaschenförmige Perithecien, deren Mündungen etwas nach aussen hervortreten. Die Asken zeigen je 8 fadenförmige Schlauchsporen, welche durch die Mündung hinausgestossen in die Luft gelangen. Wenn diese fadenförmigen Sporen zufällig an Getreideblüthen kommen und daselbst keimen, so dringt der Keimschlauch in den Fruchtknoten ein und das Mycel entwickelt sich nun im Gewebe desselben, welches fast vollständig verzehrt wird. Auf der Oberfläche zeigt der ganz in Pilzmycel umgewandelte Fruchtknoten gehirnförmige Vertiefungen und Erhebungen, die das Gonidienpolster darstellen. Die Gonidien sind sehr klein, oval, einzellig und farblos und in eine von dem Gonidienpolster ausgesonderte klebrige, süssschmeckende Flüssigkeit gebettet, die zwischen den Blüthentheilen tropfenweise hervortritt und als Honigthau bezeichnet wird. Jene Gonidienform des Parasiten wurde früher Sphacelia segetum benannt. Erst nach Beendigung der Gonidienbildung entsteht das eigentliche Mutterkorn und zwar im Grunde des Fruchtknotens völlig unabhängig von diesem und morphologisch wesentlich verschieden von der Sphacelia segetum durch die eigenartige pseudoparenchymatische Gewebebildung. Das ursprüngliche Gewebe der Sphacelia segetum mit den etwaigen Ueberresten des Fruchtknotens stirbt völlig ab und findet sich noch kurze Zeit auf der Spitze des Mutterkornes sitzend.

---

[12]) Tulasne, Ann. des sci. nat. 3 sér. t. XX, p. 56.

Die Verbreitung der Krankheit geschieht demnach einmal durch das überwinternde Sclerotium von Jahr zu Jahr und ferner durch die Gonidien, die, in der Flüssigkeit des Honigthaues in zahlloser Menge suspendirt, durch Insecten mancherlei Art verschleppt werden und, an gesunde Grasblüthen gelangend, keimen und diese inficiren.

Zur Verhütung der Krankheit sucht man reines Saatgut zu verwenden, da auch die mit der Saat auf den Acker gelangenden Sklerotien noch im Frühjahre keimen. Ferner lässt man vor der Ernte das Mutterkorn einsammeln, wodurch wenig Kosten desshalb entstehen, weil das Mutterkorn sehr hoch bezahlt wird.

Plowrightia morbosa[13]) (Cucurbitaria morbosa).
Schwarzer Krebs der Steinobstgehölze.

Obgleich die vorgenannte Krankheit bisher nur in Nord-Amerika unter dem Namen Black-Knot verheerend aufgetreten ist, möge sie hier Erwähnung finden, da die Erfahrung gelehrt hat, dass die Krankheiten der Culturpflanzen so leicht von einem anderen Erdtheil zu uns übertragen werden, Sie äussert sich in dem Hervortreten halbkuglicher, etwa 1 cm hoher, meist gruppenweis gehäufter Anschwellungen der Zweige an Pflaumen- und Kirschbäumen.

Die Oberfläche der Geschwülste ist von den Gonidien des Parasiten bedeckt. Die Schlauchfrüchte reifen im Januar und sind kuglich hervorragende schwarze Kapseln. Die mit Knoten versehenen Zweige sind möglichst vollständig abzuschneiden und zu verbrennen.

§. 14. Die Scheibenpilze. Discomycetes.

Die Scheibenpilze sind von den Kernpilzen im Wesentlichen dadurch unterschieden, dass die Asken nicht auf der Innenwand eines geschlossenen kugel- oder flaschenförmigen Organes (Perithecium), sondern auf der Oberfläche eines scheibenförmigen offenen Fruchtkörpers (Apothecium) gebildet werden und höchstens von einer nicht zu diesem selbst gehörigen, theilweise aus der Epidermis

---

[13]) W. H. Farlow, The black-knot. Bull. of the Bursey institution Bot. articles 1876, S. 440.

der Wirthspflanze gebildeten Schicht vor der Sporenreife bedeckt sind.

Die Scheibenpilze zerfallen in mehrere Unterfamilien, von denen die Phacidieen dadurch ausgezeichnet sind, dass die Fruchtschicht nicht an der Oberfläche der Pilzkörper, sondern im Inneren derselben entsteht und längere Zeit oder dauernd vom Pilzgewebe bedeckt bleibt.

Es gehören dahin besonders die Gattungen Rhytisma und Hysterium.

Rhytisma acerinum[14]).

Eine der bekanntesten Blattfleckenkrankheiten des Ahorn wird durch den Runzelschorf hervorgerufen. Es leiden vorzugsweise Acer platanoides, in geringerem Maasse auch Acer pseudoplatanus und campestre durch diesen Parasiten. Auf den Blättern beobachtet man im Juli zuerst gelbe, rundliche Flecken von 1—2 cm Grösse. Im August schwärzen sich dieselben (Fig. 46) und die Blätter fallen meist etwas vorzeitig ab, so dass Ende September die Bäume grösstentheils entlaubt sind.

Erst im Laufe des Winters und nächsten Frühjahres entstehen auf den schwarzen Flecken des verfaulenden Laubes zahlreiche, etwas hervortretende, wurmartig gekrümmte Apothecien, die sich durch einen Längsspalt bei feuchtwarmer Witterung öffnen. Es ist sehr leicht, künstlich die Krankheit zu erzeugen, wenn man bei Regenwetter, oder im Feuchtraume im Mai solche schwarze Blattstellen vorjähriger Blätter auf junge Ahornblätter legt. Die fadenförmigen Sporen fallen aus, keimen und erzeugen neue Flecken. Die Entstehung der Perithecien, sowie die Entwicklung des schwarzen Stromas hat viel

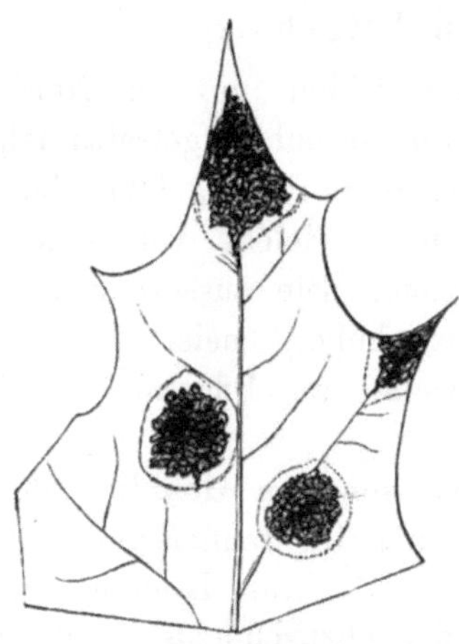

Fig. 46.

Rhytisma acerinum auf einem Stück Spitzahornblatt. Die schwarzen Flecken sind von einer todten, hellbraunen Zone umgeben.

---

[14]) Cornu, Compt. rend. LXXXVII (1878) S. 178.

Aehnlichkeit mit der nächsten Gattung Hysterium, wesshalb ich nicht weiter darauf eingehen will.

Der Schaden besteht in Verminderung der Assimilationsthätigkeit der Blätter, doch ist derselbe nicht so gross, dass die Kosten von Gegenmaassregeln sich verlohnen würden. Diese würden darin bestehen, dass man das Laub im Herbste zusammenkehren und entfernen liesse.

In Gärten und Parkanlagen, wo dies aus anderen Gründen geschieht, z. B. im Englischen Garten bei München, trifft man nie ein Rhytisma, während in der nächsten Umgebung Münchens an den Landstrassen und Waldwegen, wo das Laub in Gräben und Vertiefungen liegen bleibt, die Krankheit in höchster Intensität auftritt.

Rhytisma salicinum.

Aehnliche schwarze Flecken entstehen oftmals auf Salix purpurea, nigricans, Caprea, aurita u. s. w., die durch Rhytisma salicinum erzeugt werden, aber von relativ geringer Bedeutung sind.

Hysterium. (Hypoderma.)

Die Gattung Hysterium besitzt schwarze, elliptische bis lineale Fruchtkörper, die als schwarze, glänzende Wülste aus der Blattsubstanz hervortreten.

Die Sporen sind lineal, ihre Wandung ist aussen gallertartig gequollen. Ihr Keimschlauch dringt bei den nachstehend aufgeführten drei Arten wahrscheinlich immer in die Spaltöffnungen ein. Das Mycel verbreitet sich intercellular im Parenchym der Nadeln, tödtet und bräunt dasselbe. Erfolgt die Erkrankung einer Nadel nahe der Basis zu einer Zeit, wo die oberen Theile der Nadel noch gesund sind und unter dem Einflusse des Lichtes assimiliren, und wird die Fortführung der Assimilationsproducte aus der Nadel durch Tödtung der Bastorgane verhindert, dann sammeln sich die Bildungsstoffe in Form von Stärkekörnern in so grosser Menge in den Nadeln an, dass diese damit vollgestopft erscheinen.

Das sich zunächst mattgrün färbende Blattgewebe wird später gebräunt und oft erst nach Jahr und Tag entstehen die Fruchtkörper auf ihnen. Den Ascosporen erzeugenden Früchten gehen oft Spermogonien voraus, die bei der Weisstannennadel (Fig. 49) auf der Oberseite in zwei wellig gekräuselten Längswülsten liegen, während die Ascosporen erzeugenden Apothecien auf der Unterseite der Nadel in einem Längswulst vereinigt sind. Sie entstehen dadurch, dass das Mycel ins Innere der Epidermiszellen eindringt, diese sprengt und durch üppige Wucherung einen im Querschnitt linsenförmigen Pilzkörper bildet, der sich später tiefbraun färbt.

Unter diesem mit der Aussenwand der Epidermiszellen innig verwachsenden Mycelkörper entsteht das Stroma, welches zunächst Paraphysen und später die Asken entwickelt.

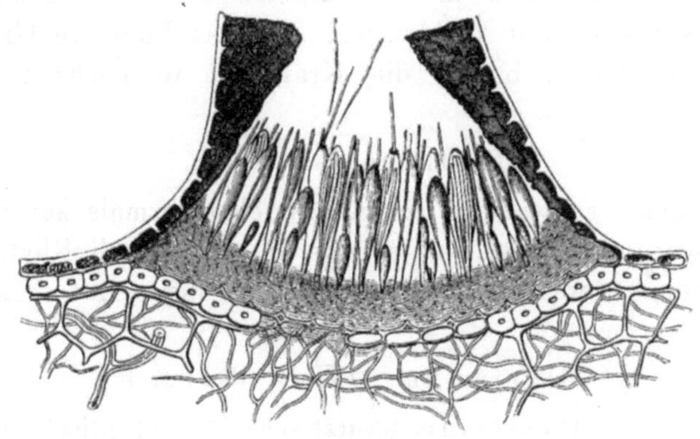

Fig. 47.

Hysterium macrosporum, Querschnitt durch ein reifes aufgeplatztes Fruchtlager.

Die Sporen reifen um so schneller, je feuchter die Witterung ist und fliegen nur aus, wenn ein länger anhaltendes Regenwetter die todten Nadeln mit Wasser durchsättigt hat, so dass von innen aus durch Wasserzufuhr ein Quellen der Paraphysen und Sporenwandungen stattfindet. Diese Quellung führt zum Platzen des Organes in einem Längsrisse, der sich sofort wieder schliesst, wenn trockenes Wetter eintritt oder die Sporen ausgeflogen sind (Fig. 47).

Hysterium nervisequium[15]).

Der Weisstannenritzenschorf ist soweit verbreitet, als die Tanne vorkommt; in entschieden schädlicher Form sah ich ihn nur im Erzgebirge, woselbst grössere Tannenbestände auch höheren Alters

---

[15]) R. Hartig, Wichtige Krankheiten, S. 114 ff.

die überwiegende Mehrzahl ihrer Nadeln verloren hatten. Die Bräunung beobachtet man immer erst im Mai bis Juli an den zweijährigen, ins dritte Lebensjahr eintretenden Nadeln. Nach der Bräunung erfolgt dann wenige Monate darauf die Entwicklung der Spermogonien auf der Oberseite der Nadeln, woselbst zwei wellig gekräuselte schwarze Längswülste erscheinen (Fig. 49 rechts). Später treten die Apothecien in einem Längswulst auf der Mittelrippe der Unterseite hervor, die dann im April des nächsten Jahres, also an den dreijährigen Trieben reifen. Ein grosser Theil der

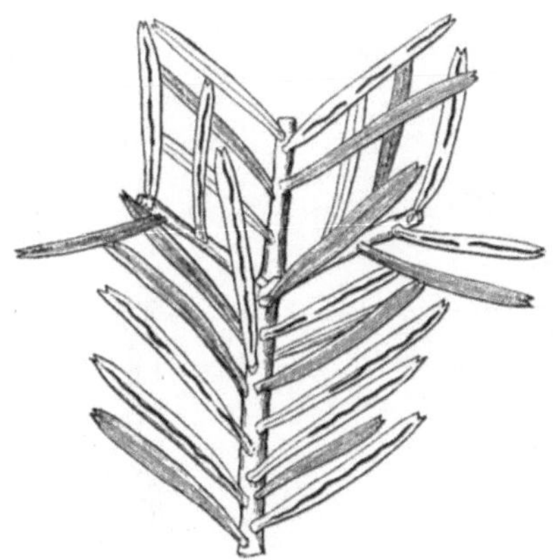

Fig. 48.

Weisstannenzweig von unten gesehen, die Perithecien in schrägem Längswulst vereint.

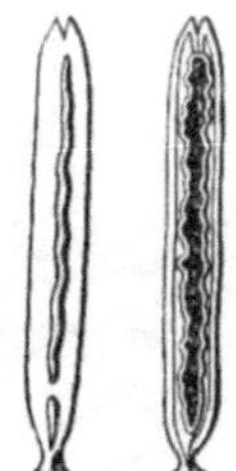

Fig. 49.

Tannennadel mit Hysterium nervisequium. Links die Unterseite mit dem Apothecium, rechts Oberseite mit Spermogonium.

Nadeln fällt aber schon zuvor ab und nur ein kleiner Theil entwickelt seine Perithecien auf den am Baume festsitzenden Nadeln. Es sei noch bemerkt, dass auch noch ältere Nadeln neu erkranken können.

Hysterium macrosporum[16]).

Der Fichtenritzenschorf erzeugt die Fichtennadelröthe, die in 10—40jährigen Beständen in manchen Jahren ungemein intensiv auftritt.

Sie äussert sich darin, dass die Nadeln der vorjährigen Triebe schon im Mai oder erst im Herbste sich bräunen, dass vor der

---

[16]) R. Hartig, Wichtige Krankheiten, S. 101.

Bräunung schon immer ein reiches Mycel in ihnen nachzuweisen ist. Nadeln, die schon im Frühjahr sich verfärben, zeigen im Juli desselben Jahres die Anfänge der Perithecienbildung und diese. reifen dann im nächsten Frühjahre im April und Mai. Sie befinden sich alsdann an den zweijährigen Trieben. Diesen schnellen Entwicklungsgang beobachtete ich im feuchten Klima des Erzgebirges, während bei Eberswalde die Bräunung erst im October an den Nadeln der zweijährigen Triebe auftritt, die erste Anlage der Früchte im Juni des nächsten Jahres an den dreijährigen Nadeln erfolgt, wonach dann die Sporenreife im März und April des fol-

Fig. 50.
Fichtenzweig mit gebräunten Nadeln
an den oberen zweijährigen Trieben,
mit Apothecien an den dreijährigen
Trieben.

Fig. 51.
Apothecien
auf
Fichtennadel.

genden Jahres eintritt. Die Apothecien erscheinen meist nur auf den beiden unteren Seiten der Nadeln als lange, gerade, glänzend schwarze Wülste (Fig. 51). Die Sporen sind um das Doppelte länger als die des Weisstannenritzenschorfes. Es ist wünschenswerth, dass diesem und dem zuvor beschriebenen Weisstannenritzenschorf noch die Aufmerksamkeit der Forscher zugelenkt werde, da manche Einzelnheiten aus der Entwicklung des Parasiten mir noch nicht völlig klar geworden sind. Insbesondere ist die Erscheinung noch unerklärt, wesshalb manche Fichten schon die Nadeln des ersten Jahrestriebes im Herbste nach eingetretener Bräunung verlieren, fast vollständig „schütten". Auf solchen Nadeln entwickeln sich keine langen Apothecienwülste, sondern kleine, isolirte Apothecienhöcker, ähnlich denen des Hysterium Pinastri.

Hysterium Pinastri.

Der Kiefernritzenschorf ist eine überall in Kiefernbeständen auftretende Pilzart, die bereits von Göppert[17]) als die Ursache der Kiefernnadelschütte bezeichnet worden ist. Unter dem Namen Kiefernschütte versteht man sehr verschiedenartige Krankheiten, denen jüngere und ältere Kiefern unterliegen und die sich durch eine Bräunung der Nadeln, in der Regel auch durch ein vorzeitiges Abfallen derselben auszeichnen. Die Ursachen dieser Erkrankungen sind sehr verschieden.

Was zunächst den Frost betrifft, so können junge Kiefernnadeln in der That durch ihn getödtet werden. Am 23. Juli 1878 wurden im Revier Turoscheln ältere Kiefern zumal die Randbäume vom Froste so schwer betroffen, dass die neuen Nadeln ausserhalb der Scheiden abstarben.

Da die Kiefer aber erst Anfang Juni ihre Nadeln aus der Scheide hervortreten lässt, so sind es doch nur ganz seltene Fälle und beschränkte Oertlichkeiten, in denen der Spätfrost Schaden anzurichten vermag. Ein gleichmässiges, oft nur auf eine Seite, besonders die Ostseite der Pflanze beschränktes Braunwerden aller Nadeln der jüngsten Triebe, von dem nur der unterste in der Scheide steckende Theil ausgenommen ist, beobachtet man in manchen Jahren an dem Winde sehr exponirten Bäumen. Ob in solchen Fällen immer wirklicher Frost, oder ob schon starke Abkühlungen schädlich eingewirkt haben, bin ich nicht in der Lage, zu entscheiden.

In vielen Fällen ist die Bräunung, der Tod und das Abfallen der Nadeln Folge des Vertrocknens[18]). Wenn im Winter die Kiefernsaatbeete mit Schnee bedeckt waren und nach einigen sonnigen warmen Tagen der Schnee verschwindet, ohne dass der Boden aufthaut, so tritt bald darauf Bräunung der Nadeln ein, die Kiefern bekommen die „Schütte“. Untersucht man solche sich bräunende

---

[17]) Göppert, Verhandl. d. schlesischen Forstvereins 1852, S. 67.

[18]) Ebermayer, Die physikalischen Einwirkungen des Waldes auf Luft und Boden 1873.

Nadeln unmittelbar nach dem Auftreten der Krankheit, so findet man oftmals keine Spur von Pilzmycel. Es ist auch charakteristisch, dass die Bräunung gleichmässig über die ganze Nadel sich verbreitet oder von der Spitze aus mehr oder weniger weit herab gleichmässig vorschreitet. Wir haben es in solchen Fällen mit einem Vertrocknen der Nadeln zu thun, die aus dem gefrorenen Boden nicht genügende Wassermengen zugeführt erhielten, um den Verlust durch Verdunstung bei klarem, trockenem Winterwetter zu ersetzen. Es ist dieselbe Ursache, die auch an Pinus Strobus, an Fichte und anderen Nadelhölzern, sowie an immergrünen Laubhölzern, die irrthümlich als Frosterscheinung aufgefasste Beschädigung der Belaubung, nämlich deren Vertrocknen auf der dem Winde oder der Sonne ausgesetzten Pflanzenseite zur Folge hat. Sicherlich wird man nicht das Vertrocknen der Fichtennadeln im Winter auf der Sonnenseite für Frost halten, ebensowenig aber das Braunwerden der jungen Kiefern in Folge directer Insolation und starken Luftzuges bei gefrorenem Boden.

Im Hochsommer tritt genau dieselbe Erscheinung im Monat Juli bei trockener Witterung dann ein, wenn auf Sandböden Kiefern im Rillensaatbeete ein zweites Jahr stehen geblieben sind. Es erhalten sich nur diejenigen Kiefern völlig gesund, welche zu beiden Seiten der Wege, d. h. am Rande der Beete stehen.

Im Frühjahre, so lange der Boden noch frisch ist und die jungen vorjährigen Kiefern noch nicht ausgetrieben haben, sind dieselben völlig gesund. Sie treiben auch oberirdisch und unterirdisch, jedoch weniger kräftig als die Randpflanzen, deren Wurzeln auch aus den Wegen Wasser und Nahrung beziehen können. Steigert sich im Juli theils in Folge der trockenen und warmen Luft, theils durch Ausbildung der neuen Triebe und Blätter die Verdunstung der Pflanzen bedeutend, hat andererseits der Boden seine Winterfeuchtigkeit verloren, dann vertrocknen die Kiefern gerade so, wie sie im Winter bei gefrorenem Boden und klarem Himmel vertrocknen. Es bleiben nur die Pflanzen grün, die den Wegen oder überhaupt dem Beetrande zunächst stehen.

Nach einem heftigen Frühfroste im October war der Boden der Kiefernsaatbeete des Eberswalder Forstgartens noch um die Mittagszeit da festgefroren, wohin die Sonne nicht geschienen hatte, dagegen war schon vor Mittag der Boden völlig aufgethaut und durchwärmt, soweit die Sonne ihn hatte treffen können. Die Saatbeete waren durchweg sehr schön grün und gesund.

Wenige Tage nachher waren sämmtliche Kiefernsaatbeete, soweit sie im Schatten gelegen hatten, roth, während die insolirten Flächen völlig gesund geblieben waren. Diese Erscheinung vermag ich mir nur zu erklären aus dem Umstande, dass der gefrorene Boden die Wasseraufnahme durch die Wurzeln behinderte, während der klare Himmel und die relativ warme Luft die Verdunstung der Nadeln beförderte.

Beschattung hatte in diesem Falle schädlich gewirkt.

In den weitaus häufigsten Fällen trägt die Kiefernnadelschütte einen parasitären, epidemischen Charakter und wird durch das Hysterium Pinastri hervorgerufen.

Wo die Schüttekrankheit eine Calamität geworden ist, die alljährlich in Saatbeeten und Verjüngungen Verheerungen anstellt, da darf man schon von vornherein annehmen, dass es sich um diese schlimmste Form der Krankheit handelt.

Sie giebt sich an jungen Kiefernkeimlingen oft schon im Herbste des ersten Jahres dadurch zu erkennen, dass die einfachen Blätter braunfleckig werden, wobei der übrige Theil oft purpurrothe Färbung annimmt.

In den braunen Flecken findet man stets schon das charakteristische Mycel des Parasiten. Auf den erkrankten Nadeln tritt ebenfalls oft schon im ersten Herbste eine grosse Zahl sehr kleiner schwarzer Spermogonien auf (Fig. 52 d, e), deren Spermatien nicht keimfähig zu sein scheinen. Nach nassen Sommern fand ich im Herbste sogar schon völlig reife Apothecien an den Nadeln eines jungen Kiefernsämlings. In der Regel entwickeln sich die schwarzen Apothecien, welche weit grösser als die Spermogonien sind (Fig. 53 x), erst im nächsten Jahre. Es hängt dies alles sehr von der Witterung ab. Die Entwicklung des Pilzes und seiner Fruchtkörper findet nur bei nassem Wetter statt, da die trockene Nadel dem Pilz keine Nahrung bieten kann. Trockene Sommer und kalte Winter hemmen die Entwicklung und Ausbreitung des Pilzes in hohem Grade. Regnerische Sommer und feuchtwarme Winter fördern sie in höchstem Grade. In milden Wintern entwickelt sich die Schüttekrankheit in den Kämpen und Schlägen oft in rapider Weise. An den Nadeln zweijähriger und älterer Kiefern sah ich die Apothecien nie im ersten, meist erst im dritten .Jahre zum Vorschein kommen, nachdem die Nadeln in der Regel bereits abgefallen sind, doch reifen die Apothecien oftmals auch an der noch an der Pflanze haftenden Nadel. Für die Art der Verbreitung des

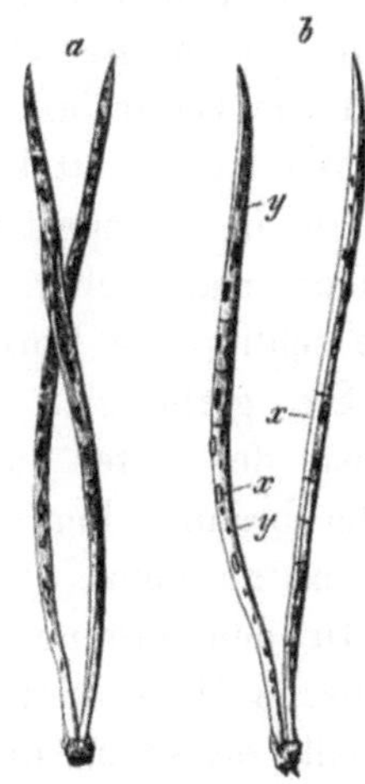

Fig. 52.

Einjährige Kiefer im Frühjahre, durch Hysterium Pinastri befallen. *a* Gesunde grüne Nadel. *b* Nadel, deren Spitze braun, deren Basis noch grün ist. *c* Grüne Nadel mit vielen braunen Flecken. *d* Nadel, deren obere Hälfte schon im Winter sich bräunte und nun Spermogonien des Hyster. Pin. trägt, während die Basis erst kürzlich gebräunt ist. *e* Völlig getödtete und mit Spermogonien besetzte Nadel.

Fig. 53.

a Einjährige Kiefernnadeln im April mit braunen Infectionsflecken, die Basis noch grün. *b* Zweijährige Kiefernnadeln, abgestorben mit reifen Perithecien *x* und entleerten Spermogonien *y* im April.

Schüttepilzes ist noch bemerkenswerth, dass ein Aufplatzen der reifen Apothecien nur nach längerem Regen erfolgt, nachdem das Gewebe der Nadel durchweicht ist und von innen eine reichliche Wasserzufuhr zum Apothecium hat stattfinden können, durch welche eine Aufquellung der Asken und Sporen und damit eine gewaltsame Sprengung der Apotheciumdecke herbeigeführt wird. Länger dauernde Regen pflegen aber nur bei Westwind einzutreten, seltener bei Nord- oder Südwind. Dies ist zu berücksichtigen bei den gegen die Schütte zu ergreifenden Vorsichtsmaassregeln. Die erkrankten Nadeln an Kiefernsämlingen sterben im Frühjahr in der Regel ganz ab, ohne jedoch abzufallen. Dagegen beobachtet man an den Nadelbüscheln zweijähriger Kiefern im März oder April nach dem Eintritt wärmerer Witterung ein plötzliches Braunwerden aller erkrankten Nadeln, dem dann ein „Schütten" d. h. Abfallen der Kurztriebe folgt. Dieses oft in wenig Tagen eintretende Schütten ist nicht als die Folge einer unmittelbar vorausgegangenen ungünstigen Witterung anzusehen, sondern eine Folge davon, dass mit dem Erwachen neuer Vegetationsthätigkeit zunächst die kranken Kurztriebe durch Korkbildung am Grunde derselben abgestossen werden. Schüttekranke Sämlinge gehen meist zu Grunde und nur dann, wenn etwa die Hälfte der Nadeln grün geblieben war, können sie sich erholen, falls nicht neue Infectionen hinzukommen. Erkrankte Sämlinge zur Ausführung der Culturen zu benutzen, ist durchaus nicht anzurathen. Zweijährige und ältere Kiefern im schüttekranken Zustande zu verwenden, ist ebenfalls nicht anzurathen, da sie durch die Verpflanzung meist so geschwächt werden, dass sie nach kurzer Zeit zu Grunde gehen. Auf Schlägen erkrankte Pflanzen können sich unter günstigen Umständen von der Krankheit erholen. Dies erfolgt übrigens nie, wenn das Pilzmycel aus den Nadeln in die Gewebe der Axe selbst eingedrungen ist. Erscheint insbesondere die Markröhre der Pflanze vom Pilzmycel gebräunt, so geht sie zu Grunde, wenn auch die Knospen im Frühjahre ganz gesund aussehen.

Infection erfolgt oftmals durch abfallende Nadeln, wenn in der Krone älterer Kiefern pilzkranke Nadeln sich finden. Entweder inficiren die auf die jungen Pflanzen fallenden kranken Nadeln, wenn deren Apothecien sich öffnen, oder es können auch Sporen durch die von den kranken Nadeln abfallenden Regentropfen auf die Pflanzen gelangen. Es ist desshalb im Allgemeinen nicht rathsam, Kiefernsaatbeete unter der Traufe eines älteren Kiefernbestandes anzulegen.

Vorzugsweise erfolgt die Infection durch den Regenwind, wenn dieser über erkrankte Culturflächen hingestrichen ist, zahlreiche

Pilzsporen aufgenommen hat und diese nun auf gesunde Pflanzen führt. Die Erfahrung, dass die Pilzschütte in höherem Maasse nur ganz junge Pflanzen und ältere nur bis zu einer Höhe von etwa $\frac{1}{2}$ m über dem Boden befällt, findet ihre Erklärung darin, dass eben nur die dicht über dem Erdboden hinströmende Luftschicht Gelegenheit hat, Pilzsporen aufzunehmen und auf die Pflanzen abzulagern.

Zur Erziehung gesunden Pflanzenmateriales ist anzurathen, Saatbeete von Kiefern in Laubholzbeständen oder doch möglichst weit entfernt von schüttekranken Culturflächen anzulegen. Aeltere Saat- und Pflanzgärten, in denen einmal schüttekranke Kiefern sich gezeigt haben, sind für neue Saaten nur dann zu benutzen, wenn alles erkrankte Pflanzenmaterial im Kampe selbst und in dessen Nähe vernichtet worden ist.

Ist man gezwungen, Saatbeete in Schütterevieren anzulegen, so wähle man solche Lagen aus, die wenigstens nach der Westseite hin nicht an junge schüttekranke Culturen grenzen. Kann man die Kämpe so an den Waldrand verlegen, dass der sie treffende Westwind zuvor über eine grössere Feldmark wehen musste, so ist dies empfehlenswerth. Man fasse die nicht zu grossen Saatbeete nach den Waldseiten zu mit 2 m hohen völlig dichten Bretterwänden ein. Stehen ältere Fichtenpflanzkämpe zur Verfügung mit dichten und hohen, von Norden nach Süden verlaufenden Pflanzbeeten, so lege man die Kiefernsaatbeete zwischen die Fichtenpflanzbeete, so dass letztere einen Schutz gegen das Anfliegen der Sporen mit dem Westwinde bilden. Das Einkellern der Pflanzen in tiefe Gruben während des Winters hat durch Abschluss des Sauerstoffs der Luft oft ein völliges Ersticken der Kiefern zur Folge. Eine leichte Decke von Laub bildet dagegen einen guten Schutz gegen das Anfliegen der Sporen im Winter.

Um die Schläge gegen Pilzschütte zu schützen, ist unter Umständen horstweise Verjüngung von bestem Erfolge. Lücken in geschlossenen Kiefernbeständen verjüngen sich ausgezeichnet auch da, wo die Schütte auf grösseren Schlägen alles vernichtet. Hierbei ist wohl zunächst der Schutz gegen den Sporen führenden Wind wirksam. Bei der Hiebsrichtung wird man möglichst vermeiden müssen, dass der Westwind über grosse Schütteflächen wehen kann, ehe er den Schlag trifft. Sehr grosse, sich an einander reihende Schlagflächen fördern überhaupt die epidemische Verbreitung der Krankheit. Wo Streifensaaten oder -pflanzungen ausgeführt werden, ist es anzurathen, die Streifen mit dem Pfluge von Norden nach Süden zu ziehen, den Auswurf auf die Westseite zu bringen. Letzterer schützt die Pflänzchen in der Furche gegen den directen Westwind. Verlaufen die Furchen von Westen nach Osten, so führt der Westwind die Sporen der kranken Pflanzen der Furche entlang mit Sicherheit auf die gesunden Pflanzen. Wo Fichten und Douglastannen gedeihen, dürften Streifen dieser Holzarten, von Nord nach Süd laufend und mindestens 10 Jahre vor dem Anhiebe der Kiefernbestände theils am Waldrande, theils in bestimmten Entfernungen coulissenartig im Bestande angebaut, die Verbreitung der Pilzschütte hemmen.

Völlig verschüttete Schläge sind mit Weymouthskiefern oder anderen schüttefreien Holzarten je nach der Bodenart anzubauen.

Die Weymouthskiefer leidet hin und wieder an einer Erkrankung der Nadeln, welche durch einen verwandten Parasiten, Hysterium brachysporum, hervorgerufen wird. Ob auch das auf der Lärche in den Alpen hier und da in massenhafter Entwicklung beobachtete Hysterium laricinum ein ächter Parasit ist, vermag ich noch nicht zu entscheiden.

Die Unterfamilie der Pezizeen zeichnet sich durch becherförmige oder scheibenförmige Fruchtkörper aus, welche die Hymenialschicht frei auf der Oberfläche entwickeln.

Peziza (Helotium) Willkommii[19]).

Der Lärchenkrebspilz ist die Ursache einer der verderblichsten und weit verbreitetsten Lärchenkrankheiten. Er wurde zuerst von Willkomm[20]) beschrieben, jedoch verkannt und als Corticium amorphum bestimmt.

Das Corticium hat aber nur eine äussere Aehnlichkeit mit der Peziza und gehört zu den Basidiomyceten. Ebenfalls nur auf Grund einer makroskopischen Aehnlichkeit wurde er dann als Peziza calycina bestimmt, bis ich erkannte, dass es sich bei vorliegendem Pilz um eine neue noch unbenannte Art handelt. Von Peziza ca-

---

[19]) R. Hartig, Untersuchungen aus dem forstb. Inst. I, S. 63—88.
[20]) Willkomm, Mikroskopische Feinde d. Waldes II, S. 167 ff.

lycina unterscheiden sich die Fruchtkörper sofort durch den sehr kurzen Becherstiel. Dies nur zur Aufklärung der beklagenswerthen Namenveränderungen.

Die Lärche ist ein Waldbaum, der überall in Deutschland herrlich gedeiht, keine nennenswerthe Beschädigungen durch Frost erleidet, wenigstens nicht mehr als unsere einheimischen Holzarten, dessen Verbreitung aber von Haus aus auf die höheren Gebirgslagen der Alpen beschränkt blieb, weil er nur dort seinen Feinden erfolgreichen Widerstand zu leisten vermag. Zu diesen Feinden gehört bekanntlich eine Mehrzahl von Insecten, unter diesen in erster Linie die Lärchenmotte, Coleophora laricella. Dieses Insect findet man auch in den Alpen bis zu bedeutender Höhe (1250 m) in so grosser Verbreitung und so massenhaft auftreten, dass es zunächst auffällt, wesshalb dasselbe dort kaum irgend welchen Schaden veranlasst. Es erklärt sich das in einfacher Weise aus dem Umstande, dass in den Hochlagen der Alpen der Uebergang vom Winter zum Frühjahre ein sehr schneller ist, und die Entwicklung der Nadelbüschel nur kurze Zeit in Anspruch nimmt. Im Flachlande beginnt die Lärche schon Ende März grüne Knöspchen zu zeigen, die dann oft sehr lange Zeit in der Entwicklung stehen bleiben, bis Anfang Mai das Wachsthum der Nadeln schneller fortschreitet. Diese Periode ist für die Lärche die gefährliche, weil auch die Räupchen aus dem Winterschlafe Ende März erwachen und an den grünen Knöspchen zu fressen anfangen. Bei langsamer Entwicklung der Vegetation werden die Knospen zum grossen Theile ausgefressen, die Bäume grösstentheils entnadelt, bei schneller Entwicklung der Nadelbüschel genügt dagegen ein geringer Theil der Belaubung zur Ernährung der Raupen. Der kurze Frühling schützt in den Alpen die Lärche vor der völligen oder allzustarken Entnadelung, die zumal nach öfterer Wiederholung das Kümmern und Absterben der Bäume zur Folge hat. Auch die Lärchenblattlaus, Chermes Laricis, schädigt die Benadelung der Lärche in hohem Grade, wenn auch bei weitem nicht so sehr wie die Motte. Ganz verschieden von diesem Hinsiechen der Lärchen in Folge der Beschädigungen durch Motte oder Blattlaus u. s. w. ist die durch Peziza Willkommii veranlasste Krankheit. Dieser Parasit ist in den Hochlagen der Alpen einheimisch und erzeugt dort dieselbe Krankheit, welche den Untergang zahlloser Bestände in Deutschland,

Dänemark und Schottland zur Folge gehabt hat, aber nur unter besonderen äusseren Verhältnissen tritt sie in den Alpen verderblich für ganze Bestände auf. Um dies richtig beurtheilen zu können, müssen wir zunächst auf den Entwicklungsgang des Parasiten hinblicken.

Die Sporen desselben, welche in den weiter unten zu beschreibenden schüsselförmigen Früchten entstehen, keimen bei genügender Feuchtigkeit bald, aber nicht an der unverletzten Pflanze,

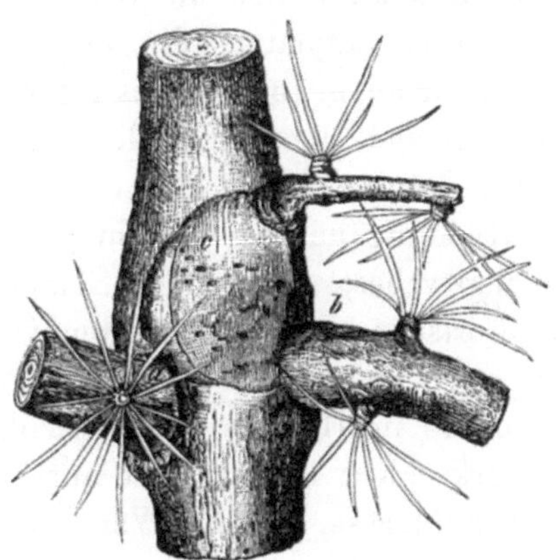

Fig. 54.

Junge Krebsstelle einer 8jährigen Lärche aus Tyrol aus dem oberen Stammtheile. Die Infection hat oberhalb des Zweiges bei *b* stattgefunden, wo durch Schneeanhang ein Herabziehen und Einreissen des Gewebes im Gelenke stattgefunden hat. Auf der getödteten Rinde sind schon zahlreiche unreife Fruchtträger *c* zur Entwicklung gekommen.

Fig. 55.

Durchschnitt durch einen von Peziza Willkommii befallenen älteren Lärchenast. Die Infection erfolgte vor 10 Jahren von dem Kurztriebe (*a*) aus. Das Mycel rückte jährlich beiderseits weiter vor, obgleich sich jedesmal mit Beginn der Sommerthätigkeit eine Korkschicht *bb* auf der Grenze des lebenden Gewebes bildete. Im letzten Jahre ist nur noch ein sehr kleiner Holzkörper gebildet.

sondern nur an irgend einer Wundstelle derselben. Solche Wundstellen entstehen sehr oft durch das Herunterbeugen der Zweige bei Schnee oder Duftanhang im oberen Winkel an der Basis des Zweiges (Fig. 54 b), durch Hagelschlag, oder durch das Ausfressen der Kurztriebe im Frühjahre, wovon vorher gesprochen wurde. Von solchen Wundstellen aus entwickelt sich das kräftige, reich verästelte, septirte Mycel im Weichbaste theils intercellular, theils intracellular in den Siebröhren fortwachsend, die Gewebe tödtend und bräunend. Das Mycel wächst auch in den Holzkörper hinein und zwar bis zur Markröhre vordringend.

Soweit im ersten Jahre das Rindengewebe getödtet wird, vertrocknet es und erscheint zumal nach dem Eintritt des neuen Dickenwachsthums des gesunden Pflanzentheiles vertieft (Fig. 54).

Im Sommer hört das Wachsthum des Pilzmycels auf und es entsteht auf der Grenze des gesunden und kranken Gewebes eine ungemein breite Korkschicht zum Schutze der Pflanze. Diese Korkschichten (Fig. 55 b b), welche sich zwischen todter und lebender Rinde bilden, veranlassen, dass äusserlich die Rinde auf der Grenze der Krebsstelle hier und da aufplatzt (Fig. 56) und dadurch das Ausfliessen von Terpentin aus dem Inneren des Baumes ermöglicht wird. Alljährlich vergrössert sich die Krebsstelle in der ganzen Peripherie und zwar in der Längsrichtung des Stammes etwas schneller, als in horizontaler Richtung und ist es wahrscheinlich die Lebensthätigkeit des Rindengewebes, welche im Sommer eine periodische Unterbrechung im Fortschreiten des Parasiten veranlasst. Das Pilzmycel gelangt entweder durch die Cambialregion oder durch Vermittelung des Holzkörpers im Herbste wieder in die lebende Bastschicht, so dass die Korkschicht in der That nur geringen Nutzen gewährt. In demselben Maasse, als die Wanderung der Bildungsstoffe auf die eine Seite des Stammtheiles gedrängt wird, steigert sich dort auch der Zuwachs einerseits des Holzkörpers, andererseits des Basttheiles (Fig. 55). Es kann dadurch der Kampf zwischen Parasit und Wirthspflanze·lange Zeit unentschieden bleiben, und fand ich in Tyrol lebende Lärchenstämme mit Krebsstellen von 100 jährigem Alter.

Rückt der Parasit relativ schnell vor und ist andererseits der Zuwachs des Baumtheiles ein langsamer, dann umfasst die Krebsstelle frühzeitig den ganzen Stamm oder Zweig (Fig. 55), der oberhalb dieser Stelle abstirbt.

Durch künstliche Mycelinfection kann man fast ausnahmslos an jeder Stelle einer gesunden Lärche eine Krebsstelle erzeugen.

Auf der Krebsstelle entstehen bald nach dem Tode des Rindengewebes die Fruchtpolster des Parasiten in Gestalt kleiner gelbweisser Pusteln von Stecknadelkopfgrösse (Fig. 54 c, Fig. 56 a). Im Innern dieser Polster, theilweise auch auf deren Oberfläche, entstehen wurmförmige Gänge oder rundliche Höhlungen, deren Oberfläche mit zahllosen pfriemenförmigen Basidien besetzt ist, an deren Spitzen äusserst kleine Zellchen entstehen. Ob diese Organe, die keimunfähig zu sein scheinen, verkümmerte Gonidien sind oder den als Spermatien bezeichneten Organen zugezählt werden müssen, bleibt vorerst unentschieden. Hier ist es insbesondere wichtig, zu betonen, dass sie nicht zur Verbreitung des Parasiten beizutragen vermögen.

Die kleinen Fruchtpolster sind sehr empfindlich gegen Lufttrockniss und Luftzug, sie vertrocknen leicht und sterben ab. Nur dann entwickeln sie sich, wenn sie von anhaltend feuchter Luft umgeben sind. Es erscheinen dann auf ihnen die bekannten Schüsselfrüchte (Fig. 56 bb), deren Hymenialschicht eine schöne rothe Farbe besitzt. Die Hymenialschicht besteht aus zahllosen von fadenförmigen Paraphysen umgebenen Asken, in deren Inneren je 8 farblose Sporen sich bilden. Der Umstand, dass das Mycelium auch in den Holzkörper eindringt und diesen tödtet, erklärt, wesshalb eine oder wenige kleine Krebsstellen den Wuchs des ganzen Stammes in hohem Grade zu beeinträchtigen vermögen. An abgestorbenen Baumtheilen treten dann zahlreiche Schüsselfrüchte auch ohne Krebsbildung aus der Rinde hervor.

In dumpfen Lagen erkranken die Lärchen schnell und sterben ohne grosse Krebsstellen in wenig Jahren ab. Aus der Rinde treten die Schüsselfrüchte des Parasiten hervor. Es scheint, dass der grosse Wassergehalt solcher in der Transpiration beeinträchtigter Lärchen die Entwicklung und Verbreitung in Holzkörper ungemein befördert, wesshalb die Erkrankung durch die ganze Pflanze sich verbreitet.

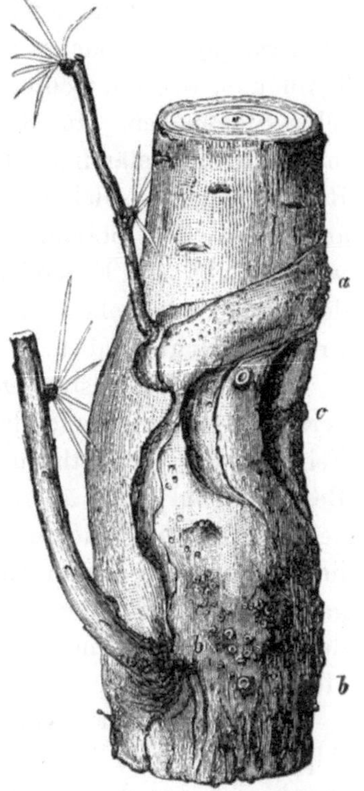

Fig. 56.

Zweijährige Krebsstelle, nahe über dem Wurzelstocke, im Grase versteckt. Die Fruchtpolster im oberen, dem Luftzuge exponirten Theile *a* unversehrt, im unteren, feucht gehaltenen Theile *b* zu kräftigen Schüsseln entwickelt.

Aus dem vorstehend kurz zusammengefassten Ergebnisse meiner Untersuchung lassen sich die bekannten Thatsachen des Auftretens und der Verbreitung der Krankheit erklären.

Die Krebskrankheit ist in den Hochalpen von jeher zu Hause gewesen, sie tritt in auffälliger Intensität nur in feuchten, dumpfen Thälern, in der nächsten Umgebung der Seen (z. B. Achensee in Tyrol u. s. w.) auf, tödtet aber auch in Freilagen hier und da einzelne Stämmchen. In den Freilagen und Thalgehängen gelangen in Folge des ständigen Luftzuges die Früchte des Pilzes nie zur Reife. Nur an solchen Krebsstellen, welche dicht über der Erde am Fusse der Stämme sich finden oder an krebsigen Aesten, wenn solche am Erdboden liegen, reifen die Schüsselfrüchte, weil der umgebende hohe Graswuchs den Luftzug abhält und die jungen Früchte feucht bleiben.

Als in den ersten Decennien dieses Jahrhunderts die Lärche versuchsweise hier und da in Deutschland angebaut wurde, war der Feind in der Heimath zurückgeblieben und die Lärche gedieh aufs Beste. Wohl jeder ältere Forstmann kennt einzelne Lärchenhorste des herrlichsten Wuchses, aus jener Zeit herstammend. Die glücklichen Resultate hatten einen allgemeinen Anbau der Lärche durch ganz Deutschland zur Folge. Man konnte sehr schöne Resultate des Anbaues erkennen auch da, wo geringe Bodengüte nur wenig Hoffnung gewährte.

Nachdem aber kleinere und grössere Bestände vom Fusse der Alpen bis zu den Küsten der Nord- und Ostsee entstanden waren, begab sich aus den Alpen herniedersteigend der Pilz auf die Wanderung und überall fand er die günstigsten Bedingungen zu seiner Entwicklung.

Diese waren junge, reine Bestände bei dichtem Pflanzenstand, Nachbesserungshorste in vorwüchsigen Buchenbeständen, feuchte, stagnirende Luft, Verwundungen durch Mottenfrass u. s. w. Dazu trat der Handel mit kranken Lärchen von Seiten der Baumschulen und Versendung kranker Lärchen von Revier zu Revier.

Unter diesen Verhältnissen gelangten die Pilzfrüchte an den Krebsstellen zu üppiger Entwicklung und zur Sporenreife, die Sporen fanden im geschlossenen reinen Bestande leicht Gelegenheit zum Keimen und Eindringen u. s. w. Heute ist von der grossen Zahl hoffnungsreicher junger Bestände nicht viel mehr übrig geblieben. Am ehesten haben sich die Lärchen noch in solchen Beständen erhalten, wo sie vorwüchsig eingesprengt wurden; der Luftzug in den frei entwickelten Kronen hat nicht nur die Erkrankung, sondern auch an den erkrankten Exemplaren die Sporenreife verhindert.

Haben wir einen erkrankten Lärchenbestand vor uns, so kommt es zunächst darauf an, festzustellen, ob wir es lediglich mit Beschädigungen durch Mottenfrass, oder ob wir es mit Pilzkrebs zu thun haben.

Oft genug wird beides neben einander auftreten. Handelt es sich lediglich um ein Kümmern in Folge von Mottenfrass, dann kann eine Ausästung der Krone bis zu dem kräftigeren oberen Theile hin von bleibend gutem Erfolge sein. Die oberen Zweige treiben kräftig und können, zumal die Motte mehr die untere Krone befällt, zur Ausbildung einer gesund bleibenden guten Krone führen.

Handelt es sich um Pilzbeschädigung, dann kann Ausästung nur dann etwas helfen, wenn der Schaft im Ganzen, zumal in der Krone, gesund ist. Kleinere Krebsstellen unten am Baume tödten trotz ihrer Vergrösserung bei gutem Zuwachse des Baumes erst in hohem Alter.

Krebsstellen an den Aesten sind an sich von geringer Bedeutung, bringen nur die Gefahr der Weiterverbreitung der Krankheit durch Sporen mit sich.

Was den zukünftigen Anbau der an sich so werthvollen Holzart im Flachlande und Hügellande betrifft, so ergiebt sich aus dem Mitgetheilten, dass sie nur in einzelnem Stande, womöglich etwas vorwüchsig, in andere Holzarten einzusprengen, nur in freien Lagen und nie in reinen Beständen zu erziehen sein dürfte, dass da, wo kranke Bestände in nächster Nähe sich befinden, besser auf den Anbau Verzicht geleistet wird, dass grösste Vorsicht anzuwenden ist beim Bezug fremder Pflanzen, dass in Saat- oder Pflanzbeeten etwa erkrankende Pflanzen sofort beseitigt und verbrannt werden müssen.

Die Vacciniumarten werden von Parasiten der Gattung Sclerotinia[21]) befallen, deren Gonidienfructification im Frühjahre auf den jungen sich bräunenden Blättern und Stengeln in Form eines

---

[21]) Woronin, Ueber die Sclerotienkrankheit der Vaccinienbeeren 1888.

schimmelartigen Anfluges von Mandelgeruch erscheint. Die dadurch angelockten Insecten übertragen die Gonidien auf die Narben der Vaccinium-Blumen. In den Beeren entsteht ein Sclerotium. Sie

Fig. 57.

Zweig der Douglastanne, deren junge Triebe durch Botrytis Douglasii getödtet sind. Auch die Spitze des vorjährigen Zweiges ist getödtet.

werden braun und trocken, „mumificiren sich", fallen ab, und im nächsten Frühjahre entwickeln sich aus ihnen 1 oder 2 langgestielte, kastanienbraune Becherfrüchte. Die ejaculirten Ascosporen inficiren die jungen Triebe und erzeugen die Gonidienform.

Sclerotinia Vaccinii schmarotzt auf Vacc. Vitis Idaea; Scler. Oxycocci auf Vacc. Oxycoccos; Scler. baccarum auf Vacc. Myrtillus; Scler. megalospora auf Vacc. utiginosum.

Landwirthschaftlich von hoher Bedeutung ist noch Peziza ciborioides (Sclerotinia Trifoliorum), der Kleekrebs oder die Sclerotienkrankheit des Klees. Dieser Parasit ist dadurch interessant, dass sich an den vom Pilzmycel durchwucherten Kleepflanzen Sclerotien von 0,1—1 cm Grösse bilden, die dann im nächsten Jahre im Juli oder August zu Becherfrüchten auswachsen.

Einen ähnlichen Entwickelungsgang zeigt Peziza Sclerotiorum (Sclerotinia Libertiana), durch welche die Sclerotienkrankheit der Rüben und Mohrrüben veranlasst wird.

Am bekanntesten ist Peziza Fuckeliana durch die Gonidienform Botrytis cinerea, den Traubenschimmel, der sich in Feuchträumen und in den Glashäusern an verschiedenen Pflanzen ansiedelt, grauflockige Anflüge bildet und die Zweige tödtet.

Eine Botrytis Douglasii[22]) ist seit einer Reihe von Jahren an

---

[22]) Botrytis Douglasii n. sp. C. Freiherr v. Tubeuf, Beiträge zur Kenntniss der Baumkrankheiten. Berlin. Springer 1888.

den in Deutschland allgemein zum Anbau gelangten Douglastannen
schädigend aufgetreten. Besonders in Saat- und Pflanzkämpen, wo
die gegenseitige Ansteckung erleichtert ist, bemerkt man vielfach
die jungen noch nicht völlig ausgebildeten Triebe absterben und
sich bräunen. Auch der vorjährige Trieb stirbt wohl bis zu einer
gewissen Tiefe ab (Fig. 57).

Sowohl an den Nadeln als Trieben bemerkt man dann später
kleine schwarze Sclerotien nicht über Stecknadelknopfgrösse, die im
Feuchtraume zu Botrytis-Gonidienträgern auskeimen. Die Gonidien
keimen leicht und inficiren die zarten Triebe der Douglastanne. Nach
den Tubeuf'schen Untersuchungen werden auch Tannen, Fichten
und Lärchen von diesem Pilz inficirt und bleibt festzustellen, ob
nicht auch im Walde Erkrankungen durch diesen Pilz vorkommen.

§ 15. Gymnoasceae[23].

Bei den, dieser Unterfamilie der Scheibenpilze angehörenden
Parasiten fehlt ein eigentlicher Fruchtkörper. Die Hymenialschicht
ist ein flaches, auf dem Pflanzentheil ausgebreitetes Lager, bestehend aus frei stehenden Schläuchen, welche zwischen den Epidermiszellen oder zwischen Epidermis und Cuticula zur Entwicklung
gelangen.

Alle Arten erzeugen charakteristische Hypertrophien der befallenen Pflanzentheile.

Exoascus Pruni[24].

Ein allgemein verbreiteter und durch die Erzeugung der sogenannten „Narren, Taschen, Hungerzwetschen u. s. w." hinlänglich bekannter Parasit. Das Mycelium desselben perennirt in
den Zweigen von Prunus domestica, Pr. spinosa und Padus und
zwar im Weichbaste derselben intercellular vegetirend, gelangt in
die neuen Laubtriebe, dieselben deformirend, sowie in die Blüthen,
in denen schon Anfang Mai eine Missbildung der Fruchtknoten
erkennbar wird. Vom Weichbast ausgehend, verbreitet sich das
Mycel durch das Parenchym des Fruchtfleisches und hat einestheils
das Unterbleiben der Steinkern- und Samenbildung, anderntheils
die Längsstreckung und bekannte Umgestaltung der Frucht zur

---

[23] Sadebeck, Untersuchungen über die Pilzgattung Exoascus. Hamburg 1884.
[24] De Bary, Beiträge zur Morphologie der Pilze I, pag. 33.

Folge. Zahlreiche Mycelzweige drängen sich zwischen Oberhautzellen und Cuticula, woselbst sie durch Queräste in kurze Kammern
sich theilen. Es entsteht dadurch eine fast geschlossene Schicht
von Pilzmycel unter der Cuticula. Jede Pilzzelle wächst nun nach
aussen zu einem kurzen, cylindrischen Askus aus, und die anfangs
abgehobene Cuticula wird hierbei zerrissen, so dass die Asken-
schicht völlig frei wird.

Jeder Askus grenzt sich durch eine Querwand von dem unteren
Theile, dem „Stiele" ab und erzeugt durch freie Zellbildung im
Inneren 6—8 rundliche Sporen, die aus der aufplatzenden Spitze
herausgeschleudert werden. Die Sporen keimen oder bilden durch
Sprossung eine Art von Hefe.

Die Taschen verwelken unter Auftreten zahlreicher saprophytischer Pilzbildungen.

Exoascus deformans ist dem Vorstehenden nahe verwandt,
lebt aber theils in den Blättern und Trieben von Persica vulgaris
und Amygdalus communis, theils in Blättern und Trieben von Prunus
avium, Cerasus und Chamaecerasus, domestica, auf diesen Holzarten
nach den Untersuchungen von Rathay[25]) die sogenannten Hexenbesen hervorrufend. Ob der auf Kirschen vorkommende Exoascus
in der That eine neue Art (Exoascus Wiesneri) ist, wie Rathay
annimmt, und die aufgeführten Verschiedenheiten nicht etwa durch
die Verschiedenheit der Wirthspflanzen bedingt sei, dürfte zunächst
bis zur Ausführung von Infectionsversuchen zweifelhaft bleiben.
Auf den Blättern werden eigenthümliche Kräuselungen hervorgerufen, ähnlich solchen, wie sie zuweilen durch Blattläuse entstehen;
die vom Pilz bewohnten Zweige zeigen reiche Verästelungen, meist
ausgesprochen negativen Geotropismus und oft hypertrophisch entwickelte untere Zweigtheile. Es sind die Donnerbesen oder Hexenbesen. Die Zweige dieser Hexenbesen sind im unteren Theile oft
um das Mehrfache dicker als die Zweige, denen sie entspringen,
werden dagegen nach ihrer Spitze zu normal, und dürfte diese Erscheinung dadurch zu erklären sein, dass das Mycel beim lang-
samen Nachwachsen in die jungen Triebe nur an deren Basis noch

---

[25]) Rathay, Ueber die Hexenbesen der Kirschbäume und über Exoascus
Wiesneri Rath. im Sitzber. d. Wien. Akad. d. Wissensch., Bd. LXXXIII, Abh. I.
Märzheft 1881.

ein unfertiges Gewebe antrifft, welches unter der Einwirkung des Parasiten abnorm sich vergrössert oder vermehrt, während es zu spät in die Triebspitze gelangt, um auch hier noch wirksam sein zu können.

Exoascus Insititiae erzeugt auf Prunus insititia Hexenbesen.

Exoascus bullatus veranlasst auf Birnbäumen blasige, später unterseits mehlige Blattanschwellungen, auf Weissdorn hexenbesenartige Bildungen und Blattauftreibungen von röthlicher Farbe.

Exoascus alnitorquus (Ascomyces Tosquinetii) tritt sowohl auf den Blättern von Alnus glutinosa, als auch an den Schuppen der weiblichen Kätzchen von Alnus incana und glutinosa oft in massenhafter Entwicklung auf. An den Blättern veranlasst er nicht allein ein Kraus- und Welligwerden, sondern auch eine Vergrösserung überhaupt, an den Erlenzäpfchen taschenartige, in frischem Zustande leuchtend roth gefärbte Auswüchse, die etwas an die Taschen der Pflaumen erinnern (Fig. 58).

Exoascus flavus (Sadebeckii) veranlasst ebenfalls auf den Blättern von Alnus glutinosa und incana Flecke, die sich durch gelbe Farbe auszeichnen.

Fig. 58.
Fruchtzapfen von Alnus incana durch Exoascus Alni verunstaltet.

Exoascus epiphyllus, auf Blättern von Aln. incana und Alnus glutinosa, ist von der vorigen Art nur schwer durch breitere Stielzellen zu unterscheiden. Er veranlasst wellige Kräuselungen der Blätter, deren Auftreibungen meist auf der Oberseite der Blätter erscheinen.

Exoascus borealis veranlasst auf Alnus incana Hexenbesen. Diese sind bei München und an anderen Punkten Bayerns sehr häufig. Er ist mit dem Ex. epiphyllus wahrscheinlich identisch.

Exoascus turgidus (Taphrina betulina) erzeugt sehr oft Hexenbesen auf der Birke.

Exoascus Betulae (Ascomyces Betulae) veranlasst blasige Auftreibungen auf der Blattoberseite der Birken.

Fig. 59.
Blatt von Populus nigra mit
Exoascus Populi.

Fig. 60.
Früchte von Populus
tremula durch Exoas-
cus Populi verun-
staltet.

Fig. 61.
Hexenbesen von Carpinus Betulus, durch Exoascus Carpini hervorgerufen.
$^1/_3$ Natürl. Gr.

Exoascus carnea veranlasst kuglich-blasige Stellen auf Birkenblättern.

Exoascus aureus (Taphrina aurea, T. populina) veranlasst blasige, goldgelb gefärbte Auftreibungen auf den Blättern der Schwarzpappel (Fig. 59) und taschenartige Auftreibungen an den Fruchtknoten der Populus tremula und alba (Fig. 60).

Exoascus Carpini veranlasst den Hexenbesen der Hainbuche (Fig. 61).

Exoascus coerulescens (Ascomyces coerulescens) erzeugt auf Eichenblättern blasige Stellen.

Exoascus Ulmi veranlasst Auftreibungen auf der Oberseite der Ulmenblätter.

§ 16. Unvollständig bekannte Schlauchpilze.

Die Zahl derjenigen Pilzformen, die wir noch nicht in allen Entwicklungsformen kennen, ist eine ungemein grosse. Es ist uns insbesondere eine grosse Zahl von Pilzen bekannt, deren Gonidien, sei es auf Fruchthyphen, sei es in geschlossenen Organen (Pycniden, Spermogonien), wir wohl kennen, von denen uns aber die Schlauchfrüchte nicht bekannt sind, so dass wir sie nicht in das System einzureihen vermögen.

Einige wichtigere auf Bäumen, insbesondere Waldbäumen parasitisch auftretende Arten sollen hier noch aufgezählt werden.

Cercospora acerina[26]. Ahornkeimlingspilz.

An Ahornkeimlingen sowohl der Saatbeete als auch des natürlichen Anfluges tritt in regnerischen Jahren hier und da in auffallendem Maasse eine Erkrankung ein, die sich durch Schwarzwerden und Verfaulen der Samenlappen und ersten Laubblätter, sowie der Triebaxen, bei geringerer Intensität nur durch Schwarzfleckigwerden der Blätter zu erkennen giebt. Schon mit unbewaffnetem Auge erkennt man oft einen grauen Ueberzug an den kranken Blättern.

Bei genauerer Untersuchung bemerkt man eine üppige Mycelbildung im Gewebe der erkrankten Theile, von der aus zahllose kurze Gonidienträger nach aussen hervorwachsen. Diese erzeugen

---

[26] R. Hartig, Untersuchungen I, S. 58.

Büschel von langen, geschweiften, mehrzelligen Gonidien. Dieselben keimen in feuchter Luft schon nach wenigen Stunden, bohren ihren Keimschlauch direct in die Oberhaut der Ahornblätter und bräunen dieselbe.

Das intercellular wachsende Mycel schwillt zu kräftigen mit Oeltropfen versehenen braunen Dauermycelzellen und Zellcomplexen an, welche überwintern und die Krankheit aufs nächste Jahr übertragen. Der Pilz vermag auch saprophytisch von humosen Substanzen im Erdboden zu leben.

Pestalozzia Hartigii[27].

Die durch diesen Pilz veranlasste in ganz Deutschland vielfach beobachtete Krankheit tritt besonders in Fichten- und Tannensaat- und -pflanzkämpen auf und wurde von mir schon 1883 in der Allgem. Forst- und Jagd-Zeitung beschrieben, damals als eine Folge von Glatteisbildung und dadurch herbeigeführte Quetschung des Cambialmantels angesehen. Ich stellte damals jene Hypothese auf, deren Bestätigung, wie ich ausdrücklich hervorhob, noch zu erfolgen habe. Nunmehr hat v. Tubeuf nachgewiesen, dass es sich auch hierbei um eine parasitäre Krankheit handelt. In Fichten- und Tannenkämpen bemerkt man im Sommer eine mehr oder weniger grosse Anzahl Pflanzen zunächst bleich werden und dann absterben. Zieht man die Pflanzen heraus, so sieht man, dass an dem unmittelbar über dem Erdboden gelegenen Theile die Rinde vertrocknet ist, weiter oben der Stamm dagegen eine Anschwellung besitzt, welche eine natürliche Folge fortgesetzten Wachsthums ist (Fig. 62).

Mit dem Vertrocknen oder Absterben des Holzkörpers an der Stelle, wo die Rinde zunächst abgestorben war, muss die Pflanze zu Grunde gehen. An der Rinde der Einschnürungsstelle findet man das Mycel des Pilzes und zahlreiche Gonidienpolster, welche theils in kuglichen Pycniden, theils auf flach ausgebreitetem Stroma im Gewebe der Rinde zur Entwicklung gelangen.

Die charakteristischen Gonidien (Fig. 63) stehen auf kurzen oder langen Stielen, sind anfangs hyalin, schmal, eiförmig und einzellig, später durch wiederholte Quertheilung vierzellig. Die

---

[27] C. v. Tubeuf, Beiträge zur Kenntniss der Baumkrankheiten. Seite 40—51, Tafel V. Berlin. Springer 1888.

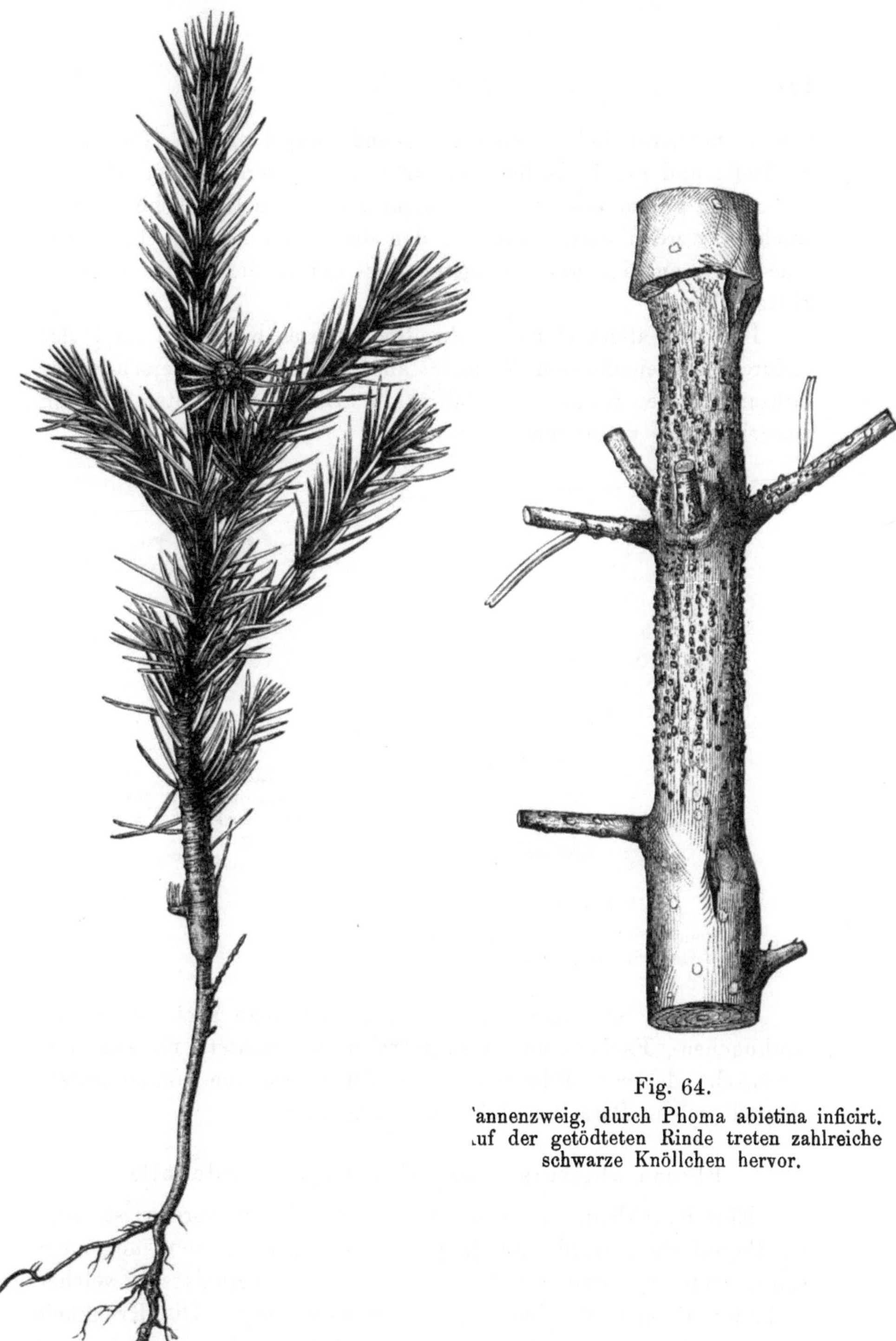

Fig. 62.
Junge Fichte durch Pestalozzia Hartigii dicht
über dem Boden inficirt.

Fig. 64.
'annenzweig, durch Phoma abietina inficirt.
..uf der getödteten Rinde treten zahlreiche
schwarze Knöllchen hervor.

beiden mittleren Zellen sind gross und dunkel gefärbt, die kleine
Stielzelle und die Endzelle sind farblos. Letztere wächst in einen
verästelten Faden aus, der aber nicht mit einem Keimschlauch verwechselt werden darf. Nur von den drei unteren Zellen keimt die
eine oder andere, am häufigsten die untere der beiden braunen
Mittelzellen.

Bei der allgemeinen Verbreitung dieser Krankheit und der
dadurch herbeigeführten Verluste an Pflanzenmaterial erscheint es
rathsam, in den Kämpen sorgfältig alle kranken und todten Pflanzen
ausziehen und verbrennen zu lassen.

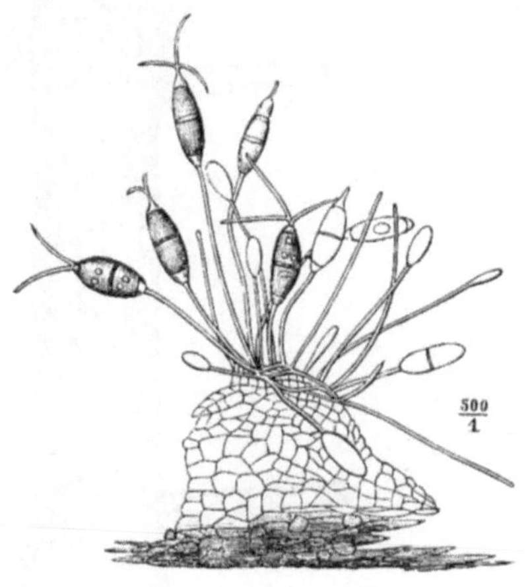

Fig. 63.
Gonidienpolster von Pestalozzia
Hartigii (nach v. Tubeuf).

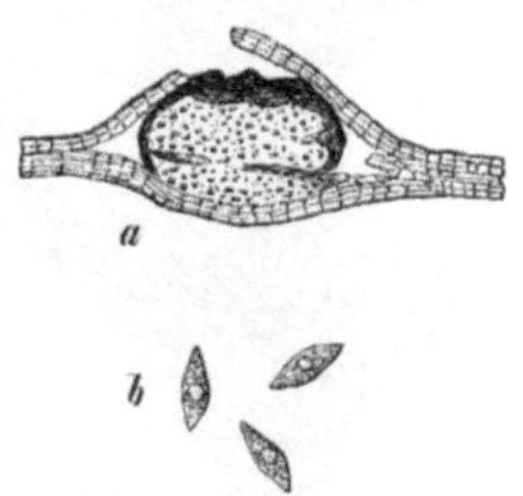

Fig. 65.
a Eine Pycnide von
Phoma abietina, welche
die Korkhaut durch-
brochen hat $^{20}/_1$. *b* Gonidien $^{420}/_1$.

Aehnliche Krankheitserscheinungen hat man auch an jungen
Rothbuchen-, Eschen- und Ahornpflanzen beobachtet. Es wäre mir
erwünscht, derartige Pflanzen zugesendet zu erhalten, um zu prüfen,
ob und welche Parasiten dabei betheiligt sind.

Phoma abietina n. sp. Der Tannenrindenpilz.

Eine Krankheit, die bisher nicht beschrieben worden ist, aber
im Bayerischen Walde an jungen und alten Bäumen ungemein
häufig auftritt, wird durch einen Parasiten veranlasst, welcher
vorläufig Phoma abietina benannt werden mag. Die Krankheit
äussert sich durch das Bleichwerden und Vertrocknen schwächerer

und stärkerer Tannenzweige, ja in einzelnen Fällen beobachtete ich auch an armesdicken Tannen Erkrankungen der Rinde des Stammes von 5 cm Durchmesser. In der Regel tritt die Erkrankung nur an Zweigen oder den Hauptaxen jüngerer Tannen auf und äussert sich im Absterben der Rinde rings um den Zweig herum, wie Fig. 64 zeigt.

Auf der abgestorbenen Rinde treten zahlreiche kleine, die Haut durchbrechende schwarze Pycniden hervor, die entweder klein rundlich sind oder vielkammrig, und in unregelmässiger Gestalt als schwarze sclerotienartige Knollen hervortreten (Fig. 65a). In den Höhlungen dieser Organe entstehen auf der die Wände bekleidenden Hymenialschicht zahllose kleine, einzellige, farblose kurzspindelförmige Gonidien, welche im Wasser alsbald auskeimen (Fig. 65b).

Trotzdem ich seit dem Jahre 1885 die Krankheit alljährlich beobachtet und nach dem Auftreten von Schlauchfrüchten gesucht habe, konnte ich bisher solche nicht finden. Bemerkt soll nur werden, dass fast immer bei meinen Culturen an den Tannenzweigen die Schüsselfrüchte der Peziza calycina in üppiger Entwicklung zu beiden Seiten der erkrankten Stelle aus der Rinde hervorbrachen. Diese Thatsache genügt aber noch nicht den Zusammenhang beider Pilzformen zu beweisen. Versuche, die eine Form aus der anderen durch Cultur zu gewinnen, schlugen bisher fehl.

Die Pycniden streuen die Gonidien wahrscheinlich besonders bei Regenwetter im Sommer und Herbste aus.

Es scheint nicht nothwendig zu sein, dass dem Eindringen der Parasiten eine mechanische Verletzung der Rinde vorangeht, wenigstens konnte ich nie eine solche bemerken. An alten Bäumen ist oft ein grosser Theil der Zweige und Aeste braun, was mir im Bayerischen Walde bei meiner ersten Bereisung sofort auffiel. Auch im Schwarzwalde und an einigen Orten der bayerischen Alpen tritt die Krankheit auf. An stärkeren Aesten kann nach dem Absterben der Rinde die Ernährung durch den Holzkörper noch einige Jahre fortgesetzt werden, so dass das Dickenwachsthum oberhalb der abgestorbenen Stelle in auffälliger Weise sich fortsetzt und zu einem Absprengen der Rinde an der Grenze des lebenden und abgestorbenen Theiles führt. Mit dem Absterben und Vertrocknen des Holzkörpers unter der todten Rinde hört die Wasserzuleitung auf, und der Ast stirbt oberhalb der kranken Stelle ab.

Ist die Rinde nur an einer Seite des Astes vom Pilz getödtet, so wird sie abgestossen und tritt eine Ueberwallung vom gesunden Rande aus ein.

Gloeosporium nervisequium[28]). Der Platanenpilz.

Die Platanen leiden sehr häufig an einer Krankheit, die sich in einem Braunfleckigwerden und Absterben der Blätter äussert. Von Mitte Mai an sieht man an beliebigen Stellen das Absterben beginnen und sich längs der Blattnerven fortsetzen. Auf den abgestorbenen Stellen sieht man dann kleine schwarze Punkte hervortreten, die Gonidienpolster des Gloeosporium nervisequium.

Leider wissen wir über die Entwicklung dieses Pilzes noch sehr wenig, da selbst Infectionsversuche noch nicht geglückt sind.

Der Schwarzkiefernpilz[29]).

Durch ganz Deutschland und im Süden Norwegens ist seit einer Reihe von Jahren eine Erkrankung der Schwarzkiefer beobachtet und hat immer mehr um sich gegriffen, die noch nicht eingehend untersucht und bearbeitet worden ist. Schon vor einer Reihe von Jahren wurden mir erkrankte Zweige durch Dr. C. v. Fischbach zugesandt, und im Freisinger Forstamt bei München bot sich Gelegenheit zur Beobachtung der Krankheit, doch fand die Untersuchung noch keinen befriedigenden Abschluss. Nachdem insbesondere die Beschreibung der Krankheit von Dr. Brunchorst vorliegt, sei diese Krankheit hier erwähnt. Im kräftigsten Wuchse stehende Schwarzkiefern zeigen ein Erbleichen der Nadeln der letztjährigen Triebe, deren Knospen nicht mehr austreiben, sondern abgestorben sind. Die Erkrankung geht vom Gewebe der Triebe aus und zwar zunächst vom Rindengewebe. Hier erfolgt die Infection, wie es mir scheint, sehr oft unter der Assistenz einer kleinen Pflanzenmilbe, welche sich durch die Oberhaut der Triebe auf 1—2 mm tief in das Rindengewebe einbohrt, doch mag auch von dem zarthäutigen Nadelgrunde aus die Infection leicht erfolgen. Am Grunde der absterbenden Nadeln sowie auf den nach dem Ab-

---

[28]) Dr. Fr. v. Tavel, Botanische Zeitung 1886 No. 49.

[29]) Dr. C. v. Fischbach, Eine neue Krankheit der Schwarzkiefer. Zentralbl. f. d. ges. Forstwesen 1887 S. 435.

Dr. Brunchorst, Ueber eine neue, verheerende Krankheit der Schwarzföhre. Bergen 1888.

fall des Nadelbüscheltriebes entstehenden Wunden entwickeln sich schwarze Pycniden mit Fusidium ähnlichen Gonidien.

Perithecien wurden auch von Dr. Brunchorst noch nicht beobachtet und glückte demselben auch die Infection bisher nicht. In vielen Fällen wurde nicht nur das Absterben einzelner Kiefern, sondern, zumal in Norwegen, die Verwüstungen grosser Bestände beobachtet.

Sobald in Schwarzkiefernjungorten diese Erkrankung auftritt, dürfte ein sofortiges Ausschneiden und Verbrennen aller kranken Triebe dringend anzurathen sein.

Basidiomycetes.

Die Basidiomyceten bilden die dritte Gruppe der Pilze. Bei ihnen entstehen alle Sporen durch Abschnürung.

§ 17. Uredineae. Rostpilze.

Die Rostpilze gehören zu den ächten Parasiten, die ihr Mycelium im Blatt- und Rindengewebe, seltener auch im Holzkörper (Coleosporium Senecionis) phanerogamer Pflanzen meist intercellular entwickeln und ihre Nahrung durch Haustorien aus dem Innern der Zellen entnehmen. Ihr Entwicklungsgang zeichnet sich dadurch aus, dass bei den meisten Arten Sporenfrüchte von meist becherförmiger Gestalt, die Aecidien, gebildet werden. Der Grund derselben ist mit einer Hymenialschicht ausgekleidet, welche aus zahlreichen meist keulenförmigen Basidien besteht, von denen jede an ihrer Spitze eine Reihe meist röthlichgelb gefärbter Sporen abschnürt. Diese sind unter einander durch sogenannte Zwischenzellen verbunden, welche vor der völligen Ausbildung der Sporen sich auflösen. Die in der Peripherie des Hymeniums stehenden Basidien bilden keine Sporen, sondern die untereinander verwachsenen Zellen der Hülle, Peridie genannt, die sich an der Spitze oder durch Längsspalten öffnet, aber auch ganz fehlen kann.

Vor Ausbildung der Aecidien pflegen Spermogonien mit Spermatien zu entstehen, welche letztere wahrscheinlich die Rolle männlicher Sexualzellen spielen. Es ist wahrscheinlich, dass das Aecidium das Ergebniss eines vorausgegangenen Sexualactes, also eine ächte Sporenfrucht ist, wie das Perithecium und Apothecium der Ascomyceten. Uebrigens giebt es auch Rostpilze, denen das Aecidium ganz fehlt (Chrysomyxa Abietis).

Ausser den Aecidien bildet sich fast immer eine Form von Gonidien aus, welche die Pilzart von einem Jahr auf das andere zu verpflanzen bestimmt und desshalb von grosser Keimfähigkeitsdauer ist. Dieselben werden Dauersporen oder Teleutosporen genannt und keimen nicht direct zu einem Mycelfaden aus, sondern bilden zunächst ein Promycelium, an dem sich mehrere kleine Zellen, Sporidien genannt, entwickeln, die erst im Stande sind, die Krankheit durch Infection neuer Wirthspflanzen hervorzurufen. Die Teleutosporen sind hierzu nicht befähigt, weil sie mit der Substanz ihrer Nährpflanzen so innig verwachsen zu sein pflegen, dass eine Verbreitung derselben durch die Luft fast ausgeschlossen sein würde. Das aus den Sporidien sich entwickelnde Mycel erzeugt wieder Spermogonien und (nach vorgängiger Befruchtung) Sporenfrüchte, Aecidien. So stellt sich also ein Generationswechsel zwischen Aecidien- und Teleutosporenform her, der aber bei vielen Rostpilzen noch dadurch complicirt wird, dass aus den keimenden Aecidiensporen nicht direct eine Teleutosporenform hervorgeht, sondern oft zahllose Generationen von Gonidien anderer Art, die Uredosporen, entstehen. Diese keimen alsbald, ohne Promycelbildung, erzeugen wieder die Uredosporen tragende Form und dienen während des Sommers der schnellen Ausbreitung des Pilzes, bis dann meist im Herbste aus dem Mycel die Teleutosporen hervorgehen. Der Entwicklungsgang mancher Rostpilze wird dadurch interessant, dass sowohl die Uredoform, als auch die Aecidienform einen facultativen Charakter besitzen kann, d. h., dass diese Formen sich nur unter gewissen günstigen Bedingungen entwickeln, beim Fehlen derselben aber ganz ausbleiben, ohne dadurch die Existenz des Parasiten zu gefährden.

Die Aecidien bildende und diejenige Generation, welche Teleutosporen erzeugt, finden sich nun entweder auf derselben Wirthspflanze (autöcische Parasiten), oder es tritt mit dem Wechsel der Generation auch ein Wechsel der Nährpflanzenart ein (heteröcische Parasiten), und die Auffindung der zusammengehörigen Rostpilzformen einer und derselben Pilzart bei den heteröcischen Rostpilzen bietet naturgemäss grosse Schwierigkeiten dar, wesshalb es leicht erklärlich ist, dass wir zur Zeit von manchen Teleutosporenformen noch nicht die zugehörigen Aecidien kennen und andererseits von manchen Aecidienformen noch nicht wissen, zu welchen Teleutosporenformen sie gehören.

Wie bei den Ascomyceten werden wir desshalb genöthigt sein, zum Schluss eine Anzahl unvollständig bekannter Rostpilze aufzuführen, denen wir dann je nach der Entwicklungsform den provisorischen Namen Aecidium, Caeoma, Uredo geben.

Die Rostpilze zerfallen in mehrere Familien, von denen uns hier nur die Puccinieen und Melampsoreen interessiren. Erstere sind dadurch charakterisirt, dass die Teleutosporen einzeln oder zu mehreren auf einem Stiele stehen, während bei den letzteren die Teleutosporen in grösserer Anzahl zu einem festen Lager pallisadenartig untereinander verbunden sind.

Pucciniae.

Die artenreiche Gattung Puccinia ist dadurch charakterisirt, dass die Teleutosporen zweizellig sind und mit ihren Basidien verbunden bleiben, die gleichsam den Stiel darstellen. Sie erscheinen als kleine braune oder schwarzbraune Häufchen von rundlicher oder länglicher Gestalt.

Puccinia graminis ist die häufigste Art des Getreiderostes, welche nicht nur an unseren Getreidesorten, sondern auch an vielen Wiesengräsern überall verbreitet auftritt. Die strichförmigen Teleutosporenhäufchen überwintern auf den gewöhnlichen Gräsern, bleiben aber auch auf den Stoppelfeldern zurück, wenn sie an den unteren Halmtheilen der Getreidepflanzen zur Entwicklung gelangten. Wenn die im Frühjahr an den Promycelien entstehenden Sporidien auf junge Blätter des Sauerdorns, Berberis vulgaris, gelangen, so veranlassen sie die Entstehung des Berberitzenpilzes Aecidium Berberidis. Die Aecidienform, deren Sporen wiederum auf Getreide und anderen Grasarten keimen und den Getreiderost, Uredo linearis, hervorbringen, unterscheiden sich von den später auftretenden schwarzen Teleutosporenhäufchen der Puccinia graminis durch die rothbraune Färbung.

Durch Ausrottung des Sauerdorns ist dem verderblichen Getreiderost am wirkungsvollsten entgegenzutreten, doch darf diese Maassregel nicht auf engere Gebiete beschränkt bleiben, da durch den Wind eine Verbreitung der Berberitzenpilzsporen leicht erfolgen kann.

Puccinia striaeformis (straminis) erzeugt einen der vorigen Krankheit sehr ähnlichen Getreiderost auf Roggen, Weizen und

Gerste, verschieden durch die kleineren, weniger lang gestreckten Häufchen und dadurch, dass die sehr kurz gestielten, keulenförmigen Teleutosporen von der Epidermis bedeckt bleiben. Das Aecidium ist Aecidium asperifolii, das auf den Blättern von Anchusa officinalis, Borago, Echium u. s. w. sich entwickelt.

Puccinia coronata erzeugt einen Getreiderost, zumal auf Hafer, dessen Teleutosporen an dem Scheitel gleichsam mit einer Krone von zackigen Verdickungen der Sporenmembran besetzt sind. Das Aecidium ist allgemein bekannt durch die eigenartigen hoch goldgelben Anschwellungen der Blätter, Blüthen und Stengel von Rhamnus cathartica und Frangula, auf denen es sich entwickelt; es ist das Aecidium Rhamni.

Aus der grossen Zahl der Pucciniaarten sei hier nur noch die Puccinia Asparagi hervorgehoben, die ihren Entwicklungsgang auf der Spargelpflanze allein vollendet. Der Spargelrost, der grosse Verheerungen auf Spargelfeldern anzurichten vermag, wird am besten durch Verbrennen des Spargelstrohes im Herbste und durch rechtzeitiges Ausschneiden der ersten erkrankenden Zweige bekämpft.

Phragmidium.

Die Arten dieser Gattung sind durch gestielte vielzellige Teleutosporen von den Pucciniaarten unterschieden. Den Teleutosporenhaufen, die auf der Unterseite der Blätter entstehen, gehen Uredosporen voraus, deren orangerothes Pulver oft in grosser Menge die Unterseite der Blätter bedeckt. Ihr Entwicklungsgang ist noch nicht genügend studirt.

Phragmidium incrassatum. Der Rost der Brombeersträucher auf Rubus fruticosus und caesius veranlasst die Entstehung rother Flecken und frühzeitiges Absterben der Blätter.

Phragmidium Rubi Idaei erzeugt ähnliche Erkrankungen auf den Blättern des Rubus Idaeus.

Phragmidium subcorticium erzeugt den Rost der Rosen.

Gymnosporangium[1]).

Die bekannten Arten dieser Gattung perenniren im Rindengewebe verschiedener Juniperusarten, veranlassen eine locale Zuwachs-

---

[1]) Oersted, Botan. Zeitung 1865 S. 291 u. a a. O.

steigerung, die sich in eigenthümlichen Anschwellungen der befallenen Aeste oder Stammtheile äussert und entwickeln alljährlich ihre Teleutosporen im Herbste unter den äusseren Rindenschichten, die dann im Frühjahr und Vorsommer als kegelförmige oder wurstförmige, gelbe oder braune gallertartige oder knorplige Fruchtkörper in grosser Anzahl aus der Rinde hervorbrechen. Diese Fruchtkörper bestehen aus den sehr langen, fadenförmigen Basidien, deren Aussenwand zu Gallerte umgewandelt ist, und den von ihnen an der Spitze getragenen zweizelligen Dauersporen. Die Bildung der Promycelien und Sporidien geht schon in der Gallertmasse vor sich, die schliesslich durch Regenwasser vollständig aufgelöst wird. Die Sporidien gelangen auf die Blätter verschiedener Kernobstgehölze und erzeugen auf diesen die Aecidienform der Gattung Roestelia.

Wünschenswerth erscheint mir eine weitere Prüfung der bisher bekannten und beschriebenen Formen, da die einzigen controlirenden Versuche, die ich anstellte, sofort zu Resultaten geführt haben, die mit dem in der Wissenschaft Angenommenen nicht übereinstimmen. Ich lasse zunächst eine kurze Beschreibung der drei angenommenen Species folgen, ohne jedoch für die Richtigkeit dieser Angaben auf Grund eigener Untersuchungen einstehen zu können.

Gymnosporangium conicum (juniperinum).

Teleutosporenfruchtlager auf Juniperus communis, halbkuglig oder kegelförmig, später zu sehr grossen, verschieden gestalteten (kugligen, birn-, eiförmigen etc.) Körpern aufquellend, goldgelb; Sporen spindelförmig, die einen braun, mit dickem Endospor, durchschnittlich 75 Mikrom. lang, 27 Mikrom. breit, die anderen gelb, mit dünnerem Endospor, ca. 66 Mikrom. lang und 17 Mikrom. breit. Die Aecidienform ist als Roestelia cornuta auf Sorbus Aucuparia, torminalis, Aronia und anderen Pomaceen beobachtet. Dieselben stehen auf orangegelben oder rothen, angeschwollenen Flecken in verschiedener Zahl zu rundlichen oder länglichen Gruppen vereinigt. Die Peridie ist von der Gestalt einer sehr langhalsigen Flasche, gelblich oder gelbbraun, hornartig gekrümmt, bis 8 mm lang, am Scheitel offen, gezähnelt, seitlich nicht oder erst spät wenig und regellos zerschlitzt.

Gymnosporangium clavariaeforme.

Teleutosporenfruchtlager auf Juniperus communis, cylindrisch zungen- oder bandförmig, oft gablig getheilt, gekrümmt und gebogen, mehr knorplig, gelb, bis 12 mm lang. Sporen spindelförmig, in der Mitte eingeschnürt, hellgelbbraun, 70—120 Mikrom. lang, 14—20 Mikrom. dick. Das Aecidium, Roestelia lacerata, kommt auf Crataegusarten vor, zahlreich in kleineren oder grösseren Gruppen auf orangegelben, angeschwollenen Flecken, oft auch weite Strecken (besonders die Früchte) überziehend, meist von Verkrümmungen und sonstigen Verunstaltungen begleitet. Peridien in der Jugend flaschenförmig, später cylindrisch-becherförmig, schmutzig weisslich, bis zu verschiedener Tiefe längsgespalten in zahlreiche aufrechte oder etwas auswärts geneigte Lappen.

Gymnosporangium Sabinae (syn. fuscum).

Teleutosporenlager auf Juniperus Sabina, virginiana, phoenicea, Oxycedrus und Pinus halepensis, frisch stumpf kegelförmig oder cylindrisch, oft seitlich etwas zusammengedrückt und nach oben schwach verbreitert, mitunter kammartig getheilt, rothbraun 8—10 mm lang. Sporen breit elliptisch, in der Mitte nicht oder kaum merklich eingeschnürt, kastanienbraun, 38—50 Mikrom. lang, 23—26 Mikrom. dick. Die Aecidien, bekannt als Roestelia cancellata, bilden sich auf Pirus communis, Michauxii, tomentosa. Auf orangegelben, rundlichen oder unregelmässigen, polsterförmig angeschwollenen Flecken zu mehreren beisammenstehend, von der Form sehr kurzhalsiger Flaschen ca. 2—2$^{1}/_{2}$ mm hoch. Pseudoperidie gelblichweiss, am Scheitel geschlossen, seitlich von zahlreichen Längsspalten durchsetzt, die bis zur Blattfläche sich erstrecken. Die so entstehenden Längsspalten sind durch kurze Querstäbchen verbunden, wodurch die ganze Peridie gitterförmig erscheint. Ich bemerke hierzu, dass ich den Birnenrost wiederholt in massenhafter Verbreitung beobachtet habe, wo von den vorhin angeführten Wirthspflanzen der Teleutosporenform in weitem Umkreise kein Exemplar zu finden war.

Gymnosporangium tremelloides.

Zu den drei vorstehend aufgeführten Arten tritt eine vierte hinzu, deren Aecidium ungemein häufig in den bayerischen Alpen auf Sorbus Aria und Chamaemespilus anzutreffen ist und

bereits als eigene Form Aecidium penicillatum beschrieben worden ist (Fig. 68).

In gleicher Häufigkeit trifft man auf Juniperus communis
daselbst eine Teleutosporenform an, die mit keiner der vorgenannten
Arten übereinstimmt, deren Zusammenhang mit der Aecidienform

Fig. 66.

Gymnosp. tremelloides auf
Juniperus communis. *aa* Te-
leutosporenfruchtlager. *b b*
Narben derselben nach dem
Abfall der Gallertmassen.

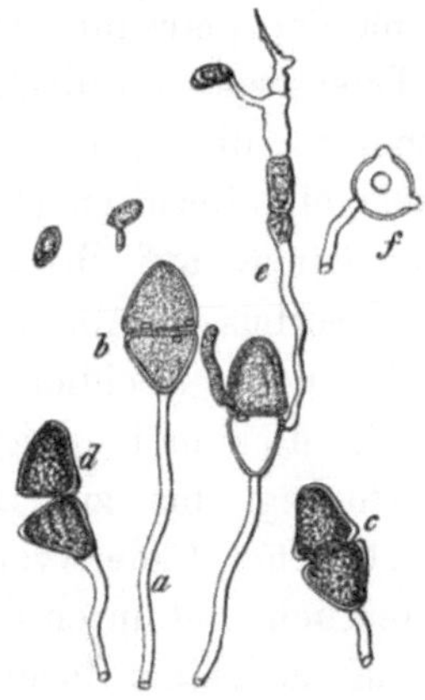

Fig. 67.

Teleutosporen von Gym-
nosp. tremelloides. *a* Basidien. *b* Ausgekeimte
Spore. *c* Noch unge-
keimte Spore mit Ein-
schnürung. *d* Desgl. mit
getrennten Zellen. *e* Ausgekeimte Teleutospore
mit Promycelium und
Sporidie. *f* Teleutospore
vom Stiel aus gesehen
mit drei Keimsporen, von
denen die mit Keim-
schlauch durch ein Ver-
sehen geschlossen dar-
gestellt ist.

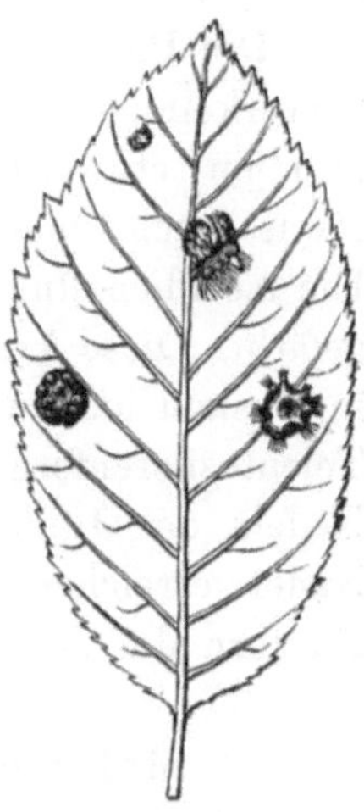

Fig. 68.

Aecidien des Gym-
nosp. tremelloides auf
Blatt von Sorbus Aria.

auf Sorbus Aria durch Infectionsversuche im Garten des hiesigen
forstbotanischen Instituts erwiesen ist.

Die Teleutosporenfruchtlager erschienen auf Juniperus communis im Mai als halbkuglige, dem Nostoc communes ähnliche, auf-
quellende, gallertartige Massen von dunkel orangegelber bis gelb-
brauner Farbe (Fig. 66aa). Sie fallen bei Erschütterung der Zweige
leicht ab und erscheinen dann die oft 1 cm grossen hellgelben,

glatten Narben (Fig. 66 bb). Die Sporen sind alle ziemlich gleich gross, nämlich etwa 40 bis 45 Mikrom. lang und 20—25 Mikrom. breit; theilweise sind die beiden kurzen, stumpf kegelförmigen Zellen, deren Höhe etwa gleich dem grössten Durchmesser ist, mit ihrer ganzen Basis untereinander verwachsen, die Wandungen etwas dunkel rauchgrau gefärbt, theils sind sie mehr oder weniger durch Einschnürung von einander getrennt, ja recht oft zerfallen die beiden Theile einer Teleutospore vollständig. Die meisten Zellen besitzen drei Keimsporen, die nahe der Querwand stehend mit denen der zweiten Zelle oft alterniren (Fig. 67).

Die Aecidien erscheinen auf Sorbus Aria, Chamaemespilus, Pirus Malus, (Sorbus torminalis?).

Die Polster, auf denen die Aecidien oft kreisförmig angeordnet hervorkommen, sind sehr dick und üppig entwickelt. Die Pseudoperidien etwas becherförmig, bis zur Basis in eine grosse Zahl etwas nach aussen gebogener Fäden von 1 mm Länge zerspalten. Die Aecidienöffnung deutlich und durch die dunklen Sporen schwarz gefärbt. Diese Art kommt nach einer Zusendung des Herrn Nawaschin in Moskau auch in Russland vor und zwar entwickelt sich dort die Teleutosporenform nicht bloss in der Rinde, sondern auch auf den Nadeln des Juniperus communis in länglichen, etwa die Hälfte der Nadel erreichenden Polstern. Die Aecidien treten dort auf den Blättern der Apfelbäume auf.

Melampsora (Calyptospora) Goeppertiana[2]).

Der Preisselbeerpilz und dessen Aecidienform, der Weisstannensäulenrost, Aecidium columnare, sind überall da zu Hause, wo sich Weisstannen befinden, ja die erstere Form kommt auch in Gebieten vor, denen die Tanne fehlt, so dass schon hierin ein Beweis dafür liegt, dass die Aecidienform nur einen facultativen Charakter besitzt.

Die von den Parasiten befallenen Exemplare des Vaccinium Vitis Idaea zeichnen sich sofort durch Wuchsform und Habitus von den gesunden Pflanzen aus.

Während letztere nur wenig vom Boden sich erheben, wachsen die vom Pilz besetzten Exemplare gerade empor, zeigen ein unge-

---

[2]) Hartig, Lehrbuch 1. Auflage. Seite 56 ff., Tafel II.

mein kräftiges Längenwachsthum, entwickeln auch wohl in demselben Jahre noch zweite Triebe. Einzeln oder horstweise ragen
die erkrankten Pflanzen über den ge-
sunden Bestand empor, bis zu 0,3 m
Höhe erreichend. Sie zeigen dabei ein
auffallendes Aussehen, indem der grössere Theil des Stengels zu Federspul-
dicke angeschwollen ist und nur der
oberste Theil eines jeden Triebes die
normale Stengeldicke behält (Fig. 69).
Der verdickte, schwammige Stengeltheil
hat anfänglich eine weisse oder schön
rosarothe Farbe, die aber bald in eine
braune, später schwarzbraune Farbe sich
verändert. Die untersten Blätter jedes
Triebes verkümmern, die oberen kommen
zur normalen Entwicklung. Inficirt man
eine gesunde Preisselbeerpflanze mit den
gleich zu erwähnenden Aecidiensporen
des Tannensäulenrostes, so bleibt der
Stengel im ersten Jahre unverändert,
obgleich sich das Mycel im Rindengewebe verbreitet. Im nächsten Jahre
werden aber die neuen Triebe in der
vorbeschriebenen Form beeinflusst. Das
Pilzmycel wächst in die neuen Triebe,
veranlasst durch Fermentausscheidung
eine Vergrösserung aller Rindenzellen,
kann diese Einwirkung aber nur so
lange ausüben, als die Zellen der neuen
Triebe noch jung sind. Da nun das
Mycel langsam im Triebe aufwärts
wächst, erreicht es die Spitze desselben
erst zu einer Zeit, in welcher die Zellen
der Rinde schon völlig ausgebildet sind
und vermag sie nicht mehr zur Vergrösserung anzuregen.

Das Mycel wächst aber bis zur

Fig. 69.

Eine Pflanze von Vaccinium
Vitis Idaea, durch Melampsora
Goeppertiana inficirt. *a* Der
inficirte Stengel mit Mycel.
b Die neuen Triebe im Jahre
nach der Infection werden unter
dem Einflusse des Mycels dicker
und nur die Spitze wird nicht
deformirt. *c* Jüngster Trieb.
d Abgestorbener Trieb.

obersten Knospe empor und kann schon in demselben Jahre deren
Austreiben veranlassen. Das intercellular perennirende Mycel entnimmt durch Haustorien die Nahrung aus den Parenchymzellen
(Fig. 70), wächst sodann gegen die Oberhaut hin, unter den Epidermiszellen keulenförmig sich verdickend (Fig. 70 aa).

Auch in die Epidermiszellen
sendet es Saugwarzen b, die sich
durch ihre Gestalt sofort unterscheiden von den in die Epidermiszellen hineinwachsenden jungen Sporenmutterzellen cc.

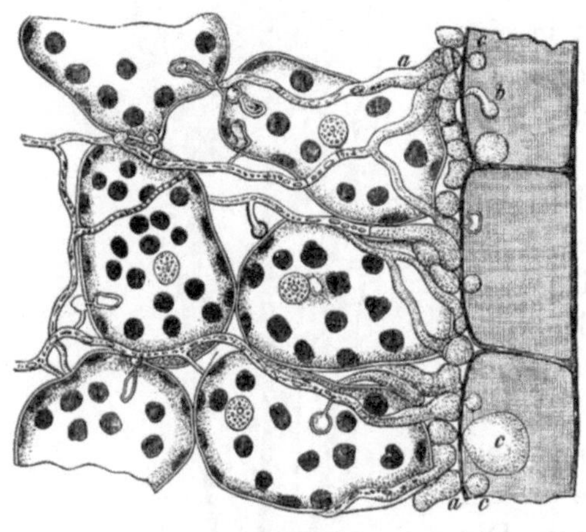

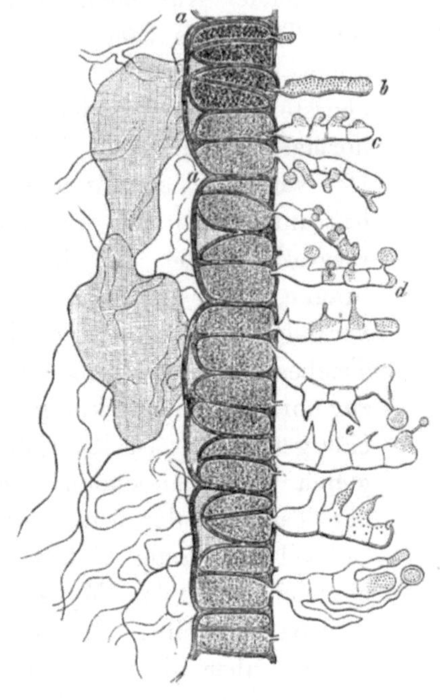

Fig. 70.

Rindenparenchym und Epidermiszellen aus dem
Stengel von Vaccinium Vitis Idaea. Das Mycel
ist intercellular und legt kurze, an der Spitze
anschwellende Aeste an die Aussenwand der
Zellen, die durch einen feinen Fortsatz durchbohrt wird, worauf sich im Innern der Zelle
eine sackartige Saugwarze entwickelt. Unter den
Oberhautzellen erweitern sich die Hyphen keulenförmig a a. Saugwarzen b und Teleutosporen-
mutterzellen cc entwickeln sich in den Epidermiszellen. $^{420}/_1$.

Fig. 71.

Oberhaut und Rinde des Preisselbeer-
stengels mit reifen und keimenden
Dauersporen der Melampsora Goeppertiana. a Die in 4 Dauersporen
getheilten Mutterzellen stehen meist
zu 6 in einer Epidermiszelle. b Promycelium einer keimenden Dauerspore,
an dem nach Entstehung von drei
Querwänden meist 4 Sporidien auf
kleinen Sterigmen sich entwickeln. c.
Vergr: $^{420}/_1$.

In jeder Epidermiszelle wachsen etwa 4 bis 8, meist 6 solcher
Mutterzellen, welche sich vergrössernd den ganzen Innenraum einnehmen, sich dann in je 4 Teleutosporen theilen, die pallisaden-
förmig nebeneinander stehen (Fig. 71 a). Im Mai des nächsten

Jahres bei feuchter Witterung keimt jede Teleutospore zu einem Promycel aus b, an dem auf kurzen Sterigmen die Sporidien sich entwickeln (Fig. 71 c). Gelangen diese auf die jungen Nadeln der Weisstanne, so dringt ihr Keimschlauch ein und aus dem Mycel entstehen nach 4 Wochen auf der Unterseite der Nadeln je zwei Reihen von Aecidien, die durch eine sehr lange Peridie ausgezeichnet sind (Fig. 72). Die Peridien platzen an der Spitze in verschiedener Weise auf und entlassen die Sporen (Fig. 73). Diese sind dadurch ausgezeichnet, dass die Zwischenzellen, welche die ein-

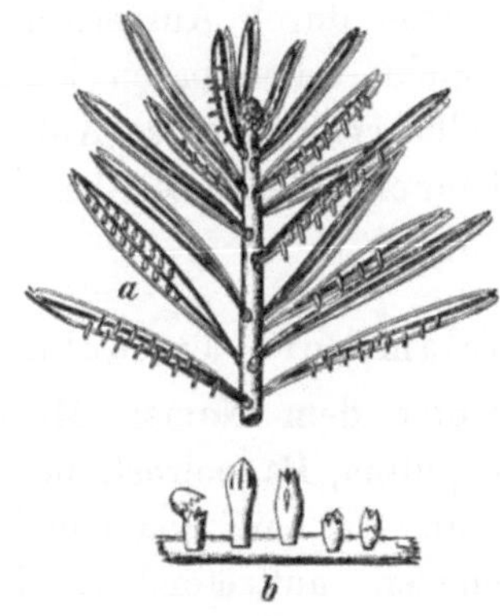

Fig. 72.

a Weisstannenzweig, dessen Nadeln auf der Unterseite zwei Reihen Aecidien der Melampsora Goeppertiana (Aecidium columnare) entwickeln. *b* Die Aecidien vergrössert.

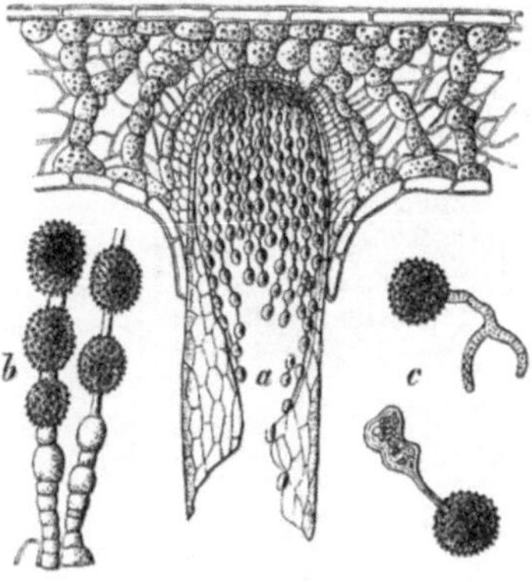

Fig. 73.

a Ein Aecidium von Mel. Goeppertiana, stärker vergrössert im Gewebe der Tannennadel. *b* Aecidiensporenreihe mit den Zwischenzellen. *c* Keimende Aecidiensporen.

zelnen Sporen von einander trennen, sehr lang gestreckt sind. Gelangen die Aecidiensporen auf die Epidermis einer Pflanze von Vaccinium Vitis Idaea, so keimen sie und zwar entweder in einem gleichmässig dick bleibenden, zuweilen sich verästelnden Schlauche, oder mit einem gegen das Ende hin sackartig sich verbreiternden Keimschlauche. Die Infection erfolgt durch eine feine von dem Sporenkeimschlauche ausgehende Hyphe.

Die Tannennadeln erhalten sich noch ziemlich lange Zeit völlig grün und fallen erst im Laufe des Sommers ab, doch habe ich noch im August grüne Nadeln mit den vertrockneten Aecidien gefunden.

Eine bemerkenswerthe Beschädigung tritt nur dann ein, wenn junge Weisstannenwüchse in einem stark erkrankten Preisselbeerbestande stehen und der grössere Theil der Nadeln erkrankt. Die Aecidienform hat einen facultativen Charakter, d. h. sie kann fehlen, ohne die Existenz des Parasiten zu gefährden, dessen Sporidien auch direct auf den Preisselbeeren zu keimen und diese zu inficiren im Stande sind.

Fig. 74.

Aspenblatt mit den Teleutosporen-lagern von Melampsora Tremulae.

Wo Beschädigungen zu befürchten sind, also bei beabsichtigten Verjüngungen der Bestände, würde man durch Ausreissen der sehr leicht erkennbaren kranken Preisselbeerpflanzen das Auftreten des Tannensäulenrostes beschränken können.

Melampsora Tremulae.

Unter dem Namen Melampsora populina, Pappelrost, bezeichnet man die auf verschiedenen Pappelarten auftretenden, dieser Gattung angehörenden Pilzformen, die noch einer genaueren gründlichen Erforschung harren.

Es giebt solche auf Populus Tremula, deren Polster sich durch geringe Grössen von denen unterscheiden, die auf Populus balsamifera (Mel. Balsamifera Thüm.) vorkommen und es scheint, dass auch die auf Populus nigra oft in massenhafter Entwicklung auftretende Form (Mel. populina Jacq.) von den beiden ersteren verschieden ist. Die Pappeln leiden an diesem Rost zuweilen in so hohem Grade, dass schon im September eine völlige Entblätterung eingetreten sein kann, nachdem das Laub durch die im Laufe des Sommers zur Entwicklung und Vermehrung gelangten Uredosporen schon im August ganz goldgelb erschienen ist.

Die Teleutosporenlager sind von der Oberhaut des Blattes bedeckt und treten als anfangs bräunlich gelbe, später schwarzbraune glatte Polster über die Blattoberfläche hervor (Fig. 74), während die gelben Uredopolster nach Durchbrechung der Oberhaut als lockere Sporenhäufchen sich zu erkennen geben.

Es scheint nun wünschenswerth, dass diese verschiedenen Pappelrostformen einer genaueren Untersuchung unterworfen werden, da die zugehörigen Aecidienformen noch nicht mit Sicherheit festgestellt sind.

Ich habe zunächst nur die auf Populus Tremula vorkommende Melampsora untersucht. Schon 1874[3]) machte ich darauf aufmerksam, dass in den von Caeoma pinitorquum befallenen Kiefernschonungen fast ausnahmslos Aspen auftreten und dass ein Zusammenhang zwischen dem Caeoma und einem auf der Aspe vorkommenden Pilz möglicherweise bestehe.

Die Melampsora Tremulae bezeichnete ich desshalb als zweifelhaft, weil dieser Pilz auch in solchen Gegenden auftritt, wo Caeoma pinitorquum nicht bekannt ist. Inzwischen ist aber doch zunächst durch Rostrup der Zusammenhang beider Pilze experimentell bewiesen und dann auch von mir bestätigt. Gleichzeitig wies ich nach, dass die Melampsora Tremulae auf der Lärche das Caeoma Laricis hervorruft.

Dann hat Rostrup auch Caeoma Mercurialis durch Infection mit Melampsora Tremulae erhalten. Rathay glaubt auch Aecidium Clematitis auf Clematis vitalba durch Infection mit Sporen der Mel. populina gewonnen zu haben.

Was zunächst Caeoma pinitorquum und Laricis betrifft, so hatte ich beide Aecidien durch Infection mit den Sporidien desselben Aspenblattes bekommen und ferner Teleutosporen der Melampsora zur Infection von Pinus benutzt, die ich durch Caeoma Laricis auf der Aspe erzogen hatte.

Wenn mir desshalb die Uebereinstimmung der beiden genannten Caeomaarten sicher bewiesen erscheint, so bleibt eine Controle auch nach dieser Richtung hin wünschenswerth, nothwendiger ist aber noch die Prüfung der Frage, ob auch Caeoma Mercurialis von derselben Melampsoraart entstammt, oder ob schon auf der Aspe verschiedene Species, welchen jene Aecidienformen angehören, vorkommen. Weiter ist zu untersuchen, ob die auf Populus nigra, alba und balsamifera vorkommenden Arten identisch sind mit jener der

---

[3]) Wichtige Krankheiten der Waldbäume Seite 91.

Aspe und endlich ist festzustellen, ob die Aecidien facultativen Charakter besitzen, was mir sehr wahrscheinlich ist. Nachfolgend schildere ich die beiden auf Nadelhölzern durch Melampsora Tremulae erzeugten Krankheiten.

Erste Form auf Pinus silvestris mit Caeoma pinitorquum. Die Kieferndreh-
krankheit. Melampsora Tremulae pinitorquum.

Diese Krankheit ist durch ganz Deutschland, vorzugsweise aber im Norden verbreitet und hat sich zumal in den Jahren 1870—73 dort in verheerender Weise gezeigt. Die Krankheit kann

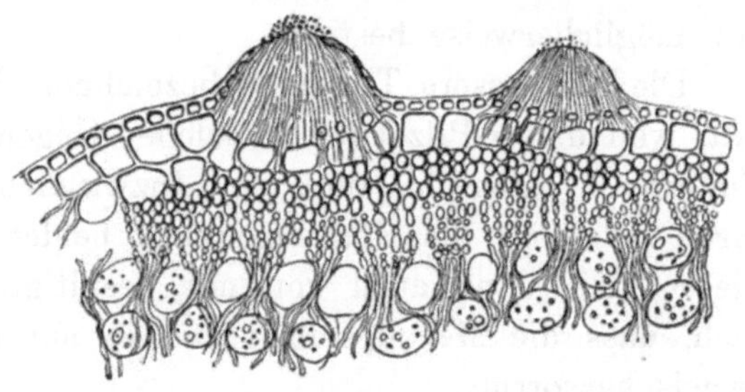

Fig. 76.

Durchschnitt durch ein Sporenlager von Caeoma pinitorquum vor dessen Aufplatzen. Zwei Spermogonienhöcker in der Epidermis.

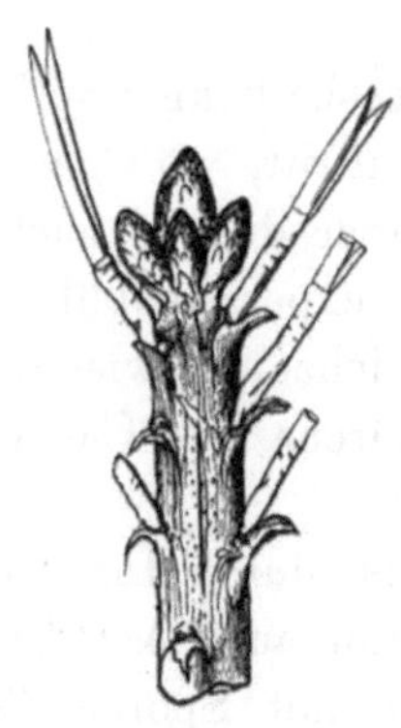

Fig. 75.

Spitze eines jungen Kieferntriebes mit aufgeplatztem Caeoma pinitorquum Sporenlager im Rindengewebe ¹/₁.

schon junge, soeben zum Vorschein gekommene Kiefernkeimlinge befallen und treten dann am Stengel oder an den Nadeln längliche hellgelbe Sporenlager aus der aufplatzenden Oberhaut zum Vorschein. Am häufigsten beobachtet man sie an jungen Kiefernculturen von 1—10jährigem Alter, weil die Infection von den am Erdboden liegenden, mit den Teleutosporen von Mel. Tremulae besetzten Aspenblättern ausgeht. Die Krankheit äussert sich darin, dass Anfang Juni, seltener schon Ende Mai, zu der Zeit, in welcher an den neuen Jahrestrieben die grünen Nadelbüschel mit ihren Spitzen schon ein wenig aus der Nadelscheide hervorgekommen sind, an dem grünen Rindengewebe der Triebe blassgelbe Stellen von 1—3 cm Länge und ¹/₂—1 cm Breite (Fig. 75) auftreten, auf denen mittelst Lupe zahlreiche kleine, etwas tiefer gelb gefärbte Höckerchen, die

Spermogonien, zu erkennen sind. Diese entstehen theils in den Epidermiszellen, theils zwischen diesen und der Cuticula, die von letzterer abgehoben wird und das Spermogonium bekleidet (Fig. 76). In der zweiten oder dritten Rindenzellschicht entsteht das Caeomalager, indem sich das intercellulare Mycel, aus dem Inneren des Stengels nach aussen wachsend, in dieser Zelllage zu einer Fruchtschicht entwickelt, welche dann auf der Spitze der Basidien nach aussen hin die Aecidiensporen in gebräuchlicher Weise abschnürt. Mit der Ausbildung dieses inneren Sporenlagers färbt sich einestheils die betreffende Rindenstelle äusserlich immer tiefer goldgelb, anderntheils erhebt sich dieselbe etwas polsterförmig, bis die äussere Rindenschicht in einem Längsrisse aufplatzt (Fig. 75) und die Sporen verstäuben. Das Gewebe der Rinde bis zum Holzkörper stirbt alsdann unterhalb des Fruchtlagers ab und überwallt im günstigen Falle binnen Jahr und Tag.

Da während der Entwicklung des Fruchtträgers und noch einige Zeit nachher die normale Längenstreckung des jungen Triebes fortdauert, diese aber an der kranken Stelle gestört ist, so krümmt sich der kranke Trieb an der vom Fruchtlager eingenommenen Stelle ein wenig, vielfach müssen aber die eintretenden Triebkrümmungen, welche dem Parasiten die Bezeichnung Kieferndreher, C. pinitorquum, verschafft haben, auf die Schwere der jungen Triebe zurückgeführt werden, welche bei einseitiger, erheblicher Verletzung eine Senkung der oberhalb der Wunde liegenden Triebspitze an Quirlzweigen zur Folge haben muss. Später wächst die Spitze wieder nach oben und entstehen so s-förmige Krümmungen. Ist die Witterung normal, dann entstehen alljährlich an den neuen Trieben einige wenige solcher Fruchtlager, ist das Wetter sehr trocken, dann verkümmern die Sporenlager in ihrer ersten Entstehung, ein Schaden ist äusserlich nicht wahrnehmbar; ist der Monat Mai und Anfang Juni sehr regenreich, dann entstehen zahlreiche Fruchtlager und diese in solcher Ueppigkeit, dass die Triebe mit Ausschluss der Basis ganz absterben und vertrocknen (Fig. 77). Eine heftig erkrankte Kiefernschonung erscheint Ende Juni so, als ob ein Spätfrost alle neuen Triebe getödtet und gekrümmt hätte. Im nächsten Jahre entwickeln sich alsdann aus den an der Triebbasis noch ·verbliebenen Nadelbüscheln die Scheidenknospen zu Scheidentrieben, die allerdings in der Folge wiederum erkranken.

Der Umstand, dass eine einmal vom Pilz befallene Kiefer Jahrzehnte hindurch alljährlich wieder von der Krankheit zu leiden
hat, berechtigt zu der Annahme, dass das Pilzmycel in den Trieben
perennirt. Von dem zuerst erkrankten Theile eines Kiefernbestandes, vom Krankheitsheerde, verbreitet sich dieselbe mit jedem Jahre
fortschreitend in centrifugaler Richtung. Es ist noch hervorzuheben,
dass ganz junge 1—3jährige Schonungen der Krankheit meist er-

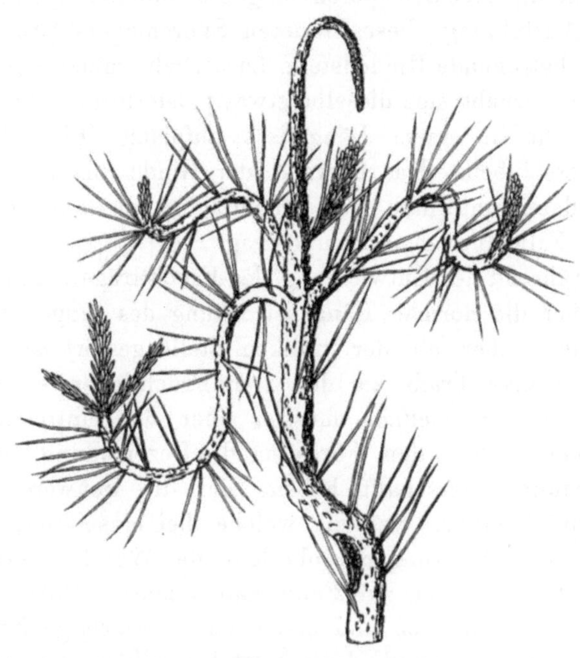

Fig. 77.
Gipfel einer durch Caeoma pinitorquum erkrankten Kiefer. Der
Gipfeltrieb ist bis nahe der Basis ganz vertrocknet. Die Quirltriebe,
sowie der Schaft zeigen alte Pilzstellen und Krümmungen.

liegen; im späteren Alter erkrankende Kiefern verkrüppeln oft so arg,
dass sie wenig Hoffnung auf einen gesunden Bestand übrig lassen,.
in der Regel treten dann aber einmal einige Jahre Ruhe ein, in
denen ein trockenes Frühjahr die Pilzentwicklung zurückhält und
die Pflanzen erholen sich dann allmälig, wenn sie auch in ungünstigen Jahren wieder beschädigt werden. Mit dem dreissigsten Jahre
etwa verschwindet die Krankheit von selbst. Aushieb der Aspen aus
den Kiefernverjüngungen ist das sicherste Mittel gegen die Krankheit.

Zweite Form auf Larix europaea mit Caeoma Laricis[4]). *Melampsora Tremulae Laricis.*

Der Lärchennadelrost ist durch ganz Deutschland verbreitet und oft so häufig, dass ein grosser Theil der Benadlung durch den Pilz zerstört wird. Er wird vielfach übersehen, weil die Beschädigung eine gewisse Aehnlichkeit mit der durch Chermes Laricis hervorgerufenen hat. Im Monat Mai treten zunächst zahlreiche Spermogonien auf den Nadeln auf, unter denen die Caeomalager als lange oder kurze gelbe Polster die Oberhaut der Nadel durchbrechen.

Nach dem Abstäuben der Sporen vertrocknen die Nadeln und fallen ab. Aushieb der Aspen aus der Nähe der Lärchenculturen schützt diese gegen die Krankheit.

Fig. 78.
Lärchennadeln mit Caeoma Laricis.

Melampsora salicina[5]). Der Weidenrost.

Auch auf den verschiedenen Weidenarten kommen mehrere Arten von Melampsora vor, die bis vor kurzer Zeit unter dem gemeinsamen Collectivnamen M. salicina zusammengefasst wurden. Nun hat zunächst Thümen nach der Form der Teleutosporen und Uredosporen eine Reihe von Arten unterschieden, deren Prüfung vollste Beachtung verdient. Einstweilen ist es Rostrup[6]) gelungen, für zwei Arten auch die Aecidien nachzuweisen und diese beiden Arten sollen nachstehend näher beschrieben werden.

Melampsora Hartigii.

Die Uredosporen erscheinen zuweilen schon Ende Mai oder Anfang Juni als kleine rothgelbe Häufchen auf der Unterseite, seltener auch auf der Oberseite der Blätter von Salix pruinosa, daphnoides,

---

[4]) Wichtige Krankheiten der Waldbäume 1874, S. 93. u. Allgem. Forst- u. Jagd-Ztg. 1885, S. 326.

[5]) v. Thümen, Mittheilungen aus dem forstl. Versuchswesen Oesterreichs II, S. 41 ff. Hartig, Krankh. d. Waldb. S. 119 ff.

[6]) Rostrup, Fortsatte Undersogelser over Snyltesvampes Angreb par Skovtraeerne Kjobenhaven 1883.

viminalis u. A.; sie vermehren sich schnell, einestheils durch inneres Mycelwachsthum, welches durch die Blattstiele auch in die Rinde der Triebe eindringt, anderntheils durch die Uredosporen selbst, welche, durch den Luftzug weiter geführt, sehr bald keimen und durchschnittlich schon am achten Tage nach der Aussaat auf ein gesundes Blatt das Hervortreten zahlreicher neuer Uredohäufchen veranlassen. Es werden die befallenen Blätter schon frühzeitig schwarzfleckig und fallen ab. Schon vor dem Abfallen resp. Absterben der Blätter entstehen besonders im Nachsommer und Herbste zahlreiche, etwa stecknadelknopfgrosse Teleutosporenlager unter der Oberhaut des Blattes (Fig. 79). Anfänglich hellbraun, später tief schwarzbraun gefärbt, überwintern diese kleinen Polster in der Substanz der am Boden liegenden, verwesenden Blätter und entwickeln dann im Frühjahr Promycelien und Sporidien. Diese Sporidien gelangen durch den Luftzug auf die Blätter der neuen Weidentriebe und rufen die Krankheit aufs Neue hervor. Auf den Blättern von Ribes alpinum, Grossularia, rubrum, nigrum erzeugen sie das Caeoma Ribesii. Diese Aecidienform dürfte aber lediglich facultativen Charakter besitzen, denn wir finden alljährlich üppige Entwicklung der Krankheit zumal nach dem Reifwerden auch da, wo weit und breit keine Ribespflanzen sind.

Fig. 79.

Melampsora Hartigii auf Salix pruinosa. *a* Lebendes Blatt mit Sporenpolster. *b* Stellenweise bereits vertrocknet. *c* Sporenlager nahe der Blattstielbasis im Stengel.

In verheerender Weise habe ich den Pilz bisher nur auf der Salix pruinosa (syn. caspica, acutifolia) angetroffen und wurden zahlreiche Weidenheger durch wiederholte frühzeitige Entblätterung völlig getödtet. Die besten Vorbeugungsmaassregeln bestehen im Zusammenrechen und Untergraben oder Verbrennen des abgefallenen, pilzhaltigen Laubes im Spätherbst bis Frühjahr, sowie im sorgfältigen Revidiren der Weidenheger während des Sommers. Sobald der Rost sich auf einzelnen Pflanzen zeigt, ist das Abschneiden und Eingraben der befallenen Ruthen rathsam. An Stelle der nacktblättrigen Salix pruinosa, welche am meisten durch den Pilz zu leiden hat, empfiehlt sich der Anbau des Bastardes Salix pruinosa × daphnoides, welcher behaart und dadurch gegen Infection mehr geschützt ist.

Melampsora Caprearum.

Dieser Weidenrost ist sehr verbreitet auf Salix Caprea, cinerea aurita, longifolia, repens, reticulata. Er entwickelt auf Evonymus die Aecidien von Caeoma Evonymi.

Es kommt ferner vor Melampsora epitea auf Salix alba, incana, purpurea, nigricans, retusa; Mel. mixta auf S. triandra, hastata, silesiaca.

Melampsora betulina auf verschiedenen Betulaarten.

- Carpini - Carpinus Betulus.
- Sorbi - Sorbus Aucuparia und torminalis.
- Ariae - Sorbus Aria.
- Padi - Prunus Padus.
- Vaccinii - Vaccinienarten.

Coleosporium Senecionis.

Die Gattung Coleosporium unterscheidet sich von der vorhergehenden dadurch, dass die Teleutosporen aus mehreren übereinander stehenden Zellen gebildet sind, von denen jede ein einzelliges Promycel mit nur einem Sporidium erzeugt.

Das Col. Senecionis, welches seine Teleutosporen und Uredosporen auf Senecio vulgaris, viscosus, silvaticus, vernalis und Jakobaea entwickelt, hat nach den Untersuchungen von Wolff[7]) in dem Peridermium Pini, dem Kiefernblasenrost, seine Aecidienform. Die als Kienzopf, Brand, Krebs oder Räude bezeichnete Krankheit der Kiefer habe ich schon im Jahr 1874 beschrieben[8]), und lasse ich hier das Wichtigste folgen.

Die Aecidien und Spermogonien kommen in verschiedener Form vor, einmal in den Nadeln verschiedener Kiefernarten, wo der Pa-

Fig. 80.

Peridermium Pini acicola mit Aecidien u. Spermogonien auf Kiefernnadeln.

[7]) Botanische Zeitung 1874.

[8]) R. Hartig, Wichtige Krankheiten der Waldb. pag. 66—80. Taf. XI. Berlin 1874.

rasit als Peridermium Pini acicola bezeichnet wird, und alsdann im Rindengewebe von Pinus silvestris, Pinus Strobus und
anderen Kiefernarten, besonders Pinus Laricio und Pinus montana,
in welcher Form der Parasit als Peridermium Pini corticola
bezeichnet wird.

Die erstere Aecidienform beobachtet man in den Monaten
April und Mai oft in ungeheurer Menge auf den 1 und 2 jährigen
Nadeln zumal jüngerer Kiefern, selten auch an alten Bäumen.
Zwischen den nur wenige Millimeter grossen rothgelben Blasen
finden sich die Spermogonien zerstreut, die im Alter braun gefärbt
werden und somit als kleine schwarze Flecken äusserlich erscheinen. Das Mycel entwickelt sich im Innern der Nadel, perennirt daselbst und kann, ohne die Nadel zu tödten, im nächsten
Jahre nochmals Aecidien erzeugen. Der Schaden, den diese Pilzform hervorbringt, ist gering, denn die von Aecidien besetzten
Nadeln sterben nicht oder nur stellenweise vorzeitig ab. Es entstehen nur missfarbige Stellen auf den Nadeln.

Um so gefährlicher kann die Form Per. Pini corticola für
jüngere und ältere Kiefernbestände werden. Auf welchem Wege
die Infection derselben erfolgt, ob immer eine Verwundung des
Rindengewebes durch Insect, Specht, Hagelschlag oder dgl. voraus-
gegangen sein muss, bleibt noch zu erforschen. Aeltere als 20
bis 25 jährige Stammtheile scheinen nicht inficirt zu werden. Das
Mycelium des Pilzes verbreitet sich intercellular zwischen den
Zellen der Rinde und des Bastgewebes und wächst von hier aus
durch die Markstrahlen bis etwa 10 cm tief in den Holzkörper
hinein.

Ueberall, wo das Mycel hingelangt, verschwindet das Stärkemehl und der anderweite Zellinhalt und an Stelle davon tritt Terpentinöl tropfenweise auf der Innenseite der Wandungen auf,
durchtränkt auch die Wandungssubstanz selbst. Es wird dadurch
selbstredend das Leben der Zelle getödtet, ohne jedoch den Eintritt
der Bräunung der Gewebe nach sich zu ziehen. Auch der ganze
Holzstamm bis zu ca. 10 cm Tiefe verkient völlig, und lässt eine
Holzscheibe von 3—5 cm Dicke noch die Lichtstrahlen durch-
dringen. Da das Mycelium auch in die Harzkanäle eindringt und
das sie umgebende Gewebe tödtet, so ist ja zweifelsohne ein Theil
des Terpentins von den höher gelegenen Stammtheilen zugewandert.

Die völlige Verharzung und oftmals ein massenhaftes Ausströmen des Terpentins aus der nach dem Absterben aufspringenden Rinde berechtigt aber zu der Annahme, dass eine directe Umwandlung des Zellinhaltes und der Zellwandungssubstanz der Parenchymzellen zu Terpentin stattfinde.

Das Mycelium wächst alljährlich über die kranke Rindenstelle hinaus und zwar in der Längsrichtung des Stammes meist etwas schneller, als in horizontaler Richtung; die Wanderung der Bildungsstoffe wird in demselben Maasse mehr auf die noch gesunde Seite des Baumes gedrängt und steigert sich hier desshalb die cambiale Thätigkeit so sehr, dass eine auffällige Verdickung der Jahresringe eintritt. Fig. 81 zeigt einen Stammquerschnitt, welcher im 15. Jahre bei a inficirt wurde und erst im 85sten Jahre mit der darüber befindlichen Stammkrone abgestorben war. Das Absterben des Gipfels erfolgt an kranken Stämmen besonders in trockenen und heissen Sommern, weil dann der grösstentheils in Kien umgewandelte Holzkörper nicht genügend Wasser passiren lässt, um den starken Wasserverlust der Krone zu ersetzen.

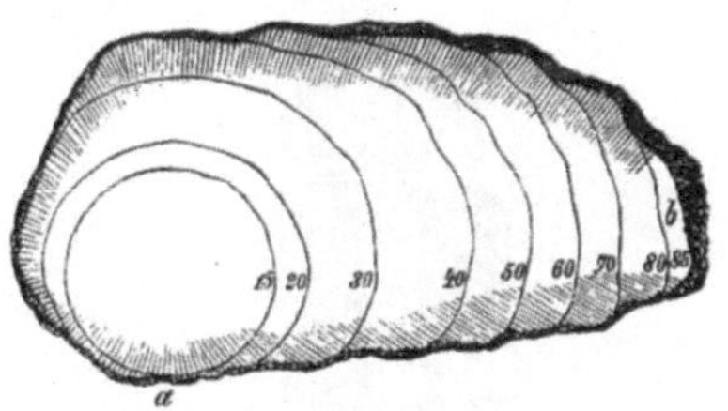

Fig. 81.

Querscheibe aus dem oberen Schafttheile einer Kiefer, welche vor 70 Jahren bei *a* durch Periderm. Pini corticola inficirt worden ist. Die Krone des Baumes war im letzten Jahre abgestorben, nachdem nur noch der bei *b* belegene Splinttheil nicht verharzt, resp. verpilzt war. Der verharzte Holztheil ist schraffirt. $^1/_{10}$ nat. Grösse.

Aecidien bilden sich der Hauptsache nach nur in der Rindenregion, die im Laufe des letzten Jahres neu erkrankte. Sie durchbrechen als halbkugelförmige, längliche und wurstförmige gelbweisse, mit rothgelbem Sporenpulver erfüllte Blasen die äusseren todten Rindenschichten im Monat Mai und Juni (Fig. 82). Zwischen denselben erkennt man nur schwer die etwa erbsengrossen flächenförmig entwickelten Spermogonien, welche aus einer zwischen der innersten Korkschicht und dem lebenden Rindengewebe gelagerten, aus zahllosen rechtwinkelig zur Korkschicht gestellten feinen Basidien gebildet sind, an deren Spitzen die kleinen Spermatien abgeschnürt werden.

Aeste und Zweige aus der Krone älterer Bäume sterben oft schon nach wenig Jahren ab, und geht dann abwärts vorrückend

der Parasit von der Astbasis oft auf den Hauptstamm über (Fig. 83).
Stirbt dieser ab und sind unterhalb der Krebsstelle noch kräftig be-
nadelte Aeste und Zweige, so bleibt der Stamm am Leben; jene
Aeste erzeugen eine Art von Ersatzgipfel, die todte Krone bildet den
Kienzopf oder Kiengipfel (Vogelkien), der von Ratzeburg als
Folge des Frasses der Kieferneule betrachtet und als Spiess be-
zeichnet wurde.

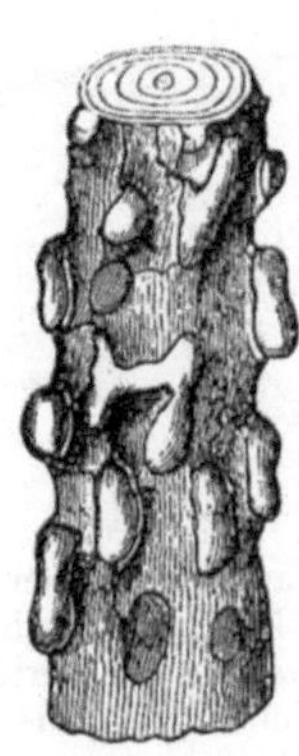

Fig. 82.

Stammabschnitt einer jungen
Kiefer, aus deren Rinde die
blasigen Aecidien des Peridermium Pini corticola hervorgebrochen sind. An drei dunkler
gezeichneten Stellen befinden
sich unter der Korkschicht
die Spermogonien.   Natürl.
Grösse.

Fig. 83.

Kiefernast, von Periderm. Pini corticola
seit mehreren Jahren befallen. Die zuerst
befallenen Zweige auf der linken Seite sind
bereits getödtet; von da aus ist das Mycel
abwärts auf den Hauptast, resp. Neben-
äste übergegangen. $^1/_5$ der natürl. Grösse.

Die Krankheit ist von diesem Beobachter auch als Motten-
dürre, d. h. als eine Folge des Frasses der Phycis abietella
(Tinea sylvestrella Ratzeb.) beschrieben worden.

Die Sporen des Kiefernblasenrostes senden ihren Keimschlauch
in die Spaltöffnung der Senecioblätter und erzeugen auf diesen zunächst die Uredoform, später die Teleutosporenlager des Coleosporium Senecionis.

Es ist bemerkenswerth, dass auch bei diesem Rostpilz das Aecidium facultativ ist, da das Coleosporium Senecionis auch ohne Entwicklung der Aecidien auf Pinus unter Bildung von Uredosporen und Teleutosporen auf Senecio sich fortpflanzen kann.

Ausrottung der Seneciopflanzen ist unter gewissen Verhältnissen zu empfehlen.

Neuerdings wurde durch Cornu festgestellt, dass die Aecidiensporen des Peridermium Pini corticola auf Cynanchum Vincetoxicum und Gentiana asclepiadea keimend eindringen und eine andere Pilzform, das Cronartium asclepiadeum, erzeugen. Es ist damit nachgewiesen, dass auf den Kiefern zwei verschiedene Pilzarten im Stande sind, Aecidien ähnlicher Art zu erzeugen. Eingehende Untersuchungen werden noch festzustellen haben, welchen Antheil die beiden Pilzarten an der Krebskrankheit der Kiefer nehmen.

Chrysomyxa.

Die Gattung Chrysomyxa ist der vorigen nahe verwandt, insofern die Teleutosporen ebenfalls aus Reihen von Zellen bestehen, von denen die oberen ein mehrzelliges Promycelium mit vier Sterigmen und Sporidien entwickeln. Die Sporenlager stellen orangegelbe dichte Polster von verschiedener Gestalt vor. Uredo- und Aecidienlager sind der Gattung Coleosporium ähnlich.

Chrysomyxa Abietis[9]). Der Fichtennadelrost ist ein durch ganz Deutschland, mit Ausnahme der höheren Alpenregionen, verbreiteter Feind der Fichte, der auch an älteren Fichten auftritt und oft genug in so grosser Menge auf den Nadeln der einjährigen Triebe sich entwickelt, dass ein grosser Theil derselben getödtet wird und abfällt.

Der Pilz ist autöcisch und entbehrt vollständig der Uredo- und Aecidienlager, entwickelt vielmehr nur seine Teleutosporenlager an den Fichtennadeln. Die Sporidien keimen auf den zarten Nadeln der neuen Maitriebe, entwickeln in deren Innerem ihr mit gelben Oeltropfen reich versehenes Mycelium, so dass schon Ende Juni der vom Pilz durchwucherte Nadeltheil durch eine mattgelbe Färbung sich zu erkennen giebt. Der erkrankte Theil kann die Basis, Mitte oder Spitze der Nadel einnehmen, färbt sich gegen den

---

[9]) Reess, Botanische Zeitung 1865 Nr. 51 u. 52 und Willkomm, Die mikroskopischen Feinde d. W. 1868 S. 134—166.

Herbst zu immer intensiver citronengelb, während der übrige Theil der Nadel grün bleibt. Schon im Herbst beginnt auf den beiden unteren Seiten der Nadel die Entwicklung des Teleutosporenlagers in Gestalt länglicher, etwas anschwellender Polster, die alsbald durch ihre mehr goldgelbe Färbung sich zu erkennen geben. In diesem Zustande überwintert der Pilz auf dem Baume, und im nächsten Frühjahre entwickelt sich das Teleutosporenlager immer mehr (Fig. 84), so dass es schliesslich die Epidermis in einem Längsrisse sprengt und nun frei als goldgelbes Polster hervortritt. Nunmehr entwickeln sich auf den Zellen der Teleutosporen die Promycelien mit ihren Sporidien, ähnlich wie dies Fig. 86 für Chr. Rhododendri zeigt, und da dies im Monat Mai zur Zeit der neuen Triebbildung der Fichte geschieht, so können die Sporidien direct auf den jungen Nadeln zur Keimung gelangen.

Fig. 84.
Fichtennadel mit Chrysomyxa Abietis, deren goldgelbe Sporenpolster noch nicht aufgeplatzt sind.

Es ist ersichtlich, dass solche Fichten, die zur Zeit der Sporidienreife noch sehr weit in der Entwicklung zurück sind, vor Infection geschützt sein werden und erklärt es sich auf diese Weise, dass manche Individuen eines Bestandes völlig frei vom Pilz bleiben, andere dagegen sehr stark befallen werden. Derartige Erscheinungen haben bei den Laien oft genug den Glauben erweckt, als hänge die Pilzerkrankung von einer krankhaften Prädisposition der Fichtenindividuen ab. Nach dem Abfallen der Sporidien vertrocknen die Teleutosporenlager, die Nadeln selbst sterben bald nachher und fallen vom Baume ab. Der Nadelverlust ist in der Regel für den Baum nicht von grossem Nachtheile, da immerhin an den älteren Zweigtheilen, sowie an den neu sich entwickelnden Trieben ein reicher Vorrath von Nadeln zurückbleibt. Nur sehr selten tritt die Krankheit eine längere Reihe von Jahren hintereinander in gleicher Heftigkeit auf, da die Witterungsverhältnisse dem Keimen der Sporidien nicht immer gleich günstig sind, und das Auskeimen der Teleutosporen in eine Zeit fallen kann, in welcher die meisten Fichten schon zu weit oder umgekehrt noch nicht weit genug in der Triebbildung vorgerückt sind, um von den Sporidien inficirt werden zu können. Mit Ausnahme eines Fichtenbestandes im sächsischen Erzgebirge habe ich denn auch noch nie einen sehr empfindlichen Schaden durch Chrysomyxa Abietis beobachtet, vielmehr kommen immer wieder Jahre, in denen die Krankheit nur sehr schwach auftritt, die Fichten einen vollen Jahrgang von Nadeln sich zu beschaffen vermögen. Ich kann mich desshalb auch nicht für die von Willkomm, Frank u. A. empfohlenen Maassregeln zur Bekämpfung des Pilzes aussprechen, da ein Aushieb der erkrankten Pflanzen u. dgl. schlimmer wäre, als das Uebel selbst.

Nicht uninteressant dürfte die Beobachtung sein, dass in dem strengen Winter 1879/80 die erkrankten Nadeln in vielen Gegenden vertrockneten und die Pilze somit nicht zur Entwicklung gelangten. Es ist ferner nicht selten gleichzeitig mit der Chrysomyxa das Hysterium macrosporum auf den Nadeln anzutreffen, wodurch letztere ebenfalls in der Entwicklung gestört und schwarzfleckig werden.

Chrysomyxa Rhododendri[10]).

Der Alpenrosenrost ist insofern von besonderem Interesse, als er heteröcisch ist, seine Teleutosporen- und Uredolager in Gestalt rundlicher und länglicher kleiner Polster gruppenweise auf den Alpenrosenblättern entwickelt, während die Aecidien (Aecidium abietinum, Fichtenblasenrost) auf den Nadeln der neuen Fichtentriebe zur Entwicklung gelangen.

Das Auftreten der Fichtenkrankheit ist somit an die Gegenwart der Alpenrosen Rhododendron hirsutum und ferrugineum gebunden, wenn auch selbstredend durch Regen und Wind eine Verbreitung der Sporidien aus den Hochlagen in die Thäler nicht ausgeschlossen ist. De Bary, dem wir die Kenntniss des Entwicklungsganges dieses Parasiten verdanken, hat aber auch den Nachweis geliefert, dass die Aecidienform entbehrlich ist, dass da, wo Fichten fehlen, die Sporidien auf den Blättern der Alpenrosen direct keimen und Uredolager erzeugen, die den Pilz im Sommer erhalten und ausbreiten, bis im Herbste wiederum Teleutosporenlager auf den Blättern der jüngsten Alpenrosentriebe entstehen. Diese überwintern und im nächsten Frühjahr erfolgt durch Auskeimen der Teleutosporen ein Sprengen der Blattepidermis (Fig. 86).

---

[10]) De Bary, Botanische Zeitung 1879.

Die Entwicklung des Parasiten in der Fichtennadel hat anfänglich Aehnlichkeit mit der der Chrysomyxa Abietis, doch schon im Juli und August bemerkt man auf dem gelb gefärbten Nadeltheile zuerst zahlreiche kleine Pünktchen, die Spermogonien, und bald darauf die die Epidermis sprengenden gelben Blasen der Aecidien, welche mit denen des Kiefernblasenrostes auf den Kiefernnadeln grosse Aehnlichkeit besitzen (Fig. 85). Wenn die Peridien an der Spitze aufplatzen, dann stäuben im August und September die Aecidiensporen in so grosser Masse, dass beim Schütteln einer kranken Fichte eine dichte Sporenwolke die Luft erfüllt. Schon im Laufe desselben Jahres sterben die erkrankten Nadeln und

Fig. 85.

Fichtennadel mit
Spermogonien und
Aecidien der Chryso-
myxa Rhododendri.

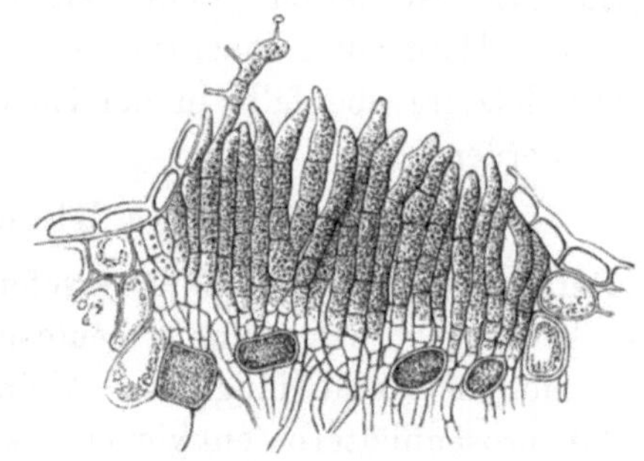

Fig. 86.

Teleutosporenlager von Chrysomyxa Rhododendri
auf Rhododendron hirsutum, nach der Sprengung
der Blattoberhaut mit sich entwickelnden Promycelien (nach de Bary).

fallen ab. Dadurch unterscheidet sich dieser Parasit sofort von der Chrysomyxa Abietis, die auf dem Baume im unreifen Zustande überwintert. An den Seitenzweigen erkranken meist nur die der oberen Seite entspringenden Nadeln. Die Nadeln der Unterseite bleiben gesund, weil sie durch die oberen gegen Infection geschützt waren.

Chrysomyxa Ledi[11]).

Dieser Parasit erzeugt auf der Fichte dieselbe Krankheitserscheinung, wie der vorige, seine Teleutosporen und Uredosporen entwickeln sich dagegen auf den Blättern von Ledum palustre. Nach brieflichen Mittheilungen tritt der Pilz in Russland in colos-

---

[11]) De Bary, Botanische Zeitung 1879.

saler Verbreitung auf, neuerdings wurde er mir auch aus dem Regierungsbezirke Königsberg zugesandt. Auch in anderen Gegenden Deutschlands, mit Ausnahme des südlichen Theiles, ist er mehrfach beobachtet, selbstredend nur da, wo Kienporst in nächster Nähe auftritt.

Von den nun folgenden Parasiten sind bisher nur die Aecidienformen bekannt und bleibt mithin noch die Erforschung des Entwicklungsganges der wohl sämmtlich heteröcischen Pilzformen der Folgezeit vorbehalten.

Isolirte Aecidiumformen.

Unter denjenigen Aecidienformen, von denen uns zur Zeit noch nicht bekannt ist, zu welchen Teleutosporenformen sie gehören, soll hier nur auf die an Waldbäumen auftretenden Arten aufmerksam gemacht werden.

Aecidium (Peridermium) elatinum[12]).

Dieser Parasit bewohnt und erzeugt die sogenannten Hexenbesen und Krebsbeulen der Weisstanne, die überall da in Deutschland zu beobachten sind, wo die Weisstanne in Beständen auftritt. Da ich an 1- und 2-jährigen Hexenbesen immer in der nächsten Nähe der Ansatzstelle, wo dieser aus einer Knospe der Weisstanne sich entwickelt hatte, kleine Verwundungen beobachtet habe, darf vorläufig angenommen werden, dass die Infection an solcher Wundstelle erfolgt. Das Mycelium des Pilzes perennirt im Rinden- und Bastgewebe des Stengels, wächst selbst in die Cambialschicht und in den Holzkörper hinein und hat einen das Wachsthum ungemein fördernden Einfluss. Findet die Infection an einem Stamme oder Zweige statt, wo keine entwicklungsfähige Knospen vorhanden sind, so entsteht daselbst durch die gesteigerte Wuchsgeschwindigkeit des Cambiums eine beulenförmige Anschwellung, die sowohl auf gesteigertem Holzwuchs als auf stärkerer Rindenentwicklung beruht (Fig. 87). Mit der Verbreitung des Mycels vergrössern sich die Beulen oder Krebsstellen und können gewaltige Dimensionen annehmen, wenn sie am Stamme kräftiger Bäume sich befinden. Das Rinden- und Bastgewebe erhält an solchen Stellen aber frühzeitig Risse (Fig. 88), vertrocknet auch hier und da bis auf den Holzkörper und es wird dadurch im Laufe der Zeit

---

[12]) De Bary, Botanische Zeitung 1867.

dem Eindringen der Holzparasiten das Thor geöffnet. Einer der häufigsten ist der Polyporus fulvus, der eine Weissfäule hervorruft. Abbrechen des Stammes bei Sturm und Schneeanhang sind oftmals Folgen dieser Holzzersetzung. Man findet nicht selten Beulen, die mit Hexenbesen in keinem Zusammenhang gestanden

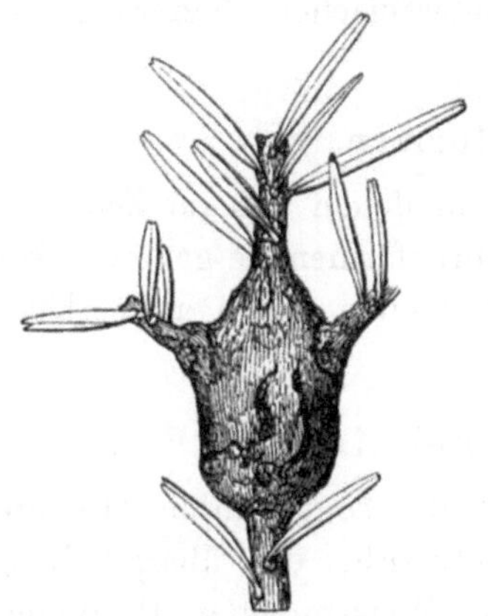

Fig. 87.
Weisstannenbeule ohne Hexenbesen. Natürl. Gr.

haben (Fig. 87), und nie kommt es an ihnen zu irgend welcher Sporenentwicklung.

Häufiger erfolgt die Infection an oder in nächster Nähe einer Knospe, und diese bildet dann nach dem Austreiben einen jungen Hexenbesen, d. h. einen Zweig, in dessen Rinde das nachwach-

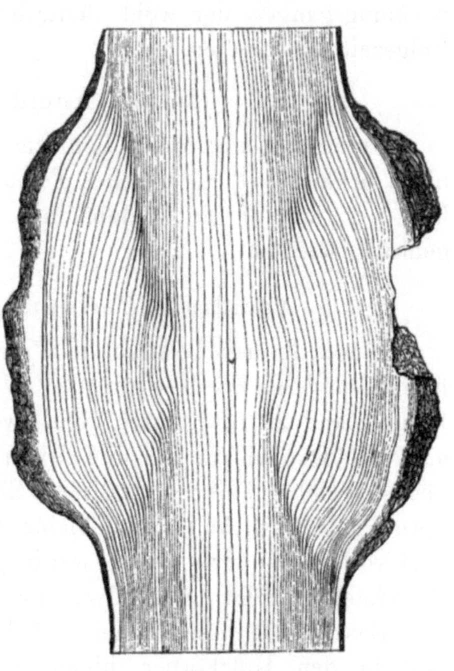

Fig. 88.
Längsschnitt durch eine 31 jährige Weisstannenbeule, die im 4 jährigen Alter durch Infection entstanden ist; auf der rechten Seite ist der Rindenkörper in der Mitte seit 3 Jahren abgestorben, vertrocknet und abgebröckelt. Rinde und Holzkörper des inficirten Theiles mit gesteigertem Wachsthum. ⅓.

sende Pilzmycel eine Wucherung, und in dessen jugendlichen Nadeln der Parasit eine solche Veränderung hervorruft, dass sie viel kleiner bleiben, einen mehr rundlichen Durchschnitt und fast gar kein Chlorophyll zeigen. Sie bleiben gelblich und auf ihrer Unterseite entstehen Anfangs August zwei Reihen Aecidien, die Ende August sich öffnen und ihre Sporen ausstreuen (Fig. 89). Bald darauf sterben die Nadeln und fallen ab. Der Hexenbesen ist somit sommergrün. Alljährlich wandert nun das Mycel in die neuen Triebe nach und ruft dieselben zuvor geschilderten Erscheinungen hervor. Die Zweige dieser eigenthümlichen Doppelwesen verästeln sich reichlich und streben meist aufwärts, so dass sie als völlig selbstständige Organismen den gesunden Tannenzweigen aufsitzen, ähnlich etwa den Mistelpflanzen. Das Mycel wandert im Rinden- und Bastgewebe auch langsam rückwärts und so entsteht an dem

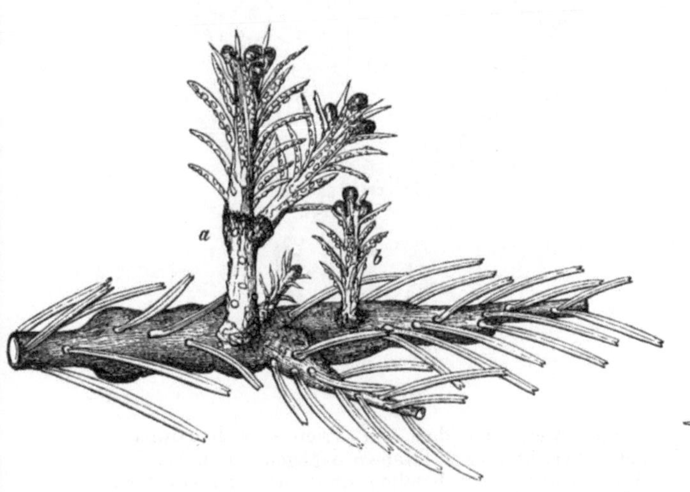

Fig. 89.

Tannenzweig mit 2 jährigem Hexenbesen (*a*). Die Fortentwicklung des Mycels im Gewebe des Zweiges hat bei *b* eine schlafende Knospe ein Jahr später zum Austreiben veranlasst. Der vom Mycel bewohnte Theil des Tannenzweiges zeigt starke Anschwellung.

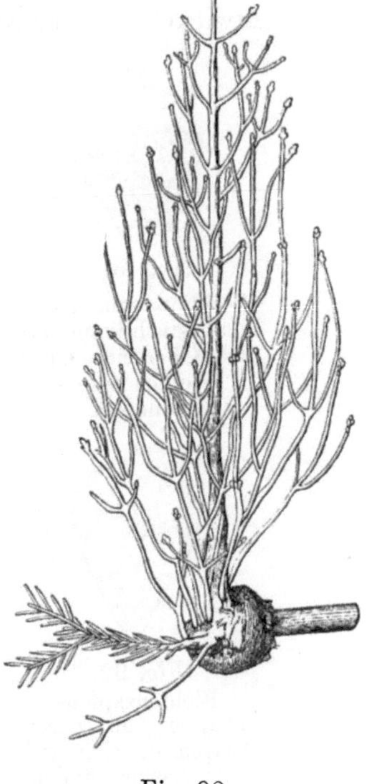

Fig. 90.

Siebenjähriger Weisstannenhexenbesen im Winterzustande, also nadellos. Der Tannenzweig, auf dem er entstanden ist, ist oberhalb der Ansatzstelle fast ganz verkümmert.

Stamme oder Zweige, dem der Besen aufsitzt, eine ebensolche Beule oder Krebsstelle, wie ich sie zuvor beschrieben habe (Fig. 90). Diese vergrössert sich selbstständig auch dann noch, wenn der Hexenbesen bereits abgestorben ist, was zuweilen erst nach 20 und mehr Jahren eintritt. Es ist schon in jungen Beständen jeder Baum, an dessen Schaft sich Krebsbeulen zeigen, bei den Durchforstungen zu beseitigen auch dann, wenn er zu der dominirenden Stammklasse gehört.

Aecidium strobilinum[13]).

Dieses Aecidium entwickelt sein Mycelium in den grünen, lebenden Zapfenschuppen der Fichte, zerstört die Blüthentheile und entwickelt vorzugsweise auf der inneren, theilweise auch auf der

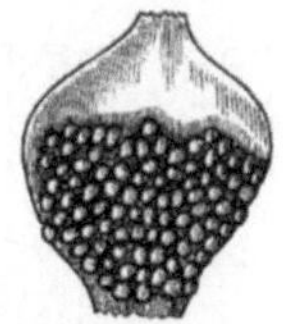

Fig. 91.
Aecidien von Aecidium strobilinum auf der Oberseite einer Fichtenzapfenschuppe.

Fig. 92.
Fichtenzapfenschuppe, an deren Aussenseite sich zwei helle Narben finden, auf denen die Aecidien aus Aec. conorum Piceae gesessen haben.

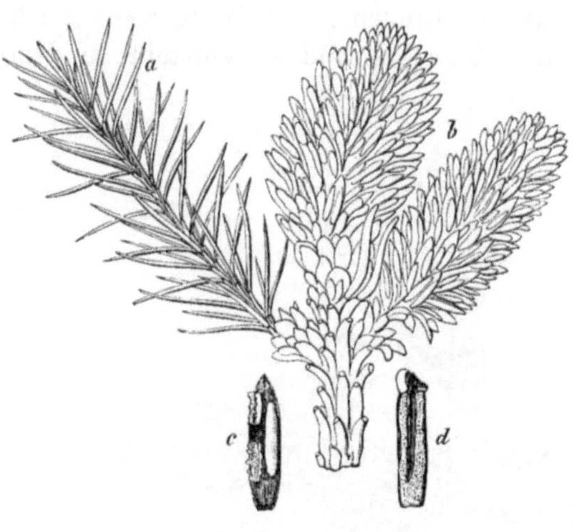

Fig. 93.
Fichtenzweig, an dem ein Trieb *a* sich normal entwickelt hat, zwei Triebe *b* dagegen durch Aecidium coruscans befallen sind. Alle Nadeln der erkrankten Triebe sind kurz und fleischig und zeigen auf den beiden oberen und unteren Seiten die Aecidien. *c* Die Unterseite, *d* die Oberseite einer erkrankten Nadel mit den Aecidien, deren Peridie bei *c* noch vorhanden, bei *d* meist abgestossen ist. (*c* u. *d* doppelte Grösse.)

äusseren Seite der Schuppen dicht gedrängt die halbkugeligen dunkelbraunen Aecidien, die sich meist durch einen Querriss öffnen (Fig. 91). Fallen solche Zapfen zur Erde, so geben sie sich leicht dadurch zu erkennen, dass sie auch bei feuchter Witterung „sperren", während die gesunden Zapfen dicht geschlossen bleiben. Diese Zapfenkrankheit kommt überall von Norddeutschland bis in die Vorberge der Alpen vor.

---

[13]) Reess, Die Rostpilzformen der deutschen Coniferen.

Aecidium conorum Piceae[13]).

Dieser Zapfenpilz ist von dem vorigen dadurch verschieden, dass auf der Aussenseite der Fichtenzapfenschuppen nur je zwei grosse Aecidien stehen, die nach dem Aufplatzen der hellen Peridien und nach dem Verstäuben helle Stellen zurücklassen (Fig. 92).

Aecidium coruscans[14]).

Dieser in Schweden und Finnland häufig auf der Fichte vorkommende Rostpilz befällt sämmtliche Nadeln junger Triebe, welche auf ihrer ganzen Länge oder nur stellenweise aufplatzen, eine goldgelbe Farbe zeigen, mit einer Peridie bekleidet sind und in ihrer Gesammtheit den Trieb als fleischigen Zapfen erscheinen lassen (Fig. 93). Diese Zapfen werden unter dem Namen „Mjölkomlor" in Schweden gegessen.

Caeoma Abietis pectinatae[15])

hat mit dem Blasen- oder Säulenrost, Aecid. columnare (Melampsora Goeppertiana) grosse Aehnlichkeit, unterscheidet sich von ihm durch das Vorkommen zahlreicher Spermogonien und durch das Fehlen der Peridie und tritt auf der Unterseite der Tannennadeln in Gestalt meist länglicher, gelber Sporenlager zu beiden Seiten der Mittelrippe auf (Fig. 94). Er ist in den bayerischen Alpen und in den Waldungen bei Passau sehr verbreitet und wohl überall da zu finden, wo die Weisstanne zu Hause ist.

Fig. 94.
Weisstannennadelrost, Caeoma
Abietis pectinatae
auf Tannennadel.

Abfallen der erkrankten Nadeln im ersten Jahre ist der an sich nicht erhebliche Schaden, der durch ihn veranlasst wird.

§ 18. Hymenomycetes. (Hutpilze.)

Die Hutpilze gehören zum grössten Theile zu den Fäulnissbewohnern und entwickeln ihr Mycelium in der humusreichen Bodenschicht oder im Innern abgestorbener Pflanzentheile, insbesondere

---

[14]) Reess, Die Rostpilzformen S. 100.
[15]) Reess, Die Rostpilzformen S. 115.

auch in todtem Holze, während die Fruchtträger oft in gewaltiger
Grösse auf der Bodenoberfläche oder ausserhalb der Pflanze zum
Vorschein kommen. Nur eine relativ geringe Anzahl der Hutpilze
ist zweifellos parasitären Charakters und für eine grosse Anzahl
wird erst die genauere Untersuchung ergeben, ob sie zu den Parasiten oder Saprophyten zu zählen sind. Das Charakteristische in
der Sporenbildung besteht darin, dass diese zu je vier auf der
Spitze von Basidien simultan erzeugt werden und diese Basidien
eine mehr oder weniger dicht gedrängte Schicht (Hymenium)
auf einem Theile oder auf der ganzen Oberfläche des Fruchtträgers
darstellen.

Exobasidium.

Die Gattung Exobasidium erzeugt charakteristische Gallen-
bildungen auf Blättern, Blüthen und Stengeln verschiedener Holz-
pflanzen, und die Basidien des vorwiegend intercellularen Mycels
drängen sich zwischen die Epidermiszellen nach aussen, um hier
auf der Oberfläche eine Hymenialschicht zu bilden. Ein eigentlicher Fruchtträger kommt gar nicht zu Stande.

Exobasidium Vaccinii[16]).

Dieser Parasit erzeugt auf Vaccinium Vitis idaea, Vaccinium
Myrtillus und uliginosum Anschwellungen der Blätter, Blüthen und
Stengel, die, theils schön weiss, theils hellrosafarben, von den durch
Melampsora Goeppertiana verursachten Anschwellungen sich dadurch unterscheiden, dass sie von den Sporen weiss bereift erscheinen, während bei jenen die glänzende Oberhaut das Sporenlager bedeckt, dass sie ferner mehr an der Unterseite der Blätter
oder an der Blüthentraube als am Stengel entstehen (Fig. 95). Die
mikroskopische Untersuchung lässt sofort erkennen, dass an der
Spitze der keulenförmigen Basidien auf vier zarten Sterigmen die
langen etwas gekrümmten Sporen stehen.

Auf den Blättern der Alpenrosen bildet derselbe Pilz, der
früher als besondere Art Exob. Rhododendri beschrieben wurde, die
bekannten „Alpenrosenäpfel" (Fig. 96). Sie haben die grösste
Aehnlichkeit mit manchen Cynipsgallen der Eichenblätter und sind
im ganzen Alpengebiet verbreitet, soweit die Alpenrosen vorkommen.

---

[16]) Woronin, Verhandl. der naturf. Gesellsch. zu Freiburg 1867 IV.

Trametes radiciperda[17]).

Der gefährlichste Parasit der Nadelholzbestände ist zweifellos die Trametes radiciperda, insofern sie nicht allein die am meisten gefürchtete Art der Rothfäule, sondern auch vorzugsweise das Lückigwerden der Nadelholzwaldungen in jüngerem oder höherem Alter veranlasst. Sie ist von mir bisher an verschiedenen Kiefernarten, insbesondere Pinus silvestris und Strobus, dann vorzüglich an Picea excelsa, Abies pectinata, Juniperus communis etc. beobachtet worden. Zwar fand ich auch zuweilen Fruchtträger an den Wurzeln

Fig. 95.

Zweig von Vaccinium Vitis idaea mit Fruchtlagern von Exobasidium Vaccinii auf den Blättern a a und im Stengel.

Fig. 96.

Alpenrosenäpfel auf Rhododendron hirsutum.

alter Stöcke von Betula, an von Mäusen beschädigten Rothbuchen, doch ist mir noch zweifelhaft, ob sie an Laubhölzern als Parasit auftritt.

Die Krankheit tritt nicht selten schon in 5—10jährigen Schonungen, doch auch noch in 100jährigen Beständen auf, und sieht man hier und da einzelne Pflanzen blassgrün werden und plötzlich nach freudigem Wuchse absterben. Wir werden sehen, dass ganz ähnliche Symptome der Erkrankung bei den durch Agaricus melleus

[17]) R. Hartig, Zersetzungserscheinungen des Holzes pag. 14 ff. Taf. I—IV.

Unter dem Namen Polyp. annosus Fr. ist eine Mehrzahl verschiedener Pilzarten, darunter auch die Trametes radiciperda beschrieben. Diese Beschreibung ist aber erst in der 2. Auflage von Fries Systema, welche einige Jahre später erschien, als ich die Tr. radiciperda beschrieben hatte, in genügender Genauigkeit enthalten. Dem Namen Tr. rad. gebührt desshalb auch die Priorität und ist vorzuziehen, weil jede Verwechselung ausgeschlossen ist.

inficirten Pflanzen zu beobachten sind. In der Nähe einer getödteten Pflanze, mag diese auf dem Stocke verblieben oder gefällt
worden sein, sterben bald darauf andere Bäume ab und so greift
im Laufe der Jahre in centrifugaler Richtung das Absterben weiter
um sich. Es entstehen grosse Lücken und Blössen in dem zuvor
völlig geschlossenen Bestande. In der Regel zeigt sich anfänglich
in einem Bestande nur eine oder eine sehr geringe Anzahl von

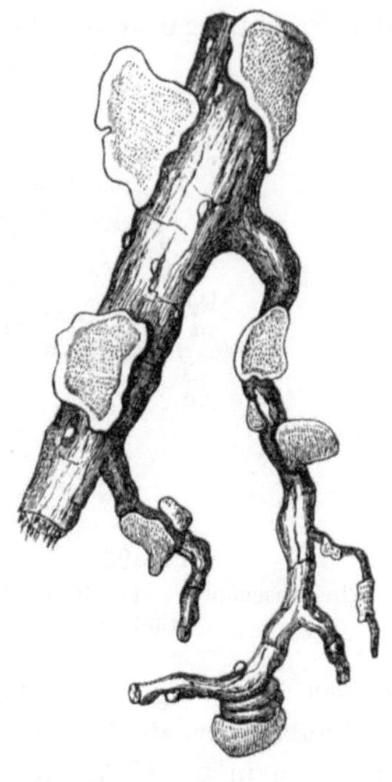

Fig. 97.
Fichtenwurzel mit Fruchtträger der
Trametes radiciperda. ¹/₁.

Fig. 98.
Mycelbildungen der Trametes
radiciperda auf Fichtenwurzel,
deren äussere Rindenschuppen
im unteren Theile entfernt sind,
so dass das häutige Mycel bei
aa erkennbar ist, während im
oberen Theile nur Mycelpolster *b*
zwischen den Schuppen hervor-
stehen. ²/₁.

kranken Stellen, haben diese einige Jahre sich vergrössert, dann sieht
man überall zerstreut im Bestande neue Krankheitsheerde entstehen.

Untersucht man die abgestorbenen Bäume an den Wurzeln,
so findet man bei den Kiefern meist nahe der Bodenoberfläche am
Wurzelstocke oder auch an tiefer eingedrungenen Wurzeln, bei der
Fichte vorherrschend nur an den Wurzeln die auf der Hymenialfläche schneeweissen Fruchtträger (Fig. 97), die als sehr kleine gelb-

weisse Pilzpolster zwischen den Rindenschuppen hervortreten, mit ähnlichen Nachbarpolstern zu eins verschmelzen und ausnahmsweise zu 30—40 cm Grösse heranwachsen. Zwischen den Rindenschüppchen erkennt man sich verästelnde Mycelhäute, die von den Mycelbildungen des Agaricus melleus durch äusserste Zartheit sich unterscheiden (Fig. 98). Sie erreichen kaum die Stärke des feinsten Seidenpapiers und nur da, wo sie zwischen den Rindenschuppen hervorwachsen, schwellen sie zu gelbweissen Pilzpolstern von Stecknadelknopf- bis Erbsengrösse an. Die Wurzeln, und von ihnen ausgehend das Stamminnere bis zu bedeutender Höhe hinauf ist verfault (rothfaul) (Taf. Fig. 1). Nur bei der gemeinen Kiefer steigt die Fäulniss über die Stockhöhe im Stamme nicht weiter empor.

Die Lebensweise des Parasiten ist, in der Kürze dargestellt, folgende. Die in der Hymenialschicht der unterirdischen Fruchtträger entstehenden Sporen werden in der Regel nur dann weiter sich verbreiten, wenn sie verschleppt werden. Da Fruchtträger vorzugsweise da entstehen, wo Mäusegänge an kranken Wurzeln vorübergehen, so liegt der Gedanke nahe, dass die Mäuse oder andere in Erdhöhlungen lebende Thiere in ihrem Pelze die Sporen verschleppen und gelegentlich an gesunde Wurzeln, vielleicht weit entfernt von dort, abstreifen. Die Sporen keimen leicht in feuchtwarmer Luft und das Mycel kann, zwischen Rindenschuppen eindringend, hier oder da in das lebende Rindengewebe gelangen. Von nun an schlägt es einen zweifachen Entwicklungsgang ein. Es dringt in den Holzkörper und wächst mit grosser Geschwindigkeit in diesem stammaufwärts. Eine violette Färbung des Holzes ist das äussere Symptom für den Zersetzungszustand, in welchem der Inhalt der parenchymatischen Zellen durch die Fermentwirkung des Mycels getödtet und gebräunt wurde. Diese verschwindet mit dem Verlust des plasmatischen Zellinhalts und eine hellbräunlichgelbe tritt an deren Stelle, wobei einzelne schwarze Flecken zurückbleiben. Diese umgeben sich später mit einer weissen Zone, und gleichzeitig wird das Holz immer leichter und schwammartiger. Zuletzt entstehen zahlreiche Löcher, das Gewebe zerfasert, ist wasserreich und hellbraungelb, nie schwarzbraun.

Die Pilzhyphen wachsen im Innenraum der Holzelemente aufwärts, durchbohren mit Leichtigkeit die Zellwandungen und indem

sie sich seitlich verästeln, gelangen sie auch in die Markstrahlzellen und in die Nachbarfasern. Die erste wahrnehmbare Veränderung des Holzes äussert sich, wie schon oben gesagt, in Bräunung
und theilweisem Verbrauch des Inhaltes der lebenden Zellen, sodann erfolgt eine vom Lumen nach aussen fortschreitende Umwandlung der Holzwandung in Cellulose, die schnell völlig aufgelöst
wird, bis zuletzt auch das zarte Skelett der Mittellamelle verschwindet. Stellenweise erfolgt dieser Process mit grösserer Geschwindigkeit. Es finden sich nämlich hier und da in unmittelbarer
Nachbarschaft der Markstrahlen die Tracheiden mit einer braunen
Flüssigkeit erfüllt, die, wahrscheinlich aus den Markstrahlen stam-
mend, das Pilzmycel sehr üppig ernährt und bräunt, so dass ein
Mycelnest von brauner Farbe entsteht. Von diesem wird dann
eine so energische Fermentwirkung ausgeübt, dass die incrustirenden Substanzen aus den benachbarten Tracheiden vollständig verschwinden und diese auf mehrere Millimeter Entfernung hin völlig
in Cellulose umgewandelt und dadurch farblos, d. h. weiss werden.
Es löst sich dann fast unmittelbar nach der Umwandlung in Cellulose die Mittellamelle vollständig auf und die einzelnen Holzor-
gane werden isolirt, so dass sie wie Asbestfäden bei Berührung
mit einer Nadel zerfallen. Sie werden allmälig aufgelöst und es
entstehen immer grösser werdende Löcher in der mürben Holzsubstanz.

Während in vorstehend dargestellter Weise die Zersetzung des
Holzes zuweilen bis in einer Höhe von 8 m und mehr durch das
Holzmycel herbeigeführt wird, wandert der Parasit im Rindengewebe weit langsamer vorwärts und hat hierselbst drei verschiedene Erscheinungen zur Folge. Indem das Mycel von der
Infectionsstelle aus sowohl der Wurzelspitze als dem Stamme zu-
wächst, tödtet es die Rinde und damit die Wurzel, und wenn es
nach Verlauf einiger Jahre den Stamm erreicht hat, tritt es vom
Wurzelstock aus auch an die bisher gesund gebliebenen Wurzeln.
Sobald diese nun von der Krankheit ebenfalls ergriffen worden
sind, stirbt der Baum ab. Eine zweite Function des Rindenmycels
besteht in der Bildung der Fruchtträger, die hier und da an den
Wurzeln oder am Wurzelstock zwischen den Rindenschuppen hervortreten und zur Entstehung neuer kranker Stellen im Walde
führen, wie das bereits zuvor dargestellt wurde.

Eine dritte Function ist die Verbreitung der Krankheit unter der Erde durch Mycelinfection. Da, wo eine kranke Wurzel in Berührung mit einer gesunden Wurzel eines Nachbarbaumes tritt (Fig. 99) oder wohl gar mit dieser verwachsen ist, was ja im geschlossenen Waldbestande ungemein oft beobachtet werden kann, da wächst das Mycel, welches zwischen den Schuppen in Gestalt kleiner Polster hervortritt, in die Rinde des Nachbarbaumes hinein, und ist es leicht, einen Baum künstlich zu inficiren, wenn man ein Rindenstück mit lebendem, noch zuwachsfähigem Mycel auf dessen Wurzelrinde auflegt und festbindet.

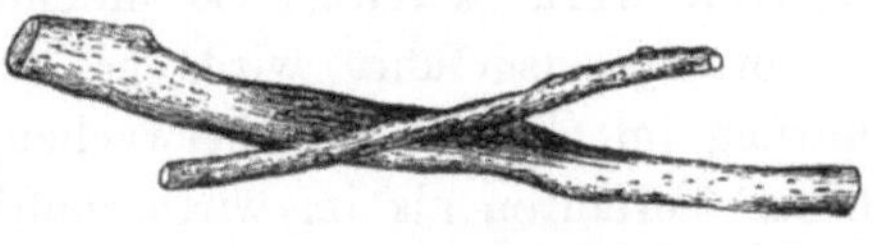

Fig. 99.

Infection einer gesunden Fichtenwurzel durch eine schwächere, dieselbe berührende, welche von Trametes radiciperda getödtet worden ist. Von der Contactstelle ist beiderseits die Erkrankung soweit vorgeschritten, als die Figur dunkel gezeichnet worden ist. $\frac{1}{8}$ der natürl. Gr.

Durch unterirdische Verbreitung des Mycels von Stamm zu Stamm entstehen jene Blössen in den Waldungen, die sich alljährlich durch Absterben der Randbäume vergrössern, ohne dass man früher irgend eine Ursache dieser Erscheinung angeben konnte. Die Krankheit gehört desshalb zu den gefährlichsten Formen der „Rothfäule", weil die Holzverderbniss schnell und weit im Stamm aufwärts steigt und zugleich den Tod der Bäume nach sich zieht. Sie ist in den Kiefernwaldungen Norddeutschlands ebenso verbreitet, wie in den Fichtenbeständen zumal der Vorberge, jedoch mit dem Unterschiede, dass die Kiefern, wenn sie vom Parasiten getödtet werden, meist nur in den Wurzeln todt und faul sind, dass aber der Stamm mit Ausschluss des Wurzelanlaufes keine Zersetzungserscheinungen erkennen lässt. Im Wurzelstock pflegt das Holz stark verharzt zu sein, und glaube ich nicht zu irren, wenn ich in dem reichen Harzgehalte der Kiefer gerade im unteren Stammtheile ein Hemmniss für das Emporwachsen des Pilzmycels erblicke. Bei der harzärmeren Weymouthskiefer steigt die Holzzersetzung hoch im Stamme empor.

Es erscheint nothwendig, schon von Jugend auf in den Nadelholzbeständen die kranken oder getödteten Pflanzen zu entfernen. In älteren Beständen kann man die erkrankte Stelle durch schmale Stichgräben isoliren, indem man in diesen Gräben alle Wurzeln durchsticht oder durchhaut. Selbstredend wird man, um den Zweck zu erreichen, den Graben soweit von der Blösse in den Bestand verlegen, dass voraussichtlich alle bereits erkrankten Bäume mit eingeschlossen werden. Es genügt in der Regel, wenn man die nächsten Randbäume der Blösse mit einschliesst. Bemerkt der Arbeiter, dass eine todte Wurzel den Graben kreuzt, dann muss an dieser Stelle der Graben etwas weiter in den Bestand verlegt werden, weil sonst die Arbeit vergeblich sein würde. So unfehlbar dieses Verfahren ist, wenn es correct ausgeführt wird, so schwer ist es, die correcte Ausführung im Grossen zu überwachen, so dass ich Bedenken trage, dieses Verfahren als im wirthschaftlichen Betriebe ausführbar noch weiter zu empfehlen. Der Einwand, dass im Graben sich die Fruchtträger entwickeln, erscheint nicht stichhaltig, da es ein Leichtes ist, alljährlich einmal die Gräben zu revidiren und die Fruchtträger zu beseitigen. Ist in einem Bestande der Pilz schon an vielen Stellen zu bemerken, dann hilft auch die sorgfältigst durchgeführte Isolirung nicht mehr. Die Blössen sind entweder mit Laubholz aufzuforsten, oder wo dies aus irgend einem Grunde unthunlich erscheint und man zum Nadelholz greifen muss, da sind die jungen Aufforstungen im Auge zu behalten, um rechtzeitig neuen Erkrankungen durch Ausreissen der inficirten Pflanzen zu begegnen.

Trametes Pini[20]).

Dieser Parasit ist in den Kiefernbeständen Norddeutschlands ungemein verbreitet, in Süddeutschland ist er weniger häufig und tritt hier besonders in Fichtenbeständen auf. Er kommt ferner in den Fichtenbeständen des Harzes, Thüringerwaldes, Schlesiens und endlich auch in Lärchen- und Tannenbeständen des Riesengebirges vor.

Er erzeugt die sogenannte Rindschäle, Ringschäle oder Kernschäle, die fast immer von den Aesten, also meist von der Krone der Bäume ausgeht.

Die braunen, holzigen, ein Alter von 50 Jahren erreichenden Fruchtträger kommen bei der Kiefer und Lärche nur an Aststellen (Fig. 100), bei den Fichten und Tannen auch direct aus

[20]) R. Hartig, Wichtige Krankheiten d. Waldbäume S. 43. Zersetzungserscheinungen S. 32 Taf. V u. VI.

der Rinde hervor, und variirt ihre Gestalt zwischen Krustenform und Console.

Die an diesen Fruchtträgern alljährlich entstehenden Sporen werden durch den Wind zerstreut, und wenn sie auf eine frische Astwundstelle gelangen, welche durch Harzüberzug nicht geschützt ist, so dringt der Keimschlauch ein und wächst in den Holzstamm,

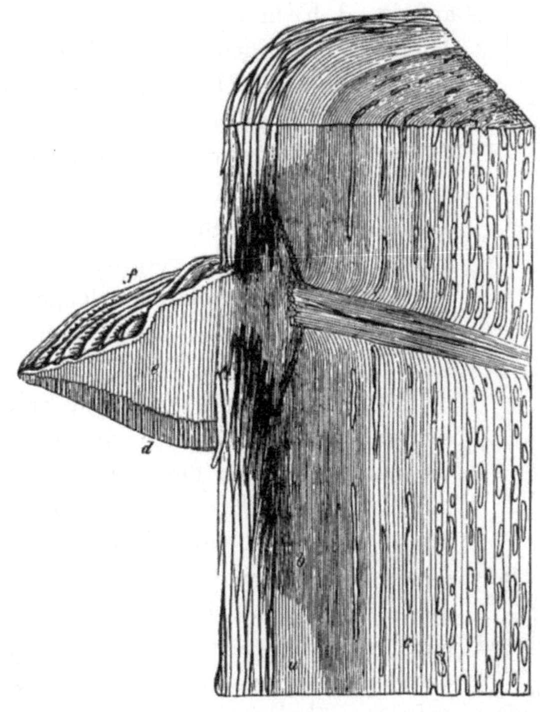

Fig. 100.

Kiefernstammstück mit Fruchtträger von Trametes Pini.
a Gesundes Splintholz. b Verkientes Holz in der Nähe des Fruchtträgers. c Zersetztes Holz. d Sporenerzeugende Kanäle. e Zuge-
wachsene ältere Kanäle. f Gezonte Oberseite. ½ natürl. Grösse.

theils aufwärts, theils abwärts wandernd. Jüngere Bäume sind desshalb vor Infection gesichert, weil etwaige Verwundungen sehr schnell durch austretendes Terpentinöl geschützt werden. Erst von dem Alter an, in welchem ein wasserarmes Kernholz sich bildet, tritt dasselbe nicht mehr aus dem mittleren Theile einer Astwunde hervor, derselbe wird angriffsfähig für Pilzsporen und desshalb sieht man diese Zersetzung meist erst nach dem 50 sten Jahre auftreten.

Das Mycel wächst mit Vorliebe in der Längsrichtung des Stammes, die Verbreitung in horizontaler Richtung erfolgt mit grösserer Geschwindigkeit innerhalb derselben Jahresringe und so kommt es, dass oftmals die Zersetzung als Ringschäle auftritt, d. h. in peripherischen Zonen um einen Theil oder um den ganzen Stamm stärker vorgeschritten ist. Das Holz färbt sich zunächst etwas tiefer rothbraun, sodann treten hier und da weisse Flecke oder Löcher auf, die zumal bei der Kiefer gern im Frühjahrsholze desselben Jahresringes bleiben und sich in der Längsachse des Stammes vergrössern, so dass die harzreichen Herbstholzzonen lange Zeit hindurch allein übrig bleiben, bevor auch sie der Zersetzung anheimfallen. (Taf. Fig. 2.)

Auf der Grenze zwischen Splint und zersetztem Holze bildet sich eine harzreiche Zone, die dem Vorrücken des Pilzmycels nach aussen hindernd entgegentritt. Nur bei der harzarmen Tanne und an Fichtenästen fehlt diese Zone an den mir vorliegenden Objecten, wesshalb auch der Pilz bis zur Rinde und in diese hinein leicht vorzudringen vermag. Die Fermentwirkung des Parasiten äussert sich da, wo weisse Stellen auftreten, ähnlich der bei Tram. radicip. beschriebenen. Der Holzstoff wird aus der Wand extrahirt und reine Cellulose bleibt zurück. Die Mittellamelle löst sich alsbald nach Verlust des Holzstoffes völlig auf, so dass die Tracheiden vor der völligen Auflösung isolirt werden (Fig. 101 aa—b). Die das Lumen begrenzende innerste Lamelle erhält sich am längsten und

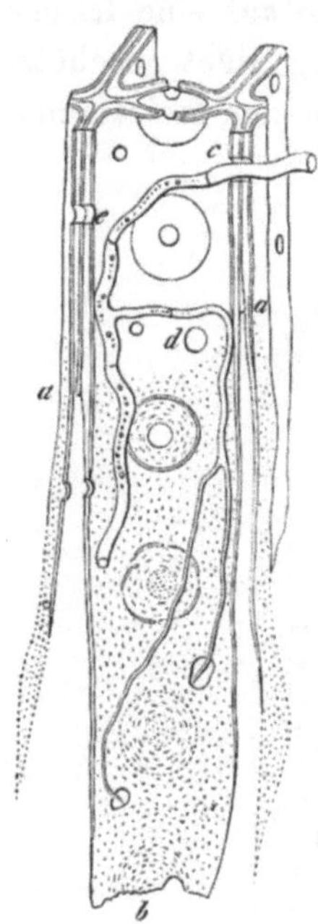

Fig. 101.

Tracheide von Pinus silvestris, durch Trametes Pini zerstört. Die primäre Zellwand ist bis zu *a a* völlig aufgelöst. Die secundäre und tertiäre Wandschicht ist im unteren Theile nur noch aus Cellulose bestehend, in welcher die Kalkkörnchen deutlich erkennbar werden *b*. Pilzfäden *c* durchbohren die Wände und hinterlassen Löcher *d* und *e*.

zeigt vor der Auflösung eine feine Körnelung, welche von den Aschenbestandtheilen der Wandung herrührt.

Zur Fruchtträgerbildung kann es erst dann kommen, wenn

sich der Pilz im Innern des Baumes reich entwickelt hat; es wandert dann das Mycel an solchen Stellen, wo todte Aststutzen die Splintschicht durchsetzen, nach aussen und entstehen dort die Fruchtträger, nach deren gewaltsamer Entfernung sich in der Regel eine Mehrzahl neuer Fruchtträger in kurzer Zeit bildet.

Es ist desshalb auch mit der Beseitigung dieser nicht gedient, vielmehr müssen die „Schwammbäume" bei den Durchforstungen und „Totalitätshauungen" immer entfernt werden. Man beseitigt damit die Gefahr der Infection und nützt den Stamm noch, bevor er völlig durch die fortschreitende Zersetzung entwerthet ist. Oftmals ist die Krankheit, wenn schon „Schwämme" am oberen Schafte zum Vorschein kommen, in den unteren werthvollen Stammtheil nicht hinabgestiegen und kann nach Ablängung des oberen Theiles noch ein gutes Nutzende liegen bleiben. Wartet man mit der Wegnahme der Schwammbäume bis zum Abtriebe des Bestandes, dann erhält man nur sehr geringwerthiges Anbruchholz. Selbstredend ist auch dem frevelhaften Abreissen oder Absägen grüner Aeste zu steuern, um die Möglichkeit der Infection zu vermindern. Alte, von selbst abgestorbene Aeste können von dem Pilze nicht angegriffen werden.

In der Nähe der Städte und Dörfer, wo viel gefrevelt wird, zeigt sich diese Krankheit am häufigsten, ebenso in Bestandeslagen, welche dem Winde stark exponirt sind und somit häufige Astbrüche zeigen.

Polyporus fulvus[21]).

Der Polyporus fulvus erzeugt eine Art von Weissfäule an Tannen und Fichten, und tritt besonders gern in Verbindung mit der Weisstannenkrebskrankheit auf. Offenbar erfolgt die Infection in der Natur mit Vorliebe an solchen Stellen der Krebsbeulen, wo die Rinde aufgeplatzt ist und der Holzkörper frei liegt. Das Mycel ist anfänglich sehr kräftig, hat eine gelbliche Farbe und entwickelt zahlreiche kurze Seitenäste, die darmartig verschlungen sind und gern den Hofraum der Tracheidentüpfel ausfüllen. Von diesem kräftigen Mycel entspringen einzelne äusserst zarte Seitenhyphen, welche sehr feine Bohrlöcher in den Wandun-

---

[21]) R. Hartig, Die Zersetzungserscheinungen des Holzes. Seite 40 ff.

gen veranlassen. Erst in höheren Zersetzungsstadien sieht man, dass die Mittellamelle zuerst verschwindet und dann die inzwischen schon sehr verdünnten inneren Wandungen, die einige Zeit hindurch isolirt sind, aufgelöst werden. In diesem Stadium ist das Mycel von äusserster Feinheit. Das Weisstannenholz erscheint gelblich und zeigt bei genauer Betrachtung auf glattem Schnitte längliche helle Flecken. Auf der Grenze gegen das gesunde Holz veranlassen die kräftigen, gelbgefärbten Hyphen die Entstehung dunkler schmaler Linien. (Taf. Fig. 4.)

Da das Weisstannenholz nicht im Stande ist, durch Bildung einer stärkeren Harzzone das Vordringen des Mycels in die jüngsten Holzschichten zu verhindern, so wächst dasselbe auch leicht nach aussen in den Rindenkörper hinein und treten auf diesem durch gleichmässiges Hervorwachsen des Mycels die Fruchtträger zum Vorschein. Anfänglich halbkugelförmig, nehmen sie im Laufe der Jahre immer mehr Consolenform an. Sie sind äusserlich auf der Hymenialfläche gelbbraun, im Uebrigen aschgrau, fast glatt, ohne Zonen und nur mit äusserst zarten Punkten oder Grübchen übersäet. Das Innere ist löwengelb, glänzend, zeigt deutliche Zonen mit Ausnahme der Porencanäle, welche alljährlich sich nach unten verlängern, ohne irgend welche Zonen zu zeigen. Die Erfahrung, dass Weisstannen mit Krebsbeulen früher oder später bei Schneedruck oder Sturm an der Krebsstelle brechen, hat in vielen Revieren, z. B. im württembergischen Schwarzwalde, dahin geführt, bei jeder Durchforstung alle Krebsstämme, auch wenn dies dominirende Bäume sind, zu fällen. Dadurch wird der Verbreitung des Polyporus fulvus am sichersten entgegen getreten.

Polyporus borealis[22]).

Der Polyporus borealis erzeugt eine höchst eigenartige Weissfäule der Fichte, die ich auch im Harze beobachtete, die in den Salzburger und bayerischen Alpen und in den Fichtenbeständen bei München die verbreitetste Zersetzungsform der Fichte ist. Infection und Fruchtträgerbildung erfolgen oberirdisch. Die Fruchtträger fallen durch die weisse Färbung schon von weitem auf, sind annuell, mehr oder weniger consolenförmig, oft in der

---

[22]) R. Hartig, Zersetzungserscheinungen, Seite 54 ff.

Mehrzahl übereinander stehend und untereinander verwachsen. Sie
sind sehr wasserreich, auf der Oberfläche etwas zottig, ohne Zonen.
Das Holz verändert seine Farbe in Folge der Zersetzung nur

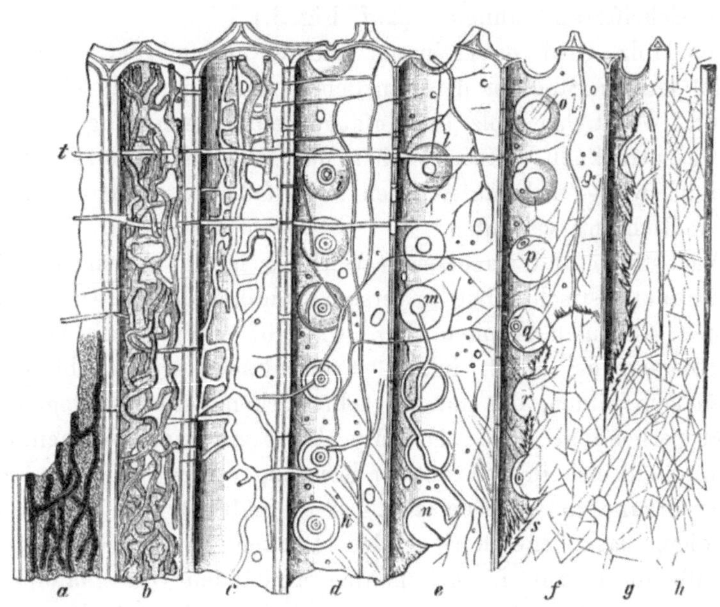

Fig. 102.

Zersetzung des Fichtenholzes durch Polyporus borealis.
a Tracheide mit üppig entwickeltem Mycel in einer aus den
Markstrahlen stammenden braungelben Flüssigkeit. *b* u. *c* Die
Pilzfäden sind noch bräunlich gefärbt und sehr kräftig entwickelt.
d u. *e* Die Wände sind schon sehr verdünnt, vielfach durchlöchert. Die Pilzfäden sind schwächer ernährt und sehr fein.
f Die Tipfel sind fast völlig zerstört. *g* u. *h* Von den Wandungen sind nur noch Reste vorhanden. Die Zerstörung der
Hoftipfel ist von *i* bis *r* zu verfolgen. Bei *i* ist der Hoftipfel
noch intact, bei *k* ist die eine Wandung des Linsenraumes schon
grösstentheils aufgelöst, und durch eine Kreislinie deren innere
Begrenzung zu erkennen. Bei *l* ist die eine Seite des Hoftipfels
ganz aufgelöst. Bei *m* bis *n* sieht man eine Reihe von Tipfeln,
die nur noch auf einer Seite und zwar auf der mit der Schliesshaut versehenen eine sehr zarte Wandung zeigen, auf welcher
bei Anfertigung des Präparates ein Riss entstanden ist. Von
o bis *r* sieht man Tipfel, deren beide Wände ganz oder theilweise aufgelöst sind. Nur bei *p* und *q* sind noch die verdickten Theile der Schliesshaut zu finden. Bei *s* erkennt man
deutlich die streifige Structur der beiden Zellwände, welche unter
einander verbunden die gemeinsame Tracheidenwand darstellen.
Bei *t* sieht man Pilzhyphen, welche die Tracheiden in verticaler
Richtung durchziehen.

wenig. Es wird bräunlichgelb, und in dem Frühjahrsholze eines jeden Jahrringes entstehen in senkrechten Abständen von $1-1^1/_2$ mm über einander horizontal verlaufende, von Mycelium erfüllte Lücken, die dem Holze ein Ansehen gewähren, das einigermaassen dem feinsten Schriftgranit ähnelt. (Taf. Fig. 3.)

Das Holz wird dabei immer leichter und mürber, zeigt aber noch im letzten Stadium der gänzlichen Auflösung jene eigenartige Structur. Wird das Holz im Anfange seiner Zersetzung freigelegt, ohne auszutrocknen, dann wächst das Mycel nach aussen hervor und bildet weisse Pilzhäute, deren Mycelfäden vorwiegend in horizontaler Richtung verlaufen.

Wachsthum und zersetzende Wirkung ist in mehrfacher Richtung charakteristisch. Die im ersten Stadium der Zersetzung gelb gefärbten kräftigen Hyphen (Fig. 102 a, b) werden mit vorschreitender Zersetzung durch immer zartere Fäden ersetzt, bis zuletzt Hyphen sich bilden, die nur bei sehr starken Vergrösserungen noch deutlich erkennbar sind. Das Mycel hat ein ausgesprochenes Bestreben, theilweise in horizontaler Richtung rechtwinklig zur Längsaxe der Organe zu wachsen (Fig. 102 t), und hat dies insbesondere zur Folge, dass jene horizontalen Lücken im Holze entstehen. Wesshalb diese nur in bestimmten Abständen von einander sich bilden, vermochte ich nicht zu ergründen. Die Auflösung der Zellwände erfolgt vom Lumen aus, nachdem schichtenweise eine Umwandlung der Holzsubstanz in Cellulose vorangegangen ist. Die feine Mittellamelle widersteht am längsten und wird erst in Cellulose verwandelt und aufgelöst, nachdem die inneren Wandungstheile völlig verschwunden sind.

Polyporus vaporarius[23]).

Dieser und der folgende Parasit, Pol. mollis, erzeugen eine Zersetzung, welche die grösste Aehnlichkeit mit der durch den Hausschwamm, Merulius lacrymans, hervorgerufenen Zerstörung besitzt.

Polyp. vaporarius kommt an Fichten und Kiefern ungemein häufig vor, inficirt sowohl Wurzeln als oberirdische Wundflächen und dringt zumal gern an Schälstellen des Rothwildes ein. Das Holz wird rothbraun, trocken, rissig und immer ähnlicher dem halb

---

[23]) R. Hartig, Zersetzungserscheinungen, Seite 45 ff. Taf. VIII.

verkohlten Zustande (Taf. Fig. 5). Zwischen den Fingern gerieben zerfällt es in ein gelbes Mehl. Das Pilzmycel entwickelt sich in den Spalten oder zwischen todtem Holz und Rinde gern in Gestalt schneeweisser, reich verästelter, wollig filziger Stränge, ähnlich manchen Mycelbildungen des Hausschwammes, und vermuthe ich, ohne jedoch directe Beobachtungen gemacht zu haben, dass diese an den todten Wurzeln und Stöcken wuchernden Mycelstränge eine unterirdische Infection der Nachbarbäume auszuführen vermögen. Die Fruchtträger sind völlig weiss, bilden Krusten und niemals Consolen. Sie entstehen auf dem zersetzten Holze, auf todter Rinde, oder an den üppigen Mycelwucherungen und Strängen. Dieser Pilz tritt sehr häufig am Bauholz in den Gebäuden auf und wird wegen seiner mächtigen, oft fächerförmig, oft strangartig ausgebildeten Mycelmassen meist mit dem ächten Hausschwamm, Merulius lacrymans, verwechselt, dessen Mycelbildungen immer in kurzer Zeit eine aschgraue Farbe bekommen. Was seine Bedeutung als Hauszerstörer betrifft, so verweise ich auf die kurzen Angaben bei Besprechung des Merulius lacrymans.

Polyporus mollis[24]).

Dieser Parasit ist von mir nur an Kiefern beobachtet. Er erzeugt eine der vorigen sehr ähnliche Zersetzungsart, doch fehlen jene weissen, verästelten Mycelstränge und wächst das Mycel höchstens als feine kalkartige Kruste aus den Spaltenwänden hervor. Höchst eigenartig und intensiv ist der Geruch des Holzes, der an Terpentingeruch erinnert, ohne damit völlig identisch zu sein.

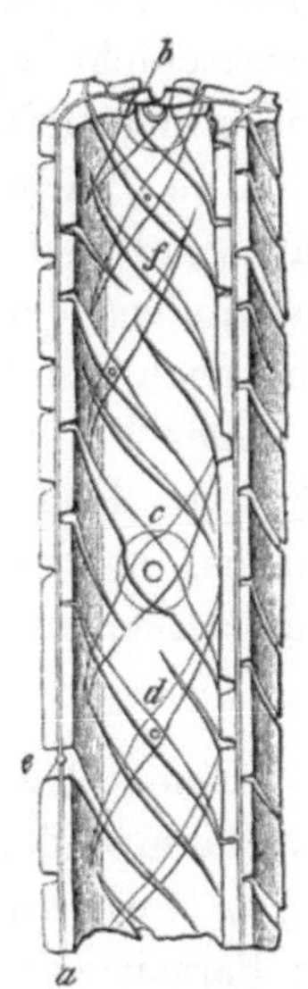

Fig. 103.
Tracheide von Pinus, durch Polyporus mollis zerstört. Die Cellulose ist meist extrahirt und die Wände bestehen vorzugsweise aus Holzgummi. In trockenem Zustande entstehen Risse in der secundären Wand, wogegen die primäre Wand (a b) unverändert bleibt. Die spiralige Structur der secundären Wand veranlasst Kreuzung der Spalten beider benachbarten Zellwände an den Hoftipfeln c und den Bohrlöchern d e. Wo keine Tipfel und Bohrlöcher vorhanden sind, zeigen sich einfache Spalten f.

---

[24]) R. Hartig, Zersetzungserscheinungen, Seite 49 ff. Taf. IX.

Die Fruchtträger erscheinen am todten Holze oder aus Borkenrissen der stehenden lebenden Bäume in Gestalt rothbrauner Polster, die sich später zu undeutlichen Consolen entwickeln. Die Porenschicht ist jung gelbgrün, färbt sich aber bei der leisesten Berührung tiefroth.

Die Tracheiden zeigen bei höherer Zersetzung spiralige Risse und Spalten (Fig. 103). Offenbar sind diese Spalten Folge des Schwindens der immer ziemlich trocken bleibenden Substanz. Sie sind auch die Ursache der leichten Zerreiblichkeit des Holzes.

Der Pol. vaporarius zeigt auch Risse und Spalten in den Zellwänden, doch verlaufen sie nicht im ganzen Umfange des Zelllumens, sondern sind klein und in grosser Zahl senkrecht übereinanderstehend.

Polyporus sulphureus[25]).

Einer der verbreitetsten Parasiten der Eiche, Robinie, Erle, der Baumweiden, Pappeln, Nussbäume und Birnbäume ist Polyporus sulphureus. Derselbe kommt auch auf Larix europaea als Parasit vor.

Die Infection erfolgt an Astwunden und das Mycelium verbreitet sich schnell im Holzkörper, denselben rothbraun färbend und austrocknend. Das Holz erhält zahlreiche Risse, in welche hinein das Mycel wächst und colossale, aus verfilzten Hyphen bestehende Häute (Taf. Fig. 11) bildet. Bei den Laubhölzern füllen sich die Gefässe schon in frühem Zersetzungsstadium mit dichter Pilzmasse, sodass die Poren im Querschnitt als weisse Punkte, in der Längsansicht als weisse Linien erscheinen. Die Wandungen der Holzelemente werden gebräunt, sehr kohlenstoffreich, schrumpfen stark zusammen, quellen aber bei Behandlung mit dünner Kalilauge und lösen sich fast auf; die spiraligen Risse, die immer im Innern der Faser von rechts nach links aufwärts steigen, dringen niemals in die Mittellamelle vor.

Da, wo alte Aststutzen oder Baumwunden anderer Art dem Mycel ermöglichen, nach aussen zu gelangen, wächst alljährlich eine Gruppe von fleischigen, unterseits hellschwefelgelben, oberseits hellrothgelben Fruchtträgern hervor, die durch ihre Grösse und

---

[25]) R. Hartig, Zersetzungserscheinungen, Seite 110 ff.
De Seynes: Recherches pour servir à l'histoire naturelle des végétaux inférieurs 1888.

weithin leuchtende Farbe die Aufmerksamkeit des Beobachters leicht auf sich lenken. Die Hutsubstanz zeigt eine weisse Farbe und käsige Beschaffenheit. Die Porencanäle zeigen eine Hymenialschicht mit keulenförmigen Basidien. Das Mycelium dieses Parasiten entwickelt im Holze selbst sehr häufig runde Gonidien in grosser Anzahl, die ich bei meiner Bearbeitung dieses Parasiten zunächst als einer fremden Pilzart angehörend betrachtete. Erkrankte Bäume sterben, bevor sie vom Sturm gebrochen werden, recht oft auf der einen oder anderen Seite bis zur Rinde hin ab, diese vertrocknet, fällt ab und das rothbraune faule Holz fällt dann aus dem Bauminnern heraus. Es ist somit nicht ausgeschlossen, dass durch das Verstäuben dieses faulen Holzes auch die Gonidien in die Luft gelangen und zur Verbreitung des Parasiten beitragen.

Polyporus igniarius[26]).

Der gemeinste Parasit der meisten Laubholzbäume ist der falsche Feuerschwamm, dessen holzzerstörende Wirkung ich insbesondere bei Eichen genauer untersucht habe.

Die Infection erfolgt theils an Aesten, theils an Rindenwunden und das Mycelium verbreitet sich schnell von da aus im Holzkörper. Zunächst färbt sich das Holz tief braun und dann folgt eine hellgelbweisse Zersetzung, die häufigste Art der Weissfäule der Eiche (Taf. Fig. 9). Das gelbweisse Holz wird immer leichter, weicher und ähnelt in seinen Eigenschaften in etwas der zur Papierfabrication hergestellten Cellulosemasse. Die anfänglich sehr kräftigen, späterhin äusserst zarten und die Organe ganz ausfüllenden Hyphen veranlassen eine Zersetzung, bei welcher zunächst die inneren Wandungsschichten in Cellulose umgewandelt und aufgelöst werden, bevor auch die Mittellamelle, die als zartes Skelett sich lange Zeit erhält, in Cellulose verwandelt und aufgelöst wird.

Der Process hat mithin grosse Aehnlichkeit mit dem für Polyp. borealis beschriebenen. Die Fruchtträger, welche meist unmittelbar aus der vom Pilzmycel durchwachsenen Rinde hervorkommen, sind anfänglich halbkugelförmig, später nehmen sie mehr oder weniger die Hufform an. Sie sind bekannt genug und sei nur noch bemerkt, dass sie im Gegensatz zu Pol. fulvus, dessen äussere Gestalt

---

[26]) R. Hartig, Zersetzungserscheinungen, Seite 141 ff. Taf. XV und XVI.

eine ähnliche ist, concentrische Zonen und oft noch Risse in der Oberfläche zeigen, während im Innern die Zonen auch durch die Porencanalschichten sich fortsetzen.

Polyporus dryadeus[27].

Dieser Eichenpilz veranlasst eine Zersetzungsform (Taf. Fig. 12), bei welcher längliche, theils weisse, theils gelbliche Flecken mitten im festen, die ursprüngliche Kernholzfarbe bewahrenden Holze auftreten. Die weissen Flecken bestehen aus Elementen, die in Cellulose umgewandelt und durch Auflösung der Mittellamelle isolirt sind. Die gelblichen Stellen dagegen zeigen eine Zerstörung der Zellen, die der durch Polyp. igniarius sehr ähnlich und durch längste Widerstandsfähigkeit der Mittellamelle ausgezeichnet ist. Die weissen Stellen werden am ehesten aufgelöst und entstehen dadurch Löcher, eingefasst von sehr harten Wandungen. Unter lebhaftem Luftzutritt färbt sich das Holz zimmetbraun und verwandelt sich in eine aus braunen, derben Hyphen bestehende Pilzmasse.

Die grossen hufförmigen annuellen Fruchtträger sind zimmetbraun und kommen an alten Aststellen oder aus der Rinde hervor. Sie sind von geringer Dauer und findet man nur selten intacte Exemplare.

Wenn Pol. dryadeus und igniarius gleichzeitig in einer Eiche sich verbreiten und ihre Hyphen sich begegnen, so entsteht auf der Grenze eine eigenartige Zersetzungsform, indem das Holz gelblichweiss und ähnlich dem von Pol. igniarius allein zersetzten Holze wird, sämmtliche grössere Markstrahlen aber schneeweisse Bänder darstellen, deren Untersuchung ergiebt, dass sie oft nur aus völlig unveränderten Stärkemehlkörnern bestehen, während die Zellwandungen fast völlig aufgelöst und verschwunden oder in Cellulose umgewandelt sind.

Hydnum diversidens[28].

An Eichen und Rothbuchen findet sich häufig ein Parasit, dessen Fruchtträger gelbweiss, theils krusten-, theils consolenförmig und dadurch ausgezeichnet sind, dass die Hymenialschicht

---

[27] R. Hartig, Zersetzungserscheinungen, Seite 124 Taf. XVII.
[28] R. Hartig, Zersetzungserscheinungen, Seite 124 ff. Taf. XII.

auf ungleichlangen abwärts gerichteten Stacheln sich befindet. Die Hymenialschicht ist anfänglich eine einfache. Periodisch verdickt sich dieselbe, indem die Hyphen zwischen die letzte Schicht hindurchwachsen und ein neues Hymenium bilden. Dieser Process wiederholt sich zumal an dem unteren Theile der Stacheln 5—8 mal, wodurch diese sich stark verdicken und die Hymenialschicht 5—8 mal geschichtet erscheint.

Die Zersetzung, welche von den inficirten Wundstellen des Stammes ausgeht, veranlasst ebenfalls eine Weissfäule. Die Färbung ist eine gelblich aschgraue, anfänglich streifenweise abwechselnd mit einer hellbräunlichen Farbe, die insbesondere längere Zeit den Markstrahlen verbleibt (Taf. Fig. 10). In höheren Zersetzungsstadien entstehen schneeweisse Mycelhäute an Stelle einzelner stark zersetzter Frühjahrsschichten.

Das Eigenthümliche in der Fermentwirkung besteht darin, dass die inneren Zellwandschichten, ohne in Cellulose sich zu verwandeln, zu einer Gallerte aufquellen, bevor sie völlig aufgelöst werden, während die Mittellamellen am längsten der Auflösung widerstehen.

Thelephora Perdix[29]).

Eine durch ganz Deutschland weit verbreitete Erkrankungsform des Eichenholzes ist die, welche ihrer eigenartigen Färbung wegen Rephuhnholz genannt wird, indem man dieselbe verglich mit dem weiss gesprenkelten Gefieder bestimmter Körpertheile des Rephuhnes. Das kranke Holz färbt sich zunächst tief rothbraun, und dann kommen in einem gewissen Zusammenhange mit grossen Spiegelfasern weisse Flecken auf dunklem Grunde zum Vorschein, die sich in weiss ausgekleidete scharf umgrenzte Höhlungen umwandeln. Mit zunehmender Grösse der Höhlungen, die von einander durch feste braune Holzwände getrennt sind, erhält das Holz Aehnlichkeit mit manchen durch Ameisen zerfressenen Hölzern und in der That wird es oft mit solchen verwechselt (Taf. Fig. 7). Es ist hervorzuheben, dass jede Höhlung für sich in der Regel geschlossen bleibt, bis die völlige Zerstörung eintritt. Das Mycelium veranlasst im Eichenholz zuerst eine Bräunung des Inhaltes der parenchymatischen Organe. Die Stärkekörner verlieren die blaue

---

[29]) R. Hartig, Zersetzungserscheinungen, Seite 103 ff.

Reaction auf Jod allmälig von aussen nach innen fortschreitend und bleiben in den mittleren Markstrahlenreihen farblose Hüllen zurück, die zuletzt ebenfalls zerstört werden (Fig. 104).

Da, wo die weissen Flecken entstehen, sowie in der Wandung der weissen Höhlungen werden sämmtliche Organe in Cellulose

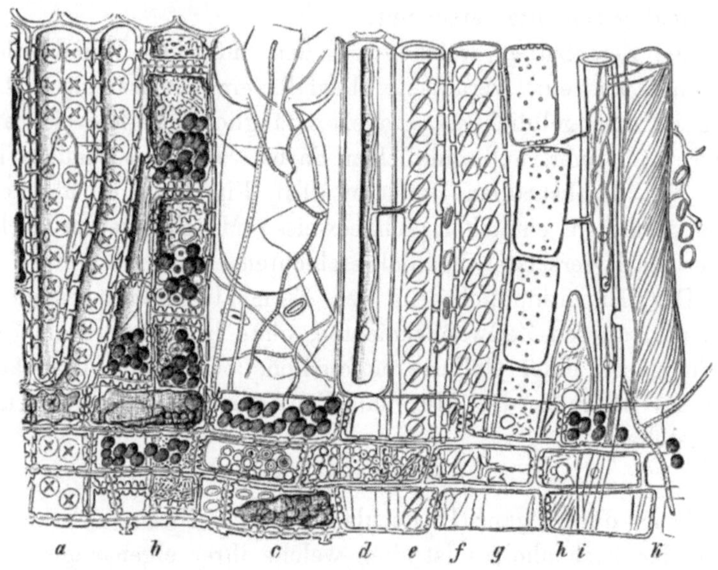

Fig. 104.

Zersetzung des Eichenholzes durch Thelephora Perdix.
a Tracheiden mit einzelnen Pilzfäden und Pilzbohrlöchern. b Holzparenchym mit Stärkekörnern, die zum Theil in der Auflösung begriffen sind, indem die Granulose von aussen nach innen verschwindet. c Gefäss mit Pilzhyphen. d Sclerenchymfaser mit Pilzfäden und Bohrlöchern. e u. f Tracheiden, deren primäre Wand aufgelöst ist, so dass die Isolirung vollständig ist. Die verdickten Scheiben der Hoftipfel liegen ebenfalls isolirt zwischen den Tracheiden. Eine Kreuzung der Hoftipfelspalten ist nicht mehr vorhanden, weil die Organe isolirt sind. g Völlig isolirte und der völligen Auflösung nahe Holzparenchymzellen. h Tracheide vor völliger Auflösung. i Sclerenchymfasern stark zersetzt. k Tracheide, deren Wandung vor der Auflösung in Spalten sich getrennt hat.

verwandelt, die Mittellamelle aufgelöst und dadurch Isolirung der einzelnen Elemente des Holzes bewirkt (Fig. 104 e—k). Auffälligerweise verändert sich der Zersetzungsprocess in der Umgebung der Höhlungen, wenn solche grösser geworden sind. Diese erscheinen dann nicht mehr weiss, sondern graugelb, zeigen reichlichen Mycelfilz, welcher die Wandungen an zahllosen Stellen durchbohrt. Eine Umwandlung in Cellulose findet nicht statt, vielmehr erfolgt die Auflösung der Substanz theils durch Vergrösserung der Bohrlöcher, theils durch Verdünnung der Wandungen vom Lumen aus.

Wo sich Spalten oder andere Hohlräume im kranken Holze befinden, oder auf der Aussenseite getödteter Aeste entstehen die Fruchtträger des Parasiten als 1 mm bis 1 cm grosse Krusten auf dem Holze. Dieselben sind braungelb gefärbt und bestehen aus einer Schicht rechtwinkelig zur Oberfläche stehender Hyphen, die in etwas keulenförmig gestaltete, mit eigenthümlichen haarförmigen Verdickungen besetzte Basidien enden. Nur ein Theil derselben erzeugt je 4 Sporen, die steril bleibenden wachsen in einer folgenden Vegetationsperiode zu einer neuen Hymenialschichte aus, wobei sie sich hier und da durch Seitensprossung verästeln. Ein Fruchtträger zeigt im Durchschnitt, je nach seinem Alter, mehr oder weniger Schichtungen, von denen nur die jüngste eine helle Färbung besitzt, die älteren dagegen tiefbraun gefärbt sind. Nach dem schliesslichen Absterben erscheinen die Fruchtträger völlig dunkelbraun.

Stereum hirsutum[30]).

Eine sehr auffällige und charakteristische Zersetzungsform der Eiche ist die durch Stereum hirsutum hervorgerufene. In der Praxis wird solches Holz als „gelb- oder weisspfeifig" bezeichnet. Meist in bestimmt concentrischen Zonen, die anfänglich einseitig, später um den Stamm geschlossen sind, tritt zunächst Bräunung ein, worauf dann stellenweise schneeweisse oder gelbliche Streifen im Längschnitte, weisse Punkte im Querschnitte (Fliegenholz) (Taf. Fig. 8) auftreten. Oft wird auch das ganze Holz gleichmässig in eine gelbliche Masse verwandelt und zwar dann, wenn dem Sauerstoff der Luft der Zutritt sehr erleichtert ist, wie im Splintholz, an Aststutzen u. s. w. Es scheint auch kaum zweifelhaft zu sein, dass dieser Pilz als Saprophyt eine grosse Rolle spielt und an natürlich absterbenden Aesten sich ansiedelt. Das Mycel verändert in den weissen Streifen das Holz in Cellulose,

---

[30]) R. Hartig, Zersetzungserscheinungen, S. 129 ff. Taf. XVIII.

die Mittellamelle verschwindet bald, so dass die Organe isolirt werden; in den gelblichen Holzpartien dagegen schreitet, wie bei Pol. igniarius, die Auflösung vom Lumen aus vor und eine Umwandlung in Cellulose geht nicht voraus. Die Fruchtträger entwickeln sich meist auf der Rinde anfänglich als Krusten, später mit deutlich horizontal abstehendem oberen Rande, welcher auf der Aussenseite rauh behaart, braun und schwach gezont ist.

Polyporus fomentarius.

Der bekannte Zunderschwamm, welcher an Rothbuchen und Eichen auftritt, veranlast eine Weissfäule und sein Mycel tritt gern in Spalten des zerstörten Holzes in üppiger Entwicklung lappen- und hautartig auf. Eine genauere Untersuchung fehlt noch.

Polyporus betulinus[31]).

An Birken zeigt sich hier und da in reicher Entwicklung der Polyp. betulinus, dessen unterseits weisse, oben braungrau gefärbte behaarte Fruchtträger kugelförmig zum Vorschein kommen, und dann zu umgekehrten, oben gewölbten Consolen heranwachsen. Die durch diese Parasiten veranlasste Zersetzung ist eine Rothfäule.

Polyporus laevigatus[31]).

Dieser Parasit veranlasst an den Birken eine Weissfäule. Seine Fruchtträger erscheinen als dunkelbraune porenreiche Krusten auf der Rinde.

Unter den Polyporusarten treten zweifellos noch zahlreiche Formen als Parasiten im Holze der Bäume auf, doch wurden sie noch keiner Untersuchung unterworfen. An Weymouthskiefern, Kiefern und Lärchen kommt nach P. Magnus Polyporus Schweinitzii vor und scheint parasitisch zu leben.

Erwähnenswerth sind noch Daedalea quercina, ein an alten Eichenstöcken überall verbreiteter Pilz mit grossen Consolen, die auf der Unterseite die Hymenialschicht theils in Poren, theils auf Lamellen tragen. Die Zersetzung ist eine solche, welche das Eichenholz graubraun färbt. Nachdem ich den Pilz an Astwunden älterer

----

[31]) D. H. Mayr, Botanisches Centralblatt 1885.

Eichen kräftig entwickelt fand, vermuthe ich in ihm ebenfalls einen Parasiten.

Fistulina hepatica, der Leberpilz, veranlasst eine tief rothbraune Zersetzung des Eichenholzes.

Gegen alle die vorgenannten, an oberirdischen Wundstellen eindringenden Holzparasiten kann nur in der Weise angekämpft werden, dass einerseits alle Veranlassungen zur Entstehung von Baumwunden soviel als möglich vermieden werden, worüber noch in dem Abschnitt über die Verwundungen zu sprechen ist, dass andererseits da, wo Verwundungen dem Baume absichtlich zugefügt werden, wie bei der Baumästung, hierbei die nöthigen Vorsichtsmaassregeln angewendet werden, insbesondere die Herstellung eines antiseptischen Verbandes in Form von Theeranstrich sofort ausgeführt wird.

Säuberung des Waldes von anbrüchigen, mit den Fruchtträgern der Parasiten besetzten Bäumen ist dabei im Auge zu behalten, womit nicht gesagt sein soll, dass man alle alten Eichen, die schon faul sind, rücksichtslos zu fällen habe. In der Nähe der frequenteren Wege, an geeigneten Punkten wird der Forstmann aus Gründen der Waldschönheit alte Bäume und schöne Waldpartien stehen lassen, wenn auch der Nutzen dieser Maassregel sich nicht sofort in Geldwerth baar nachweisen lässt.

Agaricus melleus[32]). Der Hallimasch oder Honigpilz.

Zu den verbreitetsten und verderblichsten Parasiten gehört der Hallimasch oder Honigpilz, Agaricus melleus. Derselbe lebt als solcher an sämmtlichen Nadelholzbäumen Europas, tödtet auch die aus Japan, Amerika u. s. w. bei uns eingeführten Coniferen und ist von mir sogar im verkieselten Holze des Cupressinoxylon erkannt worden. Unter den Laubholzbäumen scheint er auf Prunus avium und Pr. domestica als Parasit aufzutreten, dagegen kommt er überall als Saprophyt nicht nur an todten Wurzeln und Stöcken sämmtlicher Laub- und Nadelholzbäume, sondern auch an verbautem Holze an Brücken, in Wasserleitungsröhren, Bergwerken u. s. w. vor. Mehrfach ist angegeben worden, dass derselbe auch am Weinstock als Parasit auftrete, doch hatte ich noch

---

[32]) R. Hartig, Wichtige Krankheiten d. Waldbäume 1874 S. 12 ff. Taf. I u. II. R. Hartig, Zersetzungserscheinungen, S. 59 ff. Taf. XI Fig. 1—5.

keine Gelegenheit, mich von der Richtigkeit dieser Angaben zu überzeugen. Die am Weinstock auftretenden Rhizomorphen, die ich bisher gesehen habe, gehörten der Dematophora necatrix an.

Die Krankheit tritt oft schon an 3—5jährigen Pflanzen auf, tödtet aber auch 100jährige Fichten, Kiefern u. s. w., und erkennt man sie daran, dass nach Entfernung der Rinde am Wurzelstock und an den Wurzeln ein schneeweisses derbes Mycelium (Fig. 106, cc) zum Vorschein tritt, welches an älteren Stämmen zuweilen 3 m und höher unter der Rinde der noch lebenden Bäume emporsteigt. An den Wurzeln sieht man mehr oder weniger zahlreiche, schwarzbraune, glänzende, hier und da sich verästelnde Stränge von 1—2 mm Durchmesser haften, welche in Verbindung mit den weissen Mycelflächen unter der Rinde stehen, die Wurzeln aber auch hier und da nur äusserlich umklammern.

Fig. 105.

Junge Kiefer von Agaricus melleus getödtet, mit vielen Fruchtträgern, welche aus der Rinde des Wurzelstockes hervorgebrochen sind. An den Wurzeln finden sich verästelte Rhizomorphenstränge.

Den stärkeren Wurzeln haftet äusserlich oft eine grosse Menge von Terpentinöl und Harz an, das mit den Erdtheilchen vermengt eine feste Masse um den Wurzelstock bildet (Fig. 105). Die erkrankten Pflanzen sind selten früher als ein Jahr vor ihrem schnell eintretenden Tode durch bleiche Färbung oder kurze Triebe zu erkennen. Gräbt man aber eine scheinbar völlig gesunde Pflanze aus unmittelbarer Nähe einer sichtbar erkrankten oder todten Pflanze sorgfältig aus, so wird man in der Regel an deren Wurzeln eine oder mehrere Infectionsstellen entdecken, woselbst ein schwarzer Rhizomorphenstrang sich in die Rinde eingebohrt hat (Fig. 106 a), und wenn man die Rinde sorgfältig abhebt, so erkennt man, dass sich von der Einbohrungsstelle (Fig. 106 b) aus jener Strang zu einem schneeweissen Körper verbreitert, welcher im lebenden Rindengewebe sich weiter entwickelt hat und soweit dies geschehen, eine Bräunung, also Tödtung desselben bewirkte (Fig. 106 cc).

Fig. 106.

Lebende Fichtenwurzel mit zwei frischen Infectionsstellen, an denen der Rhizomorphenstrang *a b* in die Rinde eingedrungen ist. An der stärkeren Wurzel ist die Rinde von *d* bis *d* entfernt, um das bei *b* eingedrungene Mycel *c c* zu zeigen.

Fig. 107.

Fruchtträger von Agaricus melleus auf einem Rhizomorphenstrang entstanden, während ein Seitenzweig nur verkümmerte Fruchtträger trägt.

Das in der lebenden Rinde wachsende Mycel ist durch fächerförmige Ausbreitung und hautartige Gestalt ausgezeichnet. Es geht sehr leicht wieder in jene rundliche Strangform über, die einerseits aus den Wurzeln hervorwächst, anderseits zwischen Holz und Rinde sich weiter entwickelt, wenn der Baum getödtet und durch Zusammenschrumpfen der Rinde Platz für die Entwicklung dieser Stränge gegeben ist, die sich dann reichlich und zweigartig verästelnd, den todten Holzstamm netzartig umspinnen. Die den Wurzeln entspringenden Rhizomorphen verbreiten die Krankheit unterirdisch von Stamm zu Stamm, indem sie selten tiefer als 10 cm unter der Oberfläche fortwachsend sich in gesunde Nadelholzwurzeln einbohren, wenn sie auf diese stossen (Fig. 106). Im Herbste, von Ende August bis October, sieht man an den im Boden frei wachsenden Rhizomorphen, sowie aus der Rinde der durch den Parasiten getödteten Bäume, zumal am Wurzelstock (Fig. 105) die grossen bekannten Fruchtträger (Fig. 107) zur Entwicklung gelangen und verweise ich auf das, was ich hierüber an dem bezeichneten Orte veröffentlicht habe. Die weissen Sporen dieser Hutpilze werden durch den Wind verbreitet oder verschleppt, entwickeln zunächst ein fädiges Mycel und aus diesem geht sodann die als Rhizomorpha bezeichnete Mycelform hervor, wie sehr leicht durch Sporenaussaat in Zwetschenextract zu beweisen ist. Die Krankheitserscheinungen sind nur erklärbar aus der eigenthümlichen Organisation der im Rindengewebe lebenden Mycelbildungen. Die Rhizomorphenspitze (Fig. 108) besteht aus zartem Scheinparenchym, welches, durch Zelltheilungs- und Zellwachsthumsprocesse sich verlängernd, in gewisser Entfernung von der Spitze nach innen zu zarten Hyphen auskeimt und dadurch ein filzartiges Gewebe im Innern, Mark genannt, entstehen ·lässt. Die äusseren Theile des Scheinparenchyms (Fig. 108 c) dagegen verschmelzen untereinander zu der sogenannten Rinde (Fig. 109 d), der im jugendlichen Alter zahllose zarte Hyphen entsprossen, die durch Vermittlung der Markstrahlen in den Holzkörper, zumal mit Vorliebe in die etwa vorhandenen Harzkanäle eindringen und in diesen aufwärts wachsen. Dieses fädige Mycelium eilt im Innern des Holzstammes den in der Rinde wachsenden Rhizomorphen schnell voraus und zerstört das in der Umgebung der Harzkanäle befindliche Parenchym vollständig, wobei allem Anscheine nach eine theilweise Umwandlung des Zelleninhalts und der Zellwandungen in Terpentinöl stattfindet (Fig. 109). Das Terpentinöl senkt sich durch eigene Schwere abwärts und strömt im Wurzelstocke, woselbst die Rinde durch die Rhizomorpha getödtet und vertrocknet ist, nach aussen hervor, ergiesst sich theils zwischen Holz und Rinde, theils an Stellen, wo letztere beim Vertrocknen zerplatzt ist, frei nach aussen in die umgebenden Erdschichten. Die Krankheit wurde desshalb früher als „Harzsticken“, „Harzüberfülle“ bezeichnet. In den oberen Stammtheilen, soweit Cambium und Rinde noch gesund sind, strömt das Terpentinöl aus den zerstörten Kanälen auch seitwärts durch Vermittlung der Markstrahlkanäle dem Cambium und der Rinde zu. In letzterer veranlasst dieser Zudrang die Entstehung grosser Harzbeulen; im Cambium, wenn dieses im Sommer die neue

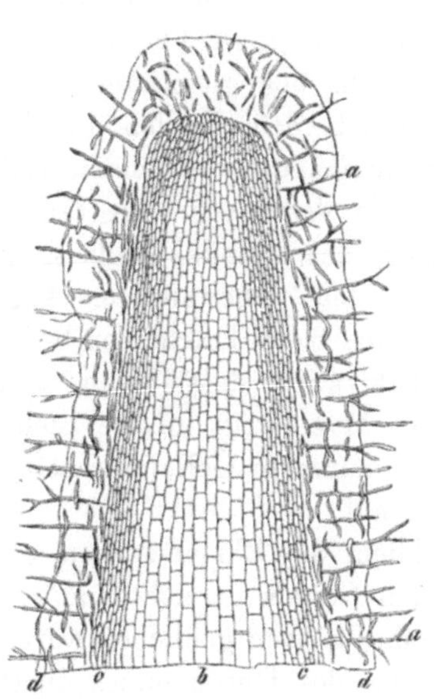

Fig. 108.

Längsschnitt durch eine Rhizomorphenspitze, deren äusseren Hyphen zahlreiche haarartige Fäden *a a* entspringen, während im Inneren die centralen Zellen sich in geringer Entfernung von der Spitze stark vergrössern *b*, während die in der Peripherie stehenden Hyphen *c* enger bleiben und zu dem Rindenscheinparenchym verschmelzen. *d d* ist die Grenze der den Strang umgebenden Gallertschicht.

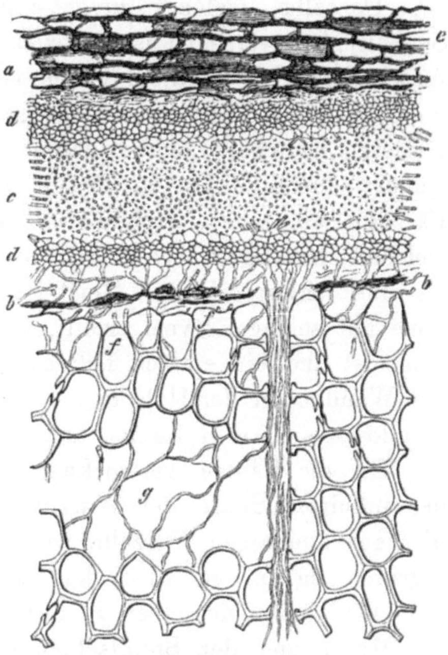

Fig. 109.

Querschnitt durch Rinde und Holz einer von Rhizomorpha getödteten Kiefernwurzel. *a* Getödtetes Bastgewebe. *b* Getödtete Cambialregion. *c* Rhizomorphenmark. *d d* Rindenscheinparenchym des Rhizomorphenstranges. *e e* Hyphenfäden, welche von den Rhizomorphen in den Holzstamm wachsen. *f* Getödtete, unfertige Holzzellen. *g* Völlig zerstörter Harzgang, dessen parenchymatische Nachbarzellen ebenfalls aufgelöst sind.

Jahrringsbildung vermittelt, veranlasst es die Entstehung zahlreicher, ungemein grosser und abnorm gebildeter Harzkanäle, durch welche der Holzring des Krankheitsjahres sehr auffällig charakterisirt wird.

Aus den Markstrahlzellen und den Harzkanälen verbreitet sich allmälig das Mycel auch in die leitenden Organe des Holzkörpers und veranlasst eine Zersetzungsform, die als eine Art Weissfäule zu bezeichnen ist. Bei der von der Oberfläche des Stammes nach innen fortschreitenden Zersetzung tritt ein bestimmtes Stadium ein, welches für die Entwicklung des Mycels in hohem Grade fördernd ist. Dasselbe, welches zuvor einfach fädig und mit reichlichen Seitenhyphen versehen ist, entwickelt alsdann grosse blasenförmige Anschwellungen, ja die Hyphen verwandeln sich gleichsam in ein grossmaschiges Parenchym, welches ähnlich den Thyllen in den Gefässen mancher Laubholzbäume das Lumen der Tracheiden vollständig ausfüllt. Da in diesem Zustande das Mycel eine braune Färbung annimmt, erscheint die Region des kranken Holzes, in welcher derartiges Mycel sich befindet, dem unbewaffneten Auge als eine schwarze Linie. Meist ist nur eine 3—4 Tracheiden breite Zone mit solchem Mycel erfüllt, denn bald stirbt dasselbe ab, wird aufgelöst und ein einfach fädiges, zartes Mycel tritt an die Stelle. Die Wandungen der Holzelemente zeigen nunmehr Cellulosereaction und lösen sich vom Lumen aus schnell auf.

Da die Bäume vertrocknen, nachdem die Rhizomorphen von der inficirten Stelle der Wurzel aus den Stamm erreicht und von hier aus diejenigen Wurzeln, welche bisher gesund geblieben waren, ergriffen haben, so wird der Zersetzung des Holzstammes durch das Dürrwerden desselben in der Regel eine Grenze gesetzt, bevor das Mycel aus den Splintschichten in den Kern vorgerückt ist. Nur an Stöcken und Wurzeln verbreitet sich dieselbe schnell über das ganze Stamminnere.

Was die praktischen Maassregeln betrifft, die wir gegen diesen Parasiten ergreifen können, so sind diese dieselben, die ich gegen Trametes radiciperda empfohlen habe (cf. S. 163).

Die Zerstörungen des Bauholzes durch Pilze.

Wenngleich die Krankheiten des gefällten Holzes streng genommen nicht in einem Lehrbuch der Baumkrankheiten zu besprechen sind, so mag doch eine kurz gedrängte Zusammenstellung meiner diesbezüglichen Arbeitsresultate hier Platz finden[33]).

---

[33]) Der ächte Hausschwamm (Merulius lacrymans). Berlin. Springer 1885; und Die Rothstreifigkeit des Bau- u. Blochholzes und die Trockenfäule. Allg. Forst- u. Jagd-Zeitg. November 1887.

Blicken wir auf die Behandlung des Bau- und Blochholzes vor der Verwendung, d. h. im Walde und auf den Transport zur Baustelle, so ist zunächst zu constatiren, dass bei der Fällung in der Regel nur gesundes Holz als Bau- und Nutzholz ausgehalten wird. Immerhin kann es vorkommen, dass einmal ein Bloch oder Balken abgegeben wird, der bei der weiteren Verarbeitung sich als krank herausstellt. Es kann das seinen Grund darin haben, dass ein an einer Aststelle eingedrungener Parasit sich nach oben und unten noch nicht bis zu der Schnittfläche ausgebreitet hatte und somit bei der Abgabe des Holzes das Zerstörungswerk dieses Pilzes unmöglich erkannt werden konnte. Recht oft werden aber von erkrankten Bäumen die sichtlich, d. h. durch Bräunung u. s. w. erkennbaren Theile abgeschnitten, bis der Sägeschnitt für das unbewaffnete Auge völlig gesund erscheint. Der scheinbar gesunde Baumtheil wird dann als Bloch u. dgl. abgegeben. Da kann es nun wohl vorkommen, dass der Parasit schon in den als gesund betrachteten Baumtheil eingedrungen war und somit ein inficirter Stammtheil als gesund verkauft wird. Bewahrt ein solches Holz längere Zeit einen Theil seines Wassergehaltes, so wächst der Parasit weiter und zerstört nicht allein das bei der Fällung des Baumes bereits von Pilzfäden behaftete Holz, sondern oft sehr bedeutende Theile des anfänglich gesunden Bauholzes.

Am häufigsten und verderblichsten ist Polyporus vaporarius, welcher in Fichte und Kiefer schon am lebenden Baume auftritt und von mir schon S. 170 beschrieben ist. Unter den Fällen, in denen ich „Hausschwammbeschädigungen" zu untersuchen Gelegenheit hatte, war sehr häufig die Ursache nicht Merulius lacrymans, sondern Polyporus vaporarius, dessen Mycel schneeweisse Ueberzüge über Balken und Dielen bildet und sich zu weissen, derben Strängen von vielen Metern Länge entwickelt. Findet Holz Verwendung im Bau, welches von diesem Parasiten behaftet ist, und trocknet es nicht schnell genug aus, dann entwickelt sich der Pilz mehr oder weniger üppig und zerstört alles Holzwerk in kurzer Zeit vollständig. Besonders in Kellerräumen und am Fussboden nicht unterkellerter Parterrewohnungen findet sich dieser Pilz sehr häufig.

Das völlig gesunde Bloch- und Bauholz kann nun aber noch während des Lagerns im Walde inficirt werden. Diese Gefahr ist besonders gross bei solchem Holze, welches im geschälten Zustande unmittelbar auf dem Erdboden aufliegt. Verschiedene Holzpilze und unter diesen auch der ächte Hausschwamm, Merulius lacrymans, können das gefällte Holz im Walde krank machen, wenn dasselbe längere Zeit auf dem Erdboden lagert. Bei dem Erscheinen meiner Schrift über den Hausschwamm stellte ich es noch als zweifelhaft hin, ob dieser Pilz heutzutage noch im Walde vorkomme. Seitdem sind mir aus Sachsen bei Königstein durch Herrn W. Krieger Objecte zugeschickt, die ich zweifellos als echten Hausschwamm erkannte. Auf Unterlagen dem Luftzuge allseitig ausgesetzt, ist das geschälte Holz gegen Infection weitaus mehr geschützt, weil die oberflächlichen Holzschichten schnell austrocknen und das Eindringen der Pilze unmöglich machen. Am freiliegenden Holzstamme, wenn derselbe entrindet ist, bilden sich aber nach einigen Wochen durch das Austrocknen die Splintrisse, welche in einer Entfernung von Daumenbreite von einander entstehend bis zu einer Tiefe von mehreren Centimetern eindringen. In diese Trockenrisse gelangt das Regenwasser mit den darin enthaltenen Pilzsporen. Die Risse schliessen sich nach längerer Regenzeit, wenn das Holz durch Wasseraufnahme wieder quillt und in regenreichen Jahren, sowie bei längerer Lagerung im Walde kann schon hier eine Zerstörung eintreten, indem die in die Risse gelangten Pilzsporen keimen und zu beiden Seiten des Spaltes das Holz bräunen.

In der Regel kommen aber die in die Splintrisse gelangten Sporen im Walde nicht zur Keimung, weil mit dem Aufhören des Regens das Holz schnell oberflächlich wieder austrocknet und die Risse, falls sie überhaupt sich geschlossen hatten, sich wieder öffnen. Wird solches Holz im trocknen Zustande aus dem Walde auf den Bauplatz oder vor die Sägemühle geschafft, so ist und bleibt es gesund, wenn auch die Sporen in den Rissen sich lange Zeit keimfähig erhalten. Wird dagegen das Holz getriftet und hat Gelegenheit, wieder ganz mit Wasser sich vollzusaugen, dann tritt eine höchst widerwärtige Krankheitserscheinung auf, die als „Rothstreifigkeit" bei den Sägemüllern, Holzhändlern u. s. w. bekannt ist und das erste Stadium der sogenannten „Trockenfäule" bildet.

Es ist bekannt, dass zwischen dem im Winter und dem im Sommer gefällten Nadelholze kein wesentlicher Unterschied besteht hinsichtlich der Dauer oder Widerstandsfähigkeit gegen Hausschwamm und andere Holzpilze. Die von anderer Seite ausgeführten Versuche, in dem chemischen Gehalte des Sommer- und des Winterholzes an Kali, Phosphorsäure u. s. w. die Ursache der Hausschwammbeschädigungen zu finden, muss ich als total verfehlt bezeichnen. Andererseits ist die Thatsache zweifellos, dass das im Sommer gefällte Holz viel mehr an Trockenfäule leidet, als das im Winter gefällte Holz. Dieser scheinbare Widerspruch ist leicht zu erklären. Die Winterfällung findet im Flachlande und in den niederen Gebirgen statt. Das Holz wird in diesen Gegenden vorwiegend per Axe aus dem Walde geschafft, nachdem es kürzere oder längere Zeit geschält oder ungeschält darin gelegen hat. Das Holz ist sporenfrei oder, wenn es trocken geworden ist und in den Splintrissen Sporen führt, bleibt es in der Folge trocken und desshalb gesund, weil die Sporen im trocknen Holze nicht keimen können. In allen höheren Gebirgen dagegen erfolgt die Fällung im Sommer, das Holz wird sofort geschält, kommt auf Unterlagen, wird im Winter bei Schnee an die Flossbäche geschafft, um dann im Frühjahr getriftet zu werden. Die Hölzer sind im ersten Sommer, d. h. bald nach der Fällung und Schälung abgetrocknet, bekommen Risse und diese werden durch Pilzsporen inficirt. Beim Triften saugen sich die Bloche wieder voll Wasser, die Risse schliessen sich. Die nassen Bloche kommen an die Sägemühle und werden hier zu Tausenden aufeinander gelagert, um im Laufe des Sommers verschnitten zu werden. Die im Mai zersägten Bloche sind in der Regel völlig gesund, aber schon vom Juni an tritt immer mehr rothstreifige Waare auf, und im Herbste ist oft mehr als die Hälfte aller Bloche so krank, dass wenig brauchbare Bretter daraus zu gewinnen sind. Dies erklärt sich nun leicht, wenn man erwägt, dass die mit Wasser durchtränkten Bloche durch dichtes Aufeinanderliegen am Austrocknen verhindert sind, dass die hohe Sommertemperatur das Keimen der in den Splintrissen vorhandenen Pilzsporen und die holzzerstörende Entwicklung der Pilze begünstigt.

Der Verlust, welchen die Sägemüller im Bayerischen Walde durch das Rothstreifigwerden der Bloche erleiden, wird von diesen auf 33 % der Gesammtwaare beziffert. Ich habe seit einigen Jahren sowohl bei Zwiesel im Bayerischen Walde, als auch bei Marquardstein und Freising ausgedehnte Versuche theils zur Ergründung der Ursachen des Rothstreifigwerdens, theils zu dem Zwecke angestellt, Mittel ausfindig zu machen, dieser Calamität zu begegnen. Es ist

hier nicht der Ort, auf die Ergebnisse dieser mühevollen Versuche
näher einzugehen. Die Ursachen der Erscheinung habe ich vorstehend kurz dargelegt. Was die Verhütung der Krankheit betrifft,
so ist es allerdings geglückt, völlig gesundes Blochholz zu erzielen,
wenn man die Bloche gegen das Beregnen schützt durch ein Dach
von Fichtenrinde oder Brettern. Leider tritt dann nur ein anderer
Uebelstand hervor, nämlich das übermässige Reissen des Holzes,
wodurch der Ausfall an guten Brettern ein sehr grosser wird. Die
rothstreifigen Bretter bilden Ausschusswaare, welche in den Häusern
als Blind- und Fehlbodenbretter Verwendung finden. Da nun sehr
oft die in dem Holze enthaltenen Pilzbildungen noch nicht durch
Austrocknen getödtet sind, so findet bei feuchter Lagerung ein
Weiterwachsen der Pilze und eine weitere Zerstörung des
Holzes statt.

Die geflössten Balken leiden in gleichem Maasse an Rothstreifigkeit, wie die Sägebloche. Da nun heutzutage wohl niemals
mehr völlig trockenes Holz bei den Bauten Verwendung findet, so
ist die Gefahr, dass die sogenannte „Trockenfäule" in schädlicher
Form auftritt, naheliegend.

Am meisten gefährdet sind die in dem Mauerwerk eingeschlossenen Balkenköpfe, da das in demselben enthaltene Wasser sich
dem Holze mittheilt und auch die ziemlich trockenen Balken wieder
so nass macht, dass die in den Splintrissen des Holzes ruhenden
Pilzkeime sich entwickeln und das in völlig gesundem Zustande
eingebrachte Holz zu zerstören im Stande sind. Waren die Balkenköpfe schon rothstreifig, so ist die Gefahr des völligen Verfaulens
natürlich um so grösser. Soviel als möglich sollte man desshalb
dahin trachten, rothstreifige Balken nicht zu verwenden oder doch
nur etwa im obersten Stockwerke des Hauses, wo ja ein Austrocknen
des Mauerwerkes schneller stattfindet, als in den unteren Etagen
mit ihrem stärkeren Mauerwerke. Unter allen Umständen sollte es
aber nie versäumt werden, die Balkenköpfe auf ein Meter Länge mit
Creosotöl (gewöhnliches Steinkohlentheeröl), mit dem Carbolineum
von Avenarius oder mit dem Diehl'schen Carburinol[34] mehrmals

---

[34] Die Desinfektions- und Konservirungsanstalt von Diehl in München
liefert ein sehr empfehlenswerthes Mittel gegen Hausschwamm und Trockenfäule,
welches nicht feuergefährlich ist, sehr lange wirksam bleibt und das Holz nicht
schwarz färbt.

zu bestreichen, bevor sie in das Mauerwerk eingelegt werden. Ein Theeren ist abzurathen, weil der Theerüberzug das Austrocknen der Balken hindert und der Theer auch nicht tief ins Holz eindringt.

Weniger gefährdet sind die übrigen Theile der Balken. Selbst dann, wenn dieselben rothstreifig sind, wodurch übrigens ihre Tragfähigkeit in demselben Maasse geschwächt wird, als Theile derselben erkrankt sind, pflegt bei solid aufgeführten Bauten das Holzwerk so rechtzeitig auszutrocknen, dass eine weitere Zerstörung desselben durch die darin enthaltenen Pilze nicht stattfinden kann.

Der Namen „Trockenfäule" ist insofern ungeschickt gewählt, als dieser Process dadurch charakterisirt wird, dass er nur im nassen oder feuchten Holze stattfindet, in dem die Pilze das genügende Wasser zum Wachsthum finden, wogegen der Hausschwamm völlig trockenes Holz zerstören kann, indem er das zum Wachsthum erforderliche Wasser aus anderen Theilen des Hauses aufnimmt, mit sich führt und entweder dem Holzwerk mittheilt oder in Tropfen (Thränen) ausscheidet. Trockenfäule heisst die Erscheinung wohl desshalb, weil sie im Bau meist erst dann bemerkt wird, wenn der Bau selbst und somit auch das Holzwerk völlig ausgetrocknet ist.

Die Trockenfäule tritt aber oft genug in den Neubauten in einem Grade auf, dass nicht allein die Balken, sondern auch die Fehlböden und Fussbodenbretter verfaulen. Ist dies der Fall, dann liegen wohl immer grobe Verstösse gegen die solide Bauausführung vor. Am häufigsten wird der Fehler begangen, dass nasses Füllmaterial auf die Fehlböden geschüttet und zu frühzeitig entweder mit den Blindbodenbrettern oder den Fussbodenbrettern zugedeckt wird. In meiner Schrift über den Hausschwamm habe ich eingehend über das Füllmaterial gesprochen. Dasselbe muss möglichst trocken und frei von humosen oder anderen, Wasser anziehenden Bestandtheilen sein. Am besten ist reiner Kies oder grober, trockener Sand. Die sogenannte Steinkohlen-Lösche ist durchaus zu verwerfen.

Ein grober Fehler besteht darin, dass die Fussböden zu frühzeitig mit Oelfarbe gestrichen oder mit Parkett belegt und dadurch verhindert werden, die in den Brettern enthaltene, sowie die aus der Füllung zugeführte Feuchtigkeit frei zu verdunsten. Das in den Füllmassen und im Holzwerke enthaltene Wasser kann jetzt nach oben gar nicht mehr entweichen, und bleibt nur nach unten, d. h. durch die Zimmerdecken, eine sehr langsame Verdunstung möglich. Zwischen dem Fehlboden und der Verschalung der Plafonds bildet sich ein mit Wasserdunst gesättigter Luftraum, welcher für Pilzcultur äusserst geeignet ist. Die Fussbodenbretter, welche von der Füllung aus sich mit Wasser sättigen, verfaulen unter der Einwirkung der aus dem Walde mitgebrachten, d. h. in den Trockenrissen enthaltenen Pilzkeime. Wenn dann aber nach 2 Jahren der Bau völlig ausgetrocknet ist, geht auch das in den Brettern enthaltene Wasser verloren, und da auf der Unterseite der Bretter das zerstörte Holz beim Trocknen sehr stark schwindet, die obere, von der Oelfarbe durchtränkte oder der Luft ausgesetzte Seite nicht zerstört werden konnte, so biegt sich jedes Brett in der Mitte nach oben, zieht aus den zerstörten Balken die Nägel leicht heraus und es entstehen Fugen, welche die Breite eines Fingers erreichen.

Die damit nothwendig werdenden Reparaturen sind höchst kostspielig und geben Veranlassung zu den unerquicklichsten Processen zwischen Bauherren, Baumeister, Zimmermeister und Holzlieferanten. Dabei wird dann in der Regel nicht mit genügender Sicherheit zwischen dieser Trockenfäule und dem Hausschwamm unterschieden, obgleich die letztere Calamität nach den von mir veröffentlichten Arbeiten mit Leichtigkeit erkannt werden kann.

Während man mit Trockenfäule diejenigen Zerstörungen des Bauholzes zu bezeichnen pflegt, bei denen die zerstörenden Pilze dem unbewaffneten Auge nicht sichtbar sind, weil sie nicht die Eigenschaft haben, über den Holzkörper hinaus in die Risse und Spalten des Holzes oder zwischen Holz und Mauerwerk zu wachsen, sondern ihre feinen Hyphen im Holzkörper selbst verbreiten, giebt es eine Reihe von Zerstörern des Bauholzes, welche mehr oder weniger üppige Mycelwucherungen ausserhalb des Holzes entwickeln, und diese sind es, die im Allgemeinen als „Hausschwamm“ bezeichnet∙ werden. Es sind dies verschiedene Pilzarten von sehr verschiedenem Aussehen und abweichender Lebensweise. Der wichtigste und verderblichste ist Merulius lacrymans. Daran schliesst sich der schon besprochene Polyporus vaporarius und eine Mehrzahl anderer Pilze, mit deren Bearbeitung ich zur Zeit beschäftigt bin.

Ich gehe nun zur Betrachtung des echten Hausschwammes, Merulius lacrymans, über.

Der Hausschwamm ist eine Culturpflanze, die aber auch im Walde noch nicht ganz ausgestorben ist, vielmehr an alten Nadelholzstöcken, bisher allerdings nur einmal, angetroffen worden ist. Es ist aber wahrscheinlich, dass er allgemeiner verbreitet ist, aber nur bisher im Walde nicht beachtet wurde. Nadelholz ist seine Hauptnahrung, doch wächst er auch an Eichenholz und sind eichene Parquettbodenbretter der Inficirung ausgesetzt.

Die im Innern des Holzes wachsenden, für das unbewaffnete Auge nicht sichtbaren Pilzfäden entnehmen dem Holze die Eiweissstoffe, welche sie zum Wachsthum nöthig haben, lösen aber vorzugsweise das Coniferin und die Cellulose der Holzwandungen auf, so dass eine aus Holzgummi, Gerbstoff und oxalsaurem Kalk bestehende braun gefärbte Substanz zurückbleibt, welche, so lange das Holz reichlich Wasser enthält, das ursprüngliche Volumen des Holzes beibehält, aber nach dem Verluste des Wassers so stark schwindet, dass rechtwinklig auf einander stossende Risse entstehen, durch welche das Holz reichlich zerklüftet wird und oft in regelmässige würfelförmige Stücke zerfällt.

Mit der Zerstörung des Holzes geht eine Braunfärbung Hand in Hand, die einer höheren Oxydation des Gerbstoffes im Holze zuzuschreiben sein dürfte. Im frischen Zustand weich, bekommt das Holz im trockenen Zustand mehr die Eigenschaften der Holzkohle und lässt sich zwischen den Fingern in ein äusserst feines gelbes Pulver zerreiben. Wichtig ist die Eigenschaft, Wasser mit grösster Begierde aufzusaugen, ähnlich einem Badeschwamm. Dies beruht vorzugsweise darauf, dass die Pilzfäden im Innern die Zellwände durchlöchert haben und damit ein Entweichen der Luft vor dem capillar zuströmenden Wasser stattfinden kann. Holzwerk, welches von Hausschwamm ergriffen ist, bekommt dadurch die Fähigkeit, sehr leicht Wasser aufzusaugen und weiter zu transportiren. Es kann damit aus einem tieferen Theile des Hauses liquides Wasser vermöge der Capillarität des erkrankten Holzes nach oben wandern und hier verdunstend die Wohnräume feucht machen. Soweit ähnelt das zerstörte Holz dem der Trockenfäule.

Der Hausschwamm hat aber nun die Befähigung, aus dem ernährenden Holz hinauszuwachsen, wenn nur die umgebende Luft constant feucht genug ist, so dass die hervorwachsenden Pilzfäden nicht vertrocknen. Wo also stagnirende feuchte Luft sich findet, wachsen die Pilzfäden aus dem Holze hervor und zwar zunächst als schneeweisse, lockere, wolleartige Bildungen, die das Holz überziehen und auf dessen Oberfläche sich ausbreitend weiterwachsen. Diese weissen Pilzmassen breiten sich auch über andere Gegenstände, aus denen sie keine Nahrung beziehen können, aus, wenn solche in der Nähe des Holzwerkes sich finden, kriechen also am Mauerwerk in die Höhe, überziehen den feuchten Erdboden, Steinplatten u. s. w. In den wolligen Pilzmassen entstehen später sich verästelnde dichtere Stränge von gleicher Farbe, die bis Fingerdicke erreichen können und für die Lebenserscheinungen des Hausschwammes eine hervorragende Bedeutung besitzen.

Ehe ich auf deren Beschreibung eingehe, sei noch erwähnt, dass das wollige Pilzmycel im Alter zusammenfällt und seidenglänzende aschfarbene Häute bildet, die man von der Unterlage abheben kann. Durch die aschgraue Farbe unterscheidet sich dieses Pilzmycel von dem immer schneeweiss bleibenden Mycel des Polyporus vaporarius, von dem ich schon vorher gesprochen habe.

Die Mycelstränge des echten Hausschwammes bestehen aus festen Fasern, welche dieselben bis zu einem gewissen Grade unzerreissbar machen, aus zarten, plasmareichen Fäden, die in feuchter Luft allseitig auskeimen können und aus gefässartigen Organen mit grossem Innenraum, in welchem reichlich Eiweissstoffe sich befinden. In diesen gefässartigen Organen wird offenbar von dem ernährenden Substrate, d. h. dem Holzwerke aus dem ausserhalb wachsenden Mycel nicht allein Wasser, sondern auch Nahrung in reichlicher Menge zugeführt, und da diese Stränge viele Meter Länge erreichen, die Fugen im Mauerwerk benützend, vom Keller zum Parterregeschoss, von hier in die oberen Stockwerke hinaufwachsen, so erklärt es sich, dass der Pilz, ohne unterwegs Nahrung, d. h. Holz zu finden, in Theilen eines Gebäudes auftritt, in denen gar kein Holzwerk sich befindet. Allerdings sind es nicht jene Stränge, welche als solche wachsen, vielmehr wächst das aus feinen Fäden bestehende Mycel, jede Ritze und Fuge benützend, durch Mauerwerk, durch Erdschichten u. s. w. und wird dabei von den weiter rückwärts gelegenen Strängen mit Wasser und Nahrung versorgt. Eine Mauerritze, welche anfänglich von dem zarten, wolligen Mycel durchwachsen wurde, enthält später einen dicken Strang, der aber erst nachträglich aus dem wolligen Mycel sich entwickelt hat. Gelangt das Mycel bei seiner Wanderung wieder an Holzwerk, dann bietet dieses wieder Gelegenheit zur kräftigeren Entwicklung, denn nun dringen die zarten Pilzfäden in dasselbe ein, entnehmen demselben die Nahrung und zerstören es. Als charakteristisch für den Hausschwamm muss bezeichnet werden, dass er im Stande ist, auch trockenes Holzwerk zu zerstören, indem er durch seine Stränge soviel Wasser aus andern, feuchten Theilen des Gebäudes nachführt, dass er das an sich trockene Holz zunächst nass und dadurch der Zerstörung zugänglich macht. In dumpfen Räumen scheidet er das Wasser, wenn er nicht im Stande ist, es an Holz abzugeben, in Form von Tropfen und Thränen ab, wesshalb er der thränende Hausschwamm genannt wird.

Wo sehr üppige Pilzwucherungen stattfinden und ein genügender Raum, in der Regel auch mehr oder weniger Lichtwirkung, die aber nicht absolut nothwendig ist, vorhanden ist, entwickeln sich die bekannten, meist tellerförmig ausgebreiteten, übrigens auch anders gestalteten Fruchtkörper. Die anfänglich weisse lockere Pilzmasse färbt sich hier und da röthlich, zeigt wurmartige Faltungen, die bald mit rostfarbigen Sporen so bedeckt werden, dass die ganze Oberfläche eine tiefbraune Färbung annimmt. Die bräunlichen Sporen, deren Grösse so gering ist, dass etwa 4 Millionen in einem Cubikmillimeter Raum haben würden, zeigen an einem Ende eine Keimöffnung in der dicken Wandung, die aber durch ein hellglänzendes farbloses Zäpfchen verschlossen ist.

Die Keimung der Hausschwammsporen kann nur dann eintreten, wenn dieses Zäpfchen erweicht oder aufgelöst wird und dies scheint nur unter der Einwirkung irgend welcher Alkalien stattzufinden. Keimungsversuche glückten mir nur dann, wenn ich der Lösung, in welcher die Sporen lagen, etwas Ammoniak oder Kali- oder Natronsalze zusetzte. Die Wirkung dieser Salze ist nicht als eine ernährende, sondern lediglich die Sporenhaut an der Keimöffnung erweichende zu denken. Jedes Samenkorn und jede Spore besitzt eine gewisse Menge von der Mutterpflanze stammender sofort verwerthbarer Nahrung in sich. Erst dann, wenn diese bei der Keimung verbraucht ist, wird die weitere Entwickelung abhängig von der Zufuhr neuer Nahrung aus der Umgebung. Ich will die Möglichkeit nicht bestreiten, dass auch einmal eine Hausschwammspore auf Holz direct keimen kann, da dieses ja minimale Spuren von Alkalien in sich schliesst, doch gelang sie mir auch auf Holz nur unter Zusatz geringer Spuren von Alkalien. Es erklärt sich hieraus, wesshalb Hausschwammbeschädigungen gern an Oertlichkeiten auftreten, wo Urin, Humus, Asche, Steinkohlenlösche u. dgl. lagern oder verschüttet werden.

Das Holz ist die eigentliche Nahrung des Hausschwammes und zwar ist das im Sommer gefällte Holz genau ebenso gute Nahrung, wie das im Winter gefällte Holz. Ueber die Ursachen der häufigen Klagen, das Sommerholz betreffend, ist vorher schon gesprochen.

Sehr humusreiche Böden bieten dem Hausschwamm ebenfalls, wenn auch nur geringe Mengen von Nahrung dar. Es ist wahrscheinlich, wenn auch nicht erwiesen, dass das Pilzmycel bei seiner Wanderung im Mauerwerk geringe Spuren von Kalk auflöst und in sich aufnimmt, doch ist dies jedenfalls so wenig, dass man nicht annehmen kann, es werde hierdurch directer Schaden veranlasst.

Der Hausschwamm hat im frischen, lebenden Zustande einen sehr angenehmen Geruch und feinen Geschmack, dem allerdings ein etwas zusammenziehender Geschmack nachfolgt. Wenn zumal grössere Fruchtkörper verfaulen, verbreiten diese einen höchst widerwärtigen, sehr charakteristischen Geruch und ist es zweifellos, dass die Entwicklung der Gase aus dem verfaulenden Hausschwamme für die Gesundheit der Menschen, die in solchen Räumen wohnen, höchst nachtheilig ist. Es kommt noch hinzu, dass der Pilz grosse Wassermengen ausdunstet und dadurch die Wohnräume feucht macht.

Der Hausschwamm kann auch unter den günstigsten Bedingungen nur da entstehen, wo eine Infection durch Sporen oder durch Mycel eintritt, und ist es desshalb wichtig, festzustellen, auf welchem Wege die Verbreitung und Einschleppung von Sporen oder Mycel stattfindet.

Dass Sporen unter Umständen auch aus dem Walde mit dem Holze eingeführt werden können, habe ich schon oben hervorgehoben, doch dürfte dies wenigstens unter den geordneten forstlichen Verhältnissen in Deutschland, wo selten grössere Mengen von Lagerholz im Walde die Entwickelung des Hausschwamms fördern und derselbe bisher nur einmal beobachtet worden ist, zu den seltenen Ausnahmen gehören. Dass Bloch- und Bauholz durch längeres Lagern im Walde schon inficirt und mit Hausschwammpilz behaftet werden kann, folgt aus dem Gesagten von selbst. In der Regel dürfte aber die Infection erst in den Städten erfolgen und zwar entweder auf den Holzlagerplätzen der Zimmerleute, Tischler u. s. w. oder in den Häusern. Auf den Holzlagerplätzen wird oft genug Holz von alten Häusern, welches noch eine Verwendung gestattet, neben dem noch gesunden Holz gelagert, so dass der Regen die etwa anhaftenden Sporen und Myceltheile auf das gesunde Holz abschwemmt. In Neubauten schleppen Arbeiter, insbesondere Zimmerleute, leicht die Sporen ein, wenn sie etwa von einer Hausschwammreparatur kommend dieselbe Kleidung, dasselbe Schuhwerk und Handwerkszeug, welches zuvor nicht gereinigt wurde, tragen und benützen.

Soll Hausschwamm entstehen, dann gehört aber nicht nur die Gegenwart von Sporen und Mycel dazu, sondern es müssen auch die Entwickelungsbedingungen für diese günstige sein. Die Sporen keimen nur bei Gegenwart von Alkalien. Daraus erklärt sich die Schädlichkeit der Verunreinigung der Bauten durch das Uriniren der Arbeiter, durch Verwendung von humosen Füllsubstanzen, von Asche und Steinkohlenasche. Das weitere Wachsthum und die kräftige Entwickelung des Hausschwammes werden aber vorzugsweise gefördert durch Verwendung nasser Baumaterialien, d. h. nassen Holzes, nasser Füllungen, nasser Bruchsteine u. dgl., denn Feuchtigkeit ist für das Wachsthum jeder Pflanze und somit auch des Hausschwammes nöthig.

Ein näheres Eingehen auf die vorbeugenden Maassregeln beim Häuserbau dürfte hier ebensowenig am Platze sein, als eine Schilderung der Maassregeln, die zu ergreifen sind, wenn in einem Gebäude der Hausschwamm aufgetreten ist.

In meiner citirten Schrift habe ich alle diese Maassregeln eingehend beschrieben.

Ein allgemeineres Interesse beanspruchen unter den saprophytischen Holzpilzen noch die Peziza aeruginosa, welche zu den Discomyceten gehörend, doch hier noch erwähnt werden möge, da sie die sogen. Grünfäule des Holzes veranlasst. Insbesondere Eichen- und Rothbuchenholz, seltener auch Fichten- und Birkenholz, welches in stark zersetztem Zustande und anhaltend durchfeuchtet auf dem Waldboden längere Zeit gelegen hat, erhält oftmals eine intensiv spangrüne Färbung dadurch, dass das Mycel des genannten Pilzes, welches nebst den schüsselförmigen Fruchtträgern intensiv grün gefärbt ist, den Holzkörper durchzieht und in den Wandungen der Holzelemente ebenfalls jenen grünen, extrahirbaren Farbstoff erzeugt.

Es soll derselbe wegen seiner Unzerstörbarkeit eine technische Verwendung finden, und neuerdings sind Versuche angestellt, durch künstliche Züchtung grünfaules Holz in grösserer Quantität zu erzeugen.

Das sogenannte „Blauwerden" des Nadelholzes, das besonders in den Kiefernbeständen an abständigen Bäumen, nach Raupenfrass oder auch erst in feuchten Holzgelassen am Brennholz auftritt, wird durch Ceratostoma piliferum (syn: Sphaeria dryina) veranlasst, einen Pyrenomyceten, dessen Mycelium braun gefärbt ist und durch die Markstrahlen sehr schnell von aussen bis zum Mittelpunkte der todten Stämme vordringt. Das Kernholz wird mehr von ihm gemieden, wahrscheinlich des geringen Wassergehaltes wegen, während das Splintholz oft schnell von dem Pilzmycel durchzogen und zersetzt wird.

II. Abschnitt.

Verwundungen.

Zahllose Verwundungen des Pflanzenkörpers entstehen alljährlich im normalen Lebensprocesse der Pflanzen beim Abfall der Blätter im Herbste, beim freiwilligen Abstossen einzelner Zweige (Absprünge der Pappeln und Eichen), beim Absterben der äusseren Rindetheile. Alle diese freiwillig entstehenden Wunden werden geraume Zeit vor ihrer Entstehung schon von der Pflanze vorbereitet, so dass in dem Augenblicke, in welchem die Wunde entsteht, die Heilung bereits als vollendet zu betrachten ist. Diese Vorbereitung besteht darin, dass sich da, wo später die Wundfläche entsteht, durch das Gewebe hindurch eine Hautschicht, d. h. eine Korkhaut bildet, die in ihrer Entstehungsart und in ihrem Bau völlig übereinstimmt mit dem Hautgewebe unverletzter Stengeltheile oder jener Hautschichten, die sich auf unfreiwillig entstandenen Wunden nachträglich bildet. In vielen Fällen wird der Verschluss der Wunden schon vorher durch Gummibildung vorbereitet und tritt erst nachträglich eine Korkhautbildung ein. Nur die durch äussere mechanische Ursachen veranlassten Wunden, durch welche innere lebende Gewebe blossgelegt und den nachtheiligen Einflüssen der Aussenwelt preisgegeben werden, gehören zu den pathologischen Erscheinungen.

§ 19. Heilung und Reproduction im Allgemeinen.

Um die Processe der Heilung und Reproduction zu verstehen, müssen wir zunächst die verschiedenen Gewebsarten und deren Befähigung zu Neubildungen ins Auge fassen.

Das Hautgewebe wird an jugendlichen Pflanzentheilen lediglich durch die meist einschichtige Oberhaut repräsentirt. Schon bevor diese ihre Ausdehnungsfähigkeit völlig einbüsst und nach weiterem Dickenwachsthum des Stengels zerreisst, entsteht unter ihr ein neues Hautgewebe, durch welches das innere lebende Rindengewebe vor dem Vertrocknen geschützt wird. Diese Korkhaut, auf deren Bau und auf deren Verschiedenheiten näher einzugehen hier nicht der Ort ist, entsteht dadurch, dass entweder die noch lebenden Oberhautzellen selbst, oder eine mehr oder weniger nahe unter ihr liegende Rindenzellenschicht durch Theilung in tangentialer Richtung zur Phellogenschicht (Korkmutterschicht) wird. Die durch fortgesetzte Theilung entstehenden, radial angeordneten Zellen sterben ab, verkorken und bilden so eine mehr oder weniger dicke schützende Hülle im äusseren Umfange der lebenden Gewebe, die sich durch fortgesetzte Theilung der Phellogenschicht von innen aus verjüngt, während die ältesten Korkzellen auf der Aussenseite durch Abschülfern oder Loslösen zusammenhängender Korkzellschichten .verloren gehen. Bei den meisten Bäumen entsteht früher oder später die Borke dadurch, dass die älteren Rinden- und Bastschichten ihre Ausdehnungsfähigkeit verlieren. Es entstehen alsdann im Innern der Rinde neue Korklagen, durch welche die äusseren Rindenschichten unmittelbar vor ihrem Absterben, Vertrocknen und Aufplatzen von den inneren Rindenschichten abgegrenzt werden.

Selbstverständlich ist eine Verletzung der todten Korkhaut und der Borke ohne irgend welche nachtheiligen Folgen und kann nur insofern von Einfluss auf die Wachsthumserscheinungen des Baumes werden, als die Verminderung des Rindendruckes eine locale Zuwachssteigerung des Cambiums an solchen Stellen nach sich zieht. Kiefern, die vor längerer Zeit „geröthet“ waren, d. h. bei denen behufs Anbringung von Theerringen zum Abfangen der Raupen die todten Borkeschichten in einem breiten Ringe um den Stamm grösstentheils entfernt waren, zeigten von der Zeit an einen unverkennbar stärkeren Zuwachs an der entborkten Stelle, als unter- und oberhalb derselben. Wird die lebende Phellogenschicht verletzt, so bildet sich aus den darunter liegenden unverletzten Zellen der Rinde oder des Phelloderms eine neue Phellogen- und Korkschicht im Anschlusse an die Korkschicht des Wundrandes.

Das unter der Haut liegende Rindenparenchym (Fig. 110 b, c) besitzt ein beschränktes Zelltheilungsvermögen, durch welches es befähigt ist, der zunehmenden Verdickung des Stammes entsprechend sich zu vergrössern. Die Fähigkeit zu Neubildungen im Falle einer Verwundung beschränkt sich aber auf Entwickelung einer Korkhaut nahe unter der Oberfläche des blossgelegten Gewebes. Man nennt diese Korkschicht, die auch bei Rindenerkrankungen durch Parasiten pflanzlicher Art auf der Grenze des gesunden und todten Gewebes entsteht, „Wundkork" (Fig. 110 i). Die Entstehung desselben ist nicht an die Jahreszeit gebunden, vielmehr

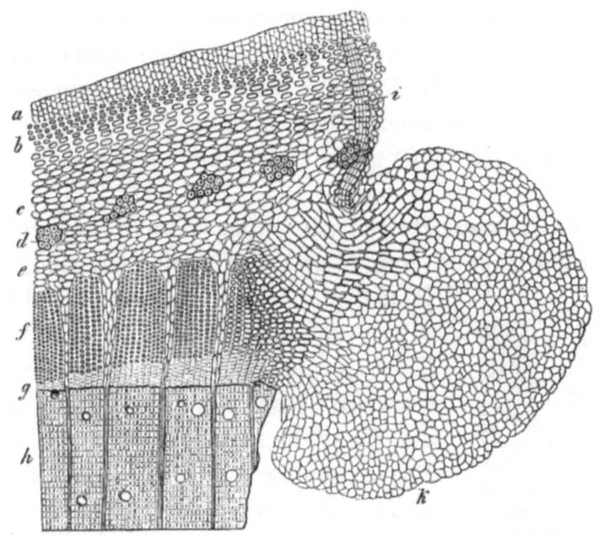

Fig. 110.

Callusbildung am Wundrande eines Eschenzweiges.
a Korkhaut. *b* Collenchym. *c* Aussenrinde. *d* Primäre Bastfaserbündel. *e* Rindenparenchym. *f* Weichbast. *g* Cambium. *h* Holz. *i* Wundkorb der Aussenrinde. *k* Callus. *l* Grenze zwischen dem Weichbast und dem cambialen Wundgewebe.

erfolgt dessen Ausbildung schon bei mässigen Temperaturen im Winter bald nach dem Eintritte der Verwundung.

Nur die innersten Theile des Rindenparenchyms, der Weichbast, oder in anderen Fällen auch nur die innersten, jugendlichsten Organe des Weichbastes nehmen an den weiter unten zu besprechenden Neubildungen Theil.

Der Holzkörper besitzt nur eine sehr beschränkte Reproductionsfähigkeit, da er ja überwiegend aus leeren Zellhüllen, d. h. aus

Fasern, Tracheiden und Gefässen besteht. Die noch lebensthätigen Zellen des Holzes, theils dem Strahlenparenchym (Markstrahlen), theils dem Strangparenchym (Holzparenchymzellen) angehörend, sind von den erstgenannten Organen in der Weise umgeben, dass auch die beschränkte Reproductionsfähigkeit derselben kaum zur Geltung gelangen kann. Sie äussert sich nur in zweierlei Gestalt, nämlich einmal in der Bildung von Thyllen oder Füllzellen in den Gefässen des Holzes, sobald dieses verwundet ist, und ferner in der Entwicklung des sogenannten intermediären Gewebes (Kittgewebes) bei Veredelungsprocessen[1]). Werden die Schnittflächen des Edelreises und Wildlinges frisch genug mit einander verbunden, so füllt sich der noch verbleibende Raum zwischen den beiden Holztheilen mit einem parenchymatischen Gewebe an, welches seinen Ursprung in den genannten Parenchymzellen des Holzes selbst findet.

Der blossgelegte Holzkörper einer Wunde besitzt die Fähigkeit der Reproduction von Rinde und Holz nur dann, wenn die Rinde zur Zeit der cambialen Thätigkeit abgelöst und die Cambialschicht oder die Region des Jungholzes vor dem Vertrocknen geschützt wird. Es tritt sodann die Reproduction der „Bekleidung“ ein. Die zartzellige, plasmareiche Cambialregion, welche in den Monaten Mai bis August aus den Initialzellen, den durch Theilung daraus hervorgegangenen Gewebemutterzellen und den jugendlichen noch lebensthätigen Gewebezellen (Jungbast und Jungholz) besteht, vertrocknet unter dem Einflusse der Luft sehr leicht, und nur bei Regenwetter oder überhaupt bei mit Feuchtigkeit gesättigter Luft bleibt dieses Gewebe erhalten und verwandelt sich durch Quertheilung der langgestreckten Cambialorgane in ein parenchymatisches, aus isodiametrischen Zellen bestehendes Vernarbungsgewebe. Durch lebhafte Zelltheilung entsteht aus diesem in wenigen Tagen eine, unter dem Einflusse des Lichtes sich grün färbende Bekleidungsschicht (Fig. 111). Oft ver-

Fig. 111.
Oberfläche eines entrindeten Buchenstammes mit theilweiser Bekleidung. Natürl. Gr.

[1]) Göppert, Ueber innere Vorgänge bei dem Veredeln, Kassel 1874.

trocknet das die Wundfläche bedeckende cambiale Gewebe mit Ausschluss des Markstrahlcambiums und erfolgt die Bekleidung der Wundfläche fast ausschliesslich von dem letzteren aus, so dass diese Erscheinung den Eindruck hervorruft, als ob die Markstrahlen aus dem Holze hervorwüchsen. Das ursprünglich gleichartige Vernarbungsgewebe zeigt im Innern bald eine Differenzirung insofern, als im Anschluss an den alten Holzkörper die Organe in Holzzellen sich verwandeln, während nach aussen hin unter den zu parenchyma-

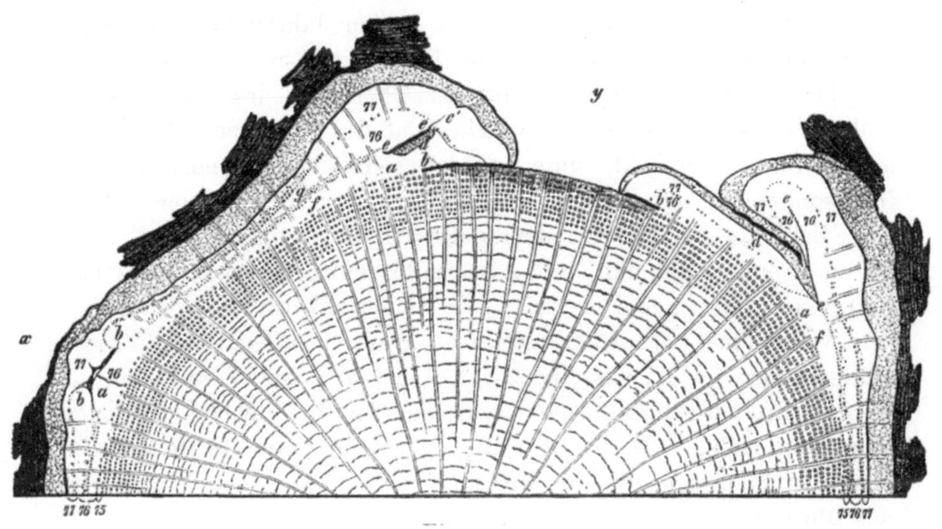

Fig. 112.

Querschnitt eines zwei Jahre vor der Fällung in Folge sehr gesteigerten Zuwachses an vielen Stellen aufgeplatzten Eichenstammes. *x* u. *y* zwei Stellen, an denen die Rinde aufgeplatzt war. *a—b* Neubildung durch Bekleidung. *c* Ueberwallungswulst. *d* Rinde des Bekleidungsgewebes. *e—e* Unterseite der losgelösten Rinde, deren Cambium ebenfalls Neubildungen hervorgerufen hat. Nat. Gr.

tischem Rindengewebe sich verwandelnden Zellschichten eine neue Bastregion entsteht. Zwischen Holz und Bast erhält sich ein Theil des Gewebes als theilungsfähiges Cambium, und auf der Oberfläche des Rindengewebes entsteht eine neue Hautschicht.

In vorstehendem Holzschnitte (Fig. 112), welcher den Querschnitt einer zwei Jahre vor der Fällung durch Sprengung der Rinde beschädigten Eiche darstellt, ist der zwischen bb gelegene Theil der Wundfläche vertrocknet. Beiderseits ist unter dem

Schutze der abgesprengten Rinde (cc) auf dem Holze eine Neubildung durch Vernarbung erfolgt (a, b), die bereits ein zweijähriges Alter (1876 und 77) erreicht hat.

Selbstredend kann auch auf der Innenseite des Rindenkörpers, auf welcher ja ebenfalls cambiales Gewebe haften bleibt, eine Vernarbung eintreten, wenn die losgelöste Rinde mit dem Baume in Verbindung bleibt und ernährt wird. Das Cambium setzt dann seinen Theilungsprocess in normaler Weise fort, nachdem es zuvor ebenfalls in kurzzelliges Cambium sich umgewandelt hat. Auf diese Weise ist in Fig. 112 in den beiden Jahren nach der Loslösung der Rindenlappen e—e eine Neubildung entstanden.

Der Holzkörper, welcher auf der Oberfläche des blossgelegten Holzstammes und derjenige, welcher auf der Innenseite des losgelösten Bastes entsteht, unterscheidet sich durch abnormen Bau, insbesondere durch Kurzzelligkeit, durch das Fehlen oder die geringe Zahl der Gefässe von dem normalen Holze, und H. de Vries[2]), der zum ersten Mal auf diese Abnormität aufmerksam gemacht hat, bezeichnet derartiges Holz mit dem Namen „Wundholz".

Vertrocknet das Cambium auf einem von Rinde entblössten Holzstamme, bevor dasselbe zur Entwicklung von Vernarbungsgewebe schreiten konnte, oder fehlt auf der Wundfläche das Cambium überhaupt, z. B. bei Astwunden u. s. w., dann bleibt als einziger Reproductionsprocess die Ueberwallung vom Wundrande aus übrig.

Der Ueberwallungsprocess geht aus von dem Weichbaste und dem Bildungsgewebe, dem Cambium des Wundrandes (Fig. 110 g) und erklärt sich rein mechanisch aus der Verminderung des Rindendruckes auf dieses Gewebe. Das jährliche Dickenwachsthum des Stammes veranlasst eine Ausdehnung des Rinden- und Bastmantels, die zwar dadurch im Wesentlichen ausgeglichen wird, dass die noch lebenden Zellen dieser Gewebe durch Zelltheilung und Zellwachsthum sich der Zunahme des Stammumfanges entsprechend ausdehnen, während die todten äusseren Theile Längsrisse bekommen, es bleibt aber immerhin eine Spannung des Rindenmantels bestehen, welche einen bedeutenden Druck auf das cambiale Gewebe ausübt. Wird nun durch eine bis auf den Holz-

---

[2]) Hugo de Vries, Ueber Wundholz (Flora 1876).

körper eindringende Verwundung dieser Druck auf das Bildungsgewebe local vermindert, so erfolgt ein beschleunigter Zellenthei-
lungs- und Wachsthumsprocess, der nicht nur unmittelbar am Wundrande selbst, sondern noch auf weitere Entfernung von da wahrzunehmen ist (Fig. 110 bis g). Soweit die Druckverminderung eingetreten ist, also in Fig. 112 noch auf mehrere Centimeter von den
Punkten aa entfernt, verwandelt sich das normale Cambium in
kurzzelliges Wundcambium, aus dem ein üppig wucherndes Wundholz ohne Gefässe und deutliche Markstrahlen hervorgeht. Am
lebhaftesten ist der Zellentheilungsprocess nach der Wundfläche
selbst hin, wo ja überhaupt kein Gegendruck erfolgt, und man
sieht den Callus oder Ueberwallungswulst zwischen Holz und
Rinde hervortreten. Entweder schon in demselben Jahre oder
erst später nimmt das Wundholz wieder einen normalen Charakter
an, doch bleibt das Rindengewebe des Ueberwallungswulstes noch
eine Reihe von Jahren dünner und ausdehnungsfähiger und übt
somit auch einen geringeren Druck aus, wie die alte Rinde oder
Borke. Die Wuchssteigerung beschränkt sich somit nicht auf das
erste Jahr, sondern erhält sich oft so lange, bis endlich die von
den verschiedenen Wundrändern ausgehenden Ueberwallungswülste
zusammentreffen und miteinander verwachsen.

Diese Verwachsung wird erschwert oder gar unmöglich gemacht bei solchen Bäumen, die bald auch auf den Ueberwallungswülsten mit einer todten Borke sich bekleiden.

Ist das Rindengewebe der aufeinander stossenden Neubildungen
dünn, lebend und nicht von starker todter Borke bekleidet, so wird
bei weiterem Dickenwachsthum das die beiden Wülste bekleidende
Rindengewebe gleichsam herausgequetscht und, nachdem Cambium-
region auf Cambium gestossen sind, erfolgt völlige Verwachsung.
Starke Borke kann diese Verwachsung viele Jahrzehnte verhindern,
wie z. B. bei der Kiefer (Fig. 116).

Berücksichtigt man, dass der Rindendruck als Folge der Um-
fangsvergrösserung des Stammes vorzugsweise in horizontaler
Richtung, also ähnlich wirkt, wie ein Fassreif auf die Fassdauben
drückt, so erklärt sich, wesshalb ein Längsschnitt in der Rinde
einen weit lebhafteren Ueberwallungsprocess nach sich ziehen muss,
als ein Querschnitt. Die eigenartige Ueberwallung der Astwunden vorzugsweise von den Seitenrändern aus erklärt sich hieraus hinlänglich.

Wird der Rindendruck bei einer Verwundung nicht oder nur wenig vermindert, wie dies der Fall ist bei Quetschwunden, z. B. Baumschlag u. dgl., dann tritt gar keine oder nur eine sehr langsame Ueberwallung ein. Die todte Rinde, welche über der gequetschten und getödteten Stelle erhalten bleibt, und von den gesunden Rindentheilen nicht getrennt wird, lässt es nicht zu einer Druckverminderung am Wundrande kommen und so unterbleibt die Ueberwallung.

Es mag schliesslich noch darauf aufmerksam gemacht werden, dass die Gestalt der Wunde viele Jahrzehnte sich auf der Aussenfläche des Baumes erkennen lässt, da ja die Grenze der alten und der jungen Rinde sich lange Zeit zu erhalten pflegt.

Dass eine Verwachsung des blossgelegten Holzkörpers der Wunde mit dem sich später darüber lagernden Holze des Ueberwallungsgewebes unmöglich ist, bedarf kaum der Erwähnung, zumal die äusseren Holzschichten der Wunde zuvor absterben, vertrocknen und mehr oder weniger tief sich zersetzen.

Es führt uns dies zur Betrachtung der Veränderungen, die in dem durch Verwundung blossgelegten Holzkörper eintreten. Bei den Nadelhölzern, soweit solche mit Harzkanälen ausgestattet sind, schützt sich die Wundfläche mehr oder weniger erfolgreich durch „Verharzung" der äusseren Holzlagen.

Die Harzgänge, in welche das mit Harz vermischte Terpentinöl aus den umgebenden parenchymatischen Zellen, in denen es gebildet wurde (Harzbildungszellen), ausgeschieden wird, verlaufen bekanntlich im Holzkörper sowohl in lothrechter wie in horizontaler, d. h. radialer Richtung. Die letzteren, die wir Markstrahlkanäle nennen, stehen, wie ich zuerst nachgewiesen habe, mit den lothrechten Kanälen hier und da in offener Communication dadurch, dass die parenchymatischen Auskleidungszellen an den Stellen, wo beide Kanäle sich berühren, seitlich nicht aneinander schliessen, sondern weit auseinander treten (Fig. 113 e).

Durch diese Intercellularräume kann das Harz des lothrechten Kanals mit Leichtigkeit in den Markstrahlkanal gelangen, und wird letzterer durch eine äussere Verwundung des Holzstammes geöffnet, so kann das Harz sich frei nach aussen ergiessen. So erklärt sich der reiche Harzerguss aus dem Nadelholzstamm, wenn behufs Harznutzung der Rindenkörper stellenweise abgeschält wird. Das aus der Wundfläche ausgetretene Harz bildet eine unter dem oxydirenden Einflusse der Luft bald erstarrende Schicht. Selbstredend trägt auch die theilweise Verflüchtigung des Terpentinöls zur Erstarrung der ausgeflossenen Mischung von Harz und Terpentin bei.

Auf der Abhiebsfläche eines Stammes oder Astes sieht man im Sommer und Winter sehr bald reichlichen Harzerguss aus dem Splinttheile hervortreten, während die älteren Holzschichten bei Kiefer, Fichte und Lärche diesen Harzausfluss nicht erkennen lassen, obgleich diese Theile oft harzreicher sind, als die Splintschichten.

Ich glaube, dass sich diese Erscheinung leicht dadurch erklären lässt, dass im Splinte nicht nur die Holzwandungen mit Wasser voll gesättigt, sondern auch die Innenräume der Tracheiden zur Hälfte und mehr mit Wasser erfüllt sind. Das in den Harzkanälen befindliche Terpentinöl kann sich trotz seiner flüchtigen Beschaffenheit nicht weiter im Holzkörper verbreiten und wird bei Verwundungen aus den Kanälen herausgedrängt. Verliert der Holzkörper im höheren Alter-

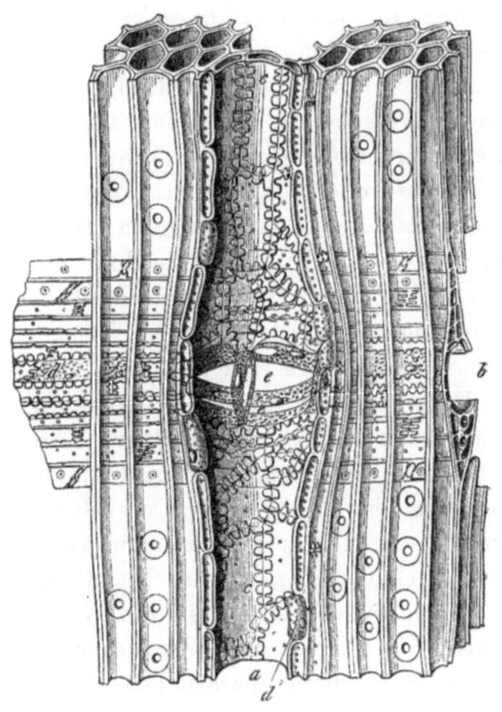

Fig. 113.

Offene Verbindung eines lothrechten Harzkanals *a* mit einem Markstrahlharzkanal *b* aus der Fichte. Die Auskleidungszellen beider Kanäle sind meist sehr dickwandig und leer, die Wandungen zwischen je zwei Auskleidungszellen reich getüpfelt *c c*. Nur eine geringe Zahl derselben bleibt dünnwandig, zeigt Zellkern und Plasma und dient der Terpentinbereitung *d d*. Da, wo der vordere lothrechte Kanal *a* mit seiner Rückwand den hinterliegenden horizontalen Kanal *b* berührt, sind die Auskleidungszellen der beiden sich berührenden Kanalwände sehr zart und durch grosse Intercellularräume *e e* von einander getrennt, und diese letzteren vermitteln den Uebergang des Terpentins aus dem einen Kanal in den anderen.

seine Wasserleitungsfähigkeit, gleich, ob damit Verkernung verbunden ist oder nicht, wird dasselbe also wasserarm, dann ist der Verbreitung des Terpentinöls im Holzkörper kein solches Hinderniss in den Weg gestellt. Dasselbe dringt nicht nur in die Holzwände selbst ein und verkient dieselben, sondern es schlägt sich auch tropfenweise auf den Wandungen im Lumen der Tracheiden nieder; ja oft genug füllen sich dieselben vollständig mit Terpentin, resp. Harz an. Aelteres Kiefernholz wird dadurch nicht selten so vollständig verharzt, dass selbst Holzscheiben von Fingerdicke das Licht durchscheinen lassen. Wird älteres, nicht mehr der Wasserleitung dienendes Holz durchschnitten, so tritt kein Terpentinöl mehr hervor, denn dieses ist ein Bestandtheil der Holzwandungen geworden oder im Lumen der Tracheiden abgelagert.

So erklärt es sich nun auch, dass der Splintkörper, wenn er in Folge von Verwundungen blossgelegt wird und in seiner äusseren Lage vertrocknet, völlig verkient. An Stelle des durch Verdunstung verloren gegangenen Wassers tritt alsbald das Terpentinöl, das ja in reichlicher Menge durch die Harzkanäle von anderen Orten zugeführt wird. Diese verkienten Aussenschichten bilden einen weiteren Schutz gegen äussere Nachtheile.

Höchst eigenartig ist die Verharzung der alten Nadelholzstöcke und die Wanderung des Terpentins bei Bäumen, deren Holz durch parasitische Pilze zerstört wird. Aus den zersetzten Holztheilen wandert das Terpentinöl an die Grenze des gesunden und erkrankten Holzes. Man möchte zu der Annahme sich versucht fühlen, es werde mit der Zerstörung der Zellwände durch das Pilzmycel das Terpentinöl in den Micellarinterstitien derselben wieder frei, flüchtig und durchdringe solche Zellwände, die noch nicht oder nur in geringem Grade von der Zersetzung angegriffen sind. Thatsache ist, dass solche Holzpartien, welche am längsten vor den Angriffen der Pilze geschützt waren, sich vollständig mit Harz sättigen, während in den zersetzten Theilen nur wenig Harzreste zu finden sind. Der Kern alter Kiefernstöcke ist desshalb sehr harzreich, wenn der Splint zerstört worden ist. Für die Annahme, dass die Zellwände bei der Zersetzung des Holzes sich in Harz umwandeln, fehlt zur Zeit noch der Beweis.

Wenn Laubhölzer in der Weise verwundet werden, dass der Holzkörper blossgelegt wird, also bei Aestungen, Schälverwundungen u. s. w., so schützt sich das Innere des Baumes auf zweierlei Weise gegen die ungünstigen Einflüsse der Aussenwelt. Einestheils entstehen in den Gefässen Thyllen, durch welche diese völlig verstopft werden, so dass kein Tagewasser eindringen kann und das Verdunsten des in den Gefässen befindlichen Wassers verhindert wird, anderentheils bildet sich in der Nähe der Wundfläche eine reiche Menge von Gummi, welches den Innenraum der Organe besonders der Gefässe ausfüllt, verstopft und dadurch gegen die nachtheiligen Einflüsse der Aussenwelt einigermaassen schützt. Die directe Einwirkung des Sauerstoffs der Luft dürfte es sein, welche die Bräunung des unter der Wundfläche liegenden Holzes veranlasst, indem insbesondere die Gerbstoffe bei höheren Oxydationsstufen braune Färbung annehmen.

Die vorangeführten Schutzmittel sind aber nicht genügend, um den blossgelegten Holzkörper vor der Zerstörung und Zersetzung zu schützen. Bei den Laubholzbäumen treten desshalb auch viel leichter Wundkrankheiten auf, als bei den harzreichen Nadelhölzern.

Auf die parasitären Wundkrankheiten ist schon im vorangegangenen Abschnitt aufmerksam gemacht und werde ich noch bei der nachfolgenden Besprechung der Baumästung hierauf zurückkommen. Nun giebt es aber ausser diesen parasitären Wundfäulen Zersetzungen des Holzes, bei denen parasitäre Pilze nicht betheiligt sind, bei denen vielmehr saprophytische Pilze unter Mitwirkung der Atmosphärilien eine Reihe verschiedenartiger Holzzerstörungen veranlassen. Ich habe in Vorschlag gebracht, diese verschiedenartigen, noch nicht untersuchten Zersetzungsformen einstweilen mit dem Collectivnamen „Wundfäule"[3]) zu belegen.

Eine wissenschaftliche Bearbeitung der zahlreichen, hierher gehörenden Zersetzungsformen hat noch nicht stattgefunden. Wird ein grösserer Stammtheil in Folge eintretender Functionslosigkeit zum Absterben geführt, wie das der Fall ist bei knospenlosen Aststummeln, bei den Wurzelstöcken gefällter Bäume, an grösseren durch Wild, Sonnenbrand u. dgl. entrindeten Baumtheilen, die durch Vertrocknen schnell auf grössere Tiefe hin absterben, so kann die Zersetzung unter dem Einflusse saprophytischer, den

---

[3]) Zersetzungserscheinungen etc. Seite 63.

Hymenomyceten oder den Ascomyceten angehörender Pilze schnell
von Statten gehen, zumal wenn der ungehinderte Zutritt des
Regenwassers die Pilzvegetation fördert. Ist die Aufsaugung
von Wasser und der Zutritt der Luft durch die Wundfläche ermöglicht und erleichtert, wie dies der Fall ist bei Wurzelverwun-
dungen oder an nicht getheerten Astwunden, dann verbreitet sich die
Wundfäule zwar weitaus nicht so schnell wie die parasitäre Wundfäule im Stamm, doch dringt die Zersetzung in der Richtung,
welche das aufgenommene Wasser in den leitenden Organen ein-
schlägt, ziemlich schnell vor. Der sogenannte falsche Kern der
Rothbuche geht immer von Wundstellen aus und unter dem Einfluss der Luft sind nicht nur alle Gefässe mit Füllzellen verstopft,
sondern es hat auch eine Veränderung des Gerbstoffs stattgefunden,
welche zu der Braunfärbung des Kernes Veranlassung giebt. Von
den Wunden dringen langsam saprophytische Pilze nach, welche
dann den falschen Kern in Faulkern umwandeln. Je schneller
eine Wundfläche geschlossen wird, sei es auf künstlichem Wege,
sei es durch natürliche Reproductionsvorgänge, je besser für den
Baum. Die Wundfäule schreitet dann, wenn Luft und Wasser
abgeschlossen sind, so langsam vor, dass an einem seit 100 Jahren
überwallten Eichenaste meiner Sammlung diese Fäulniss nach
Wundenschluss nur um 1 cm weit vorgerückt war.

Die Behandlung der Wunden ergiebt sich aus dem vorstehend Mitgetheilten. Sie hat zweierlei ins Auge zu fassen, einmal den Heilungsprocess und zweitens die Verhütung von Wundkrankheiten infectiöser und nicht infectiöser Art.

Was den Heilungsprocess betrifft, so ist die vollkommenste
Form desselben, nämlich der Bekleidungs- oder Vernarbungsprocess,
nur dann zu erhoffen, wenn die Wunde in einem Abschälen der
Rinde zur Zeit der cambialen Thätigkeit bestand und sofort nach
deren Entstehung ein Verband angelegt werden kann, der das Vertrocknen des Cambiums verhindert, ohne mit demselben in Berührung zu treten.

Ein Umwickeln des Stammes mit zuvor angefeuchtetem Wachs-
tuch, Strohseilen u. dgl. ist das einzige uns zur Verfügung stehende
Mittel.

Ist eine Vernarbung nicht zu erhoffen, dann ist der Ueberwallungsprocess möglichst zu fördern dadurch, dass man alle

todten und gequetschten Rindentheile, welche einen nachtheiligen
Druck auf den Wundrand ausüben könnten, mit scharfem Schnitte
entfernt und nur solche Rindentheile sorgfältig schont, die etwa
auf der Wundfläche unverletzt geblieben sind und mit dem Wundrande so im Zusammenhange stehen, dass sie ernährt werden.

Von ihnen aus schreitet der Ueberwallungsprocess ebenso
schnell vor, wie von dem eigentlichen Wundrande.

Zur Verhütung der Wundkrankheiten dient ebenfalls die
Beseitigung aller von dem Holzkörper getrennten Rindentheile des
Wundrandes, da zwischen ihnen und dem Holzkörper sich die
Feuchtigkeit lange Zeit erhält und vom Holze eingesogen wird, wo-
durch die Processe der Wundfäule begünstigt werden, weil ferner
hier am liebsten die Sporen der Infectionspilze keimen und in das
Innere des Baumes eindringen.

Bei den Nadelholzbäumen, welche Harzkanäle besitzen, ist
ein Schutz der Wunde nur dann nöthig, wenn ein stärkerer Ast
mit Kernholz abgeschnitten oder abgebrochen ist, und wenn im
Sommer die Rinde vom Holzkörper, z. B. bei Sommerästung,
Sommerschälen des Wildes, abgelöst ist. Die Fichte ist gegen
derartige Verwundung im höchsten Grade empfindlich.

Laubhölzer bedürfen jederzeit eines Schutzes, und bekanntlich bedient man sich des Baumwachses in der Gärtnerei, des
Steinkohlentheers im Forstbetriebe, um eine wasserdichte Schutz-
schicht auf der Wunde herzustellen. Die wiederholt von Prak-
tikern behauptete nachtheilige Wirkung des Theers auf die Gewebe
habe ich nie bemerkt, vielmehr kann ich constatiren, dass der
Theer nur in die geöffneten Organe eindringt und deren Zellwände
imprägnirt, dass Zellen in unmittelbarster Nachbarschaft solcher
mit Theer erfüllten Gefässe und Holzfasern noch nach einer Reihe
von Jahren völlig gesund und lebend waren.

Zu den Reproductionserscheinungen, die nach Verwundungen
der Bäume auftreten und den Ersatz verloren gegangener Theile
liefern, gehören noch — die „Praeventivknospen".

Von den Blattachselknospen eines Jahrestriebes entwickelt sich
im Folgejahre immer nur eine beschränkte Zahl zu neuen Trieben.
Die Mehrzahl und zwar besonders die am Grunde der Triebe über
den Knospenschuppen und den unteren wenig entwickelten Blättern
stehenden Axillarknospen bleiben auf einer niederen Entwicklungs-

stufe stehen und treiben im nächsten Jahre in der Regel nicht aus. Sie liefern vielmehr die schlafenden Augen, welche im Gegensatz zu den unter Umständen neu entstehenden Knospen, den Adventivknospen, von Th. Hartig Praeventivknospen genannt sind, weil sie schon vom ersten Lebensjahre des betreffenden Stammtheiles an vorhanden sind und nur unter gewissen Verhältnissen hervorkommen, d. h. zu neuen Trieben (Wasserreiser, Räuber u. s. w.) sich entwickeln.

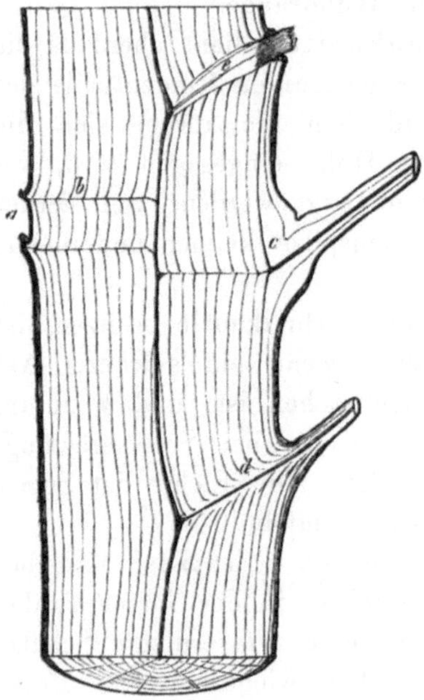

Diese ruhenden Blattachselknospen können sich 100 Jahre und länger am Leben erhalten, zumal bei glattrindigen Bäumen, wie der Rothbuche u. s. w.

Die Praeventivknospen (Fig. 114 a) ruhen nur in Bezug auf ihr Spitzenwachsthum, zeigen aber ein eigenes Längenwachsthum, welches als intermediäres von Th. Hartig bezeichnet worden ist. Alljährlich verlängert sich nämlich der zarte Gefässbündelkreis, welcher von der Markröhre des Stammtheiles, dem sie aufsitzen, zu ihnen verläuft (Fig. 114 b), um die Länge des jährlichen Dickenzuwachses dieses Baumtheiles. Dieses Wachsthum ist völlig analog dem der Senkerwurzeln von Viscum album oder dem Längenwachsthum der Markstrahlen, d. h. der innere Knospenstamm besitzt

Fig. 114.

Längsschnitt durch einen 12jährigen Buchenstamm. Bei *a* zwei schlafende Blattachselknospen, deren Knospenstämme *b* rechtwinklig zur Hauptaxe stehen. Ein drittes Auge *c* ist seit zwei Jahren zum Ausschlag entwickelt. *d* Ein Kurztrieb, der durch Entfaltung einer Knospe am einjährigen Trieb entstanden ist. *e* Ein seit 4 Jahren abgestorbener Trieb. Natürl. Gr.

ein eigenes Cambium da, wo er die Cambialregion des Stammes durchsetzt.

Hier schiebt sich durch Zelltheilung, welche mit der Zelltheilung des allgemeinen Cambiums gleichen Schritt hält, ein doppeltes Stück ein, nämlich ein grösseres von der Länge des Holzringes nach innen, ein kleineres von der Länge des Bastzuwachses nach aussen; zwischen beiden Stücken bleibt eine Cambialregion zurück, bis endlich das schlafende Auge abstirbt und nun der rechtwinklig zur Hauptaxe stehende und jedes eigenen Dickenzuwachses entbehrende Knospenstamm von dem weiterhin entstehenden Holzzuwachse überwachsen und eingeschlossen wird.

Zahlreiche Knospenstämme durchsetzen, den Markstrahlen gleich, den Holzstamm der Laubholzbäume. Gelangen sie zum Austreiben (Fig. 114 c), dann producirt von da an der Trieb einen eigenen kräftigen Holzkörper, der mit seiner Markröhre spitzwinklig zur Hauptaxe des Stammes steht.

Einen eigenartigen Entwicklungsgang schlägt bei einzelnen Holzarten, insbesondere oft bei der Rothbuche, ein Theil der schlafenden Augen nach dem Aufhören des intermediären Zuwachses ein. Es entstehen durch concentrisches Dickenwachsthum des im Rinden- und Bastgewebe liegenden Holztheiles des Knospenstammes jene bekannten Holzkugeln (Sphaeroblasten) (Fig. 115), die oftmals in der Grösse einer Büchsenkugel und darüber über die Oberfläche der Baumrinden hervorragen und leicht aus derselben herausgedrückt werden können, da sie völlig ausser Zusammenhang mit dem Holz des Stammes stehen.

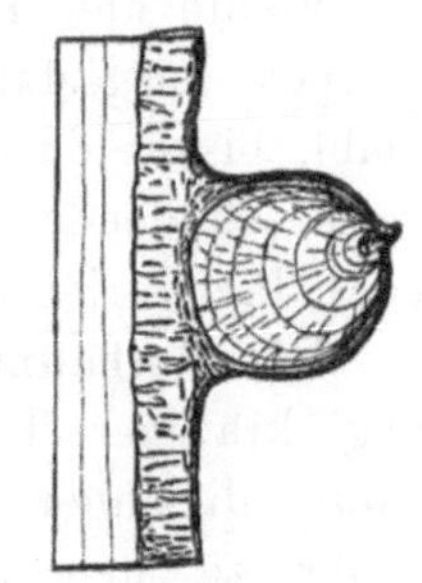

Fig. 115.
Kugeltrieb einer Rothbuche aus schlafendem Auge entstanden, nachdem dieses von seinem Knospenstamm abgetrennt worden war. Nat. Gr.

Schlafende Augen sind bei unseren Nadelholzwaldbäumen sehr sparsam, da fast alle vorhandenen Blattachselknospen sich zu Kurztrieben zu entwickeln pflegen. Bei den Kiefern bleiben im höheren Alter nur 1 oder 2 Knospen in jedem Quirl schlafend, äusserst selten sieht man am Grunde der Triebe, woselbst die Kurztriebe (Nadelbüschel) fehlen, eine schlafende Knospe zur Entwicklung gelangen. Wird eine Kiefer durch wiederholten Raupenfrass so beschädigt, dass nicht allein alle Nadelbüschel mit den zwischen ihnen ruhenden Knospen (Scheidenknospen), sondern auch die jüngsten Triebe mit den Quirlknospen vertrocknen, dann besitzt der Baum nur noch jene schlafenden Quirlknospen der mehrjährigen Triebe, die zu sogenannten Rosettentrieben aussprossen, ohne im Stande zu sein, das Leben des Baumes zu erhalten.

Diese Rosettentriebe bestehen entweder nur aus den einfachen Blättern, die dann breit schwertförmig zum Vorschein kommen, oder es kommen auch einzelne Nadelbüschel zwischen diesen zur Entwicklung.

Bei der Lärche besitzen nur etwa 10 °/₀ der Nadeln des einjährigen Triebes Blattachselknospen und diese entwickeln sich sämmtlich zu Kurztrieben (Nadelbüscheltriebe) oder Langtrieben. Eine Reproduction kann nur durch kräftigere Entwicklung der Kurztriebe erfolgen.

Fichte und Tanne sind ebenfalls nur sparsam mit Blattachselknospen ausgestattet, von denen aber ein kleiner Theil schlafend bleibt, bis er durch besondere Umstände zum Leben erweckt wird. Diese schlafenden Augen befinden sich oft kranzförmig am Grunde jedes Jahrestriebes.

Die Verhältnisse, unter denen schlafende Augen zur Entwicklung kräftiger Triebe veranlasst werden, sind verschiedenartiger Natur, die aber gemeinsam haben, dass eine kräftigere Nährstoffzufuhr zu den Knospen erfolgt. Beispielsweise führe ich an: Aestung, Stammabhieb, Freistellung, Entlaubung durch Insectenfrass, Spätfrost u. s. w.

Adventivknospen sind alle die, im Allgemeinen seltener auftretenden Knospenbildungen, die in ihrer ersten Anlage nicht in den Achseln der Blätter entstanden sind, sondern an anderen Punkten des Stengels, der Wurzel oder Blätter erst in späterem Alter des betreffenden Pflanzentheils neu entstehen, also zu den Axillarknospen „hinzukommen". Nur selten entstehen solche Adventivknospen oberirdisch an unverletzten Pflanzentheilen, während an den Wurzeln mancher Holzarten ganz regelmässig Knospen endogenen Ursprungs (Wurzelbrut) sich bilden. Dagegen gehört ihre Entstehung im Wundgewebe des Ueberwallungswulstes oder der Vernarbungsschicht zu den häufigen Erscheinungen (Fig. 129). Sie entstehen hier nahe unter der Oberfläche im noch theilungsfähigen, callösen, parenchymatischen Gewebe, bilden ihren Gefässbündelkreis, der nach innen sich fortsetzend mit dem Holzkörper des Ueberwallungswulstes in Verbindung tritt.

Ganz ähnliche Entstehung zeigen die Adventivwurzeln, die endogen sowohl aus unverletzter Rinde, wie aus dem Wundgewebe hervorgehen können.

§ 20. Die Verwundungsarten[1]).

Bei der unendlichen Mannigfaltigkeit der Verwundungsarten kann es unsere Aufgabe nur sein, eine Reihe der allgemeiner interessanten Beschädigungen zu besprechen.

Schälen des Wildes.

Das Rothwild schält meist nur Nadelholzbäume, seltener auch Laubholz, z. B. Rothbuchen; wogegen das Damwild die meisten, vielleicht alle unsere Waldbäume schält, wenn auch einzelne Holz-

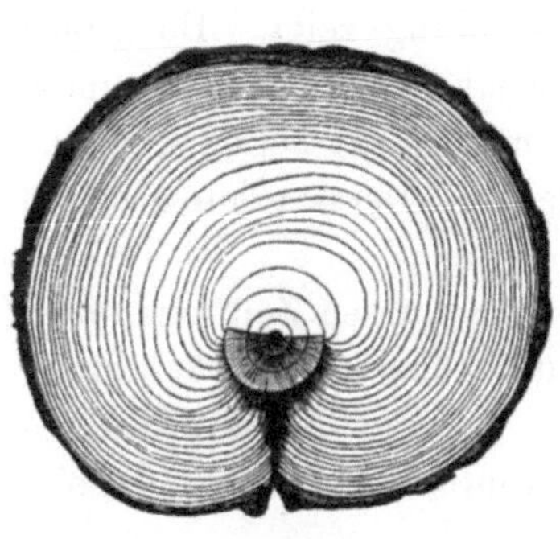

Fig. 116.
Kiefernstammquerschnitt
mit überwallter Rothwildschäl-
wunde, die nach 24 Jahren
noch nicht völlig geschlossen
ist. ⅓ Natürl. Gr.

Fig. 117.
Fichtenstammquerschnitt mit drei Wildschäl-
wunden. ½ Natürl. Gr.

arten, z. B. die Esche, bevorzugt werden. Auch Rehe, Hasen und Kaninchen schälen gelegentlich. Das „Fegen" der Rehe besteht dagegen bekanntlich im Abreiben der Rinde jüngerer Pflanzen mit dem soeben ausgebildeten Gehörne.

Im Winter schält das Wild aus Noth, indem es die mehlreichen Rinden glattrindiger Bäume abknabbert zur Stillung des Hungers, im Sommer, zur Zeit, in der die Rinde sich leicht loslöst, erfolgt mehr ein Losreissen grösserer Rindenlappen oft bis zu beträchtlicher Höhe hinauf. Die Ansichten über das Motiv des Sommerschälens sind getheilt. Am wahrscheinlichsten ist mir,

---

[1]) R. Hartig, Zersetzungserscheinungen, S. 67 ff.

dass der reiche Zuckergehalt der Rinde dem Wilde eine angenehme Leckerei ist. Es ist von anderer Seite auf den Gerbstoffgehalt der Rinde hingewiesen und die Vermuthung ausgesprochen, dass in ihm dem Wilde ein wichtiges Arzneimittel für die Verdauung sich darbiete. Andere wieder erkennen in dem Sommerschälen nur die Fortsetzung der in der Noth des Winters erlernten Ernährungsweise. Das Wild schäle somit aus Angewöhnung auch im Sommer, wenn anderweite Aesung in hinreichendem Maasse vorhanden ist.

Fichte und Weisstanne sind der Gefahr des Schälens am längsten ausgesetzt, weil ihre Rinde in Brusthöhe lange Zeit glatt bleibt und erst in späterem Alter Borkebildung zeigt. Bei ihnen wiederholt sich desshalb auch oft nach mehrjährigen Zwischenräumen die Verwundung (Fig. 117), und kann man nicht selten Stämme finden, welche bis fünfmal in verschiedenen Altersstadien geschält wurden.

Kiefer und Lärche sind nur in einem kurzen Zeitraume dem Schälen ausgesetzt, zumal die Kiefer, da frühzeitig Borkebildung bei ihnen eintritt. Bei der Kiefer werden nur die 3- bis 5jährigen Schafttheile geschält, vorher stört in Kopfhöhe die Benadelung, später die Borke.

Der Schaden, welcher durch das Schälen veranlasst wird, ist verschieden nach Holzart, Jahreszeit und nach der Ausdehnung der Wunde. Die harzreiche Kiefer leidet sehr wenig, wenn nicht etwa die Schälung rings um den Stamm erfolgt, also eine Ringwunde wird. Die blossgelegten Holztheile vertrocknen und füllen sich mit Terpentin und Harz so reichlich an, dass dadurch weitere Zersetzung verhindert und das Vertrocknen der inneren Theile verlangsamt wird. Dagegen schliesst sich die Wunde sehr schwer, da die frühzeitig eintretende Borkebildung das Verwachsen der Ueberwallungswülste verhindert.

Die Fichte ist dagegen weit empfindlicher gegen das Schälen, nicht allein weil dasselbe bei ihr erst in späterem Alter beginnt und weit grössere Wundflächen entstehen, sondern vor allem desshalb, weil die Wunde nicht in dem Maasse verkient wie bei der Kiefer. Das Winterschälen ist weniger nachtheilig als das Sommerschälen, weil einestheils die Verwundung weniger gross zu sein pflegt, weil ferner bis zu der Zeit, wo höhere Wärmegrade die

Entstehung der Wundfäule oder das Keimen parasitischer Pilze befördern, die Verharzung der Wundfläche erfolgen kann.

Dringen Parasiten ein, dann verbreitet sich die Zersetzung schnell nach allen Richtungen und hat die Zerstörung des Baumes zur Folge. Andernfalls beschränkt sich die Wundfäule darauf, den inneren Holzkörper zu bräunen, ohne dass die in den Jahren nach der Verwundung entstandenen Holztheile angegriffen würden. Bleibt die Wunde lange offen, dann kann die Wundfäule sehr bedeutende Intensität erreichen, in der Regel erstreckt sie sich aufwärts im Stamm nur wenige Meter, so dass bei dieser Art von „Rothfäule" der Stamm nach Entfernung einiger Scheitlängen gesund ist. Dass bei eintretendem Schneedruck an den Schälwundstellen die geringste Widerstandskraft sich findet, dort also am ehesten Bruch erfolgt, ist leicht erklärlich.

Schälwunden der Mäuse.

Besonders die Waldmaus, Mus silvaticus, und die Feldmaus, Arvicola arvalis, schädigen die Laubholzschonungen durch Benagen der Rinde während des Winters. Insbesondere leiden Buchenschonungen oft in hohem Grade. Lässt man die beschädigten Pflanzen stehen, so entwickeln sich

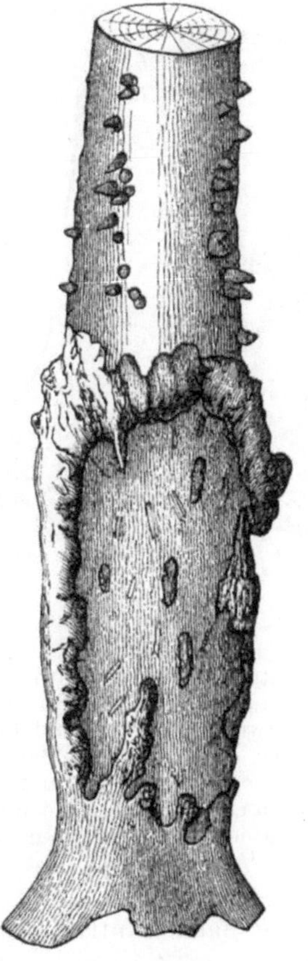

Fig. 118.

Rothbuche, von Mäusen über dem Wurzelstocke grossentheils geschält. Auf der linken Seite ist eine Verbindung geblieben. Oberhalb der Wunde zahlreiche Adventivwurzeln aus unverletzter Rinde hervorkommend. $^1/_1$ natürl. Gr.

die meisten derselben im Frühjahre scheinbar völlig normal, da ja der Holzkörper noch die Saftleitung nach oben zu verrichten im Stande ist. Im Laufe des Sommers vertrocknet der blossgelegte Holzkörper von aussen nach innen fortschreitend, es tritt auch noch Wundfäule hinzu, und mit dem Verluste der Saftleitungsfähigkeit der beschädigten Stelle über dem Wurzelstocke vertrocknet die Pflanze, wenn das Benagen die Rinde im ganzen Umfange des Stämmchens entfernt hat. Wenn man erst dann dieselbe über dem Boden abschneidet, so pflegt kein Ausschlag mehr zu erfolgen. Wenn man dagegen vor Laubausbruch die Schonungen durchsuchen und alle beschädigten Pflanzen über dem Boden abschneiden lässt, dann erfolgt unter der Beihilfe der noch in den Wurzeln vorhandenen Reservestoffvorräthe ein kräftiger Ausschlag, der in kurzer Zeit den Schaden nahezu verschwinden lässt. Stärkere Pflanzen erhalten sich wohl mehrere Jahre am Leben und zeigen selbst Adventivwurzelbildung über der Ringwunde, wie an dem Fig. 118 dargestellten Exemplare.

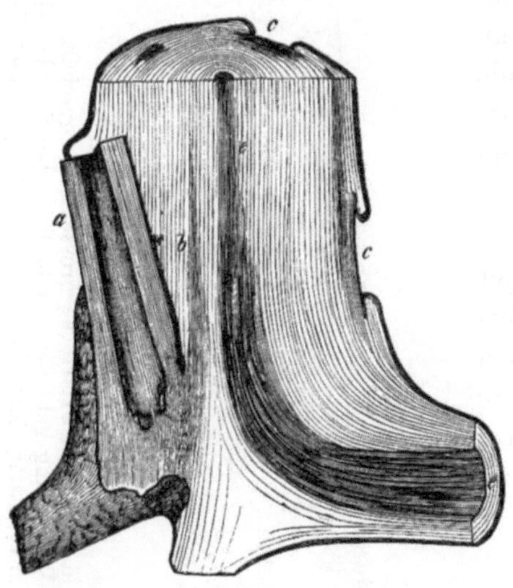

Fig. 119.

Fichtenstock von einem Zwilling.

Der eine Stamm *a* ist in der Durchforstung abgehauen, inzwischen verfault und die Wundfäule steigt bei *b* in dem gesunden Stamme aufwärts. Bei *c c* sind Schälwunden durch Holzschleifen und bei *e* steigt die Wundfäule einer beschädigten Wurzel im Stamme aufwärts. $^1\!/_{10}$ Natürl. Gr.

Schälwunden durch Holzrücken, Viehtritt, Wagenräder etc.

Zu den häufigsten Verwundungen der Stämme am Wurzelanlaufe und an den flachstreichenden Wurzeln gehören die Abschälungen, welche beim Transport des Langholzes besonders an Bergabhängen erzeugt werden. Beim Schleifen der Stämme wird die Rinde am Fusse der stehenden Bäume, zumal wenn das Holzrücken an die Wege nach Eintritt der Saftzeit erfolgt, auf grossen Stellen abgeschält. Auf Viehtriften, Viehlagerstätten, auf Wegen werden die flachstreichenden Wurzeln mannigfach verletzt und dringt von solchen Stellen die Wundfäule bei der Fichte um so höher im Stamme aufwärts, je reichlicher die Bodenfeuchtigkeit zu der Wunde Zutritt findet (Taf. Fig. 6). Die mit Moos oder Humus bedeckten Wundstellen sind desshalb viel gefährlicher, als völlig frei liegende Stellen.

Die meisten braunen (rothfaulen) Stellen, die auf den Abhiebs-
flächen der Fichtenstämme zu sehen und nach dem Abschneiden
einer oder zweier Scheitlängen vom unteren Stammende verschwunden sind, entstammen solchen Wurzel- oder Wurzelstockverwun-
dungen (Fig. 119). Gelangt das Mycel von Agaricus melleus in solche
Wurzelwunden, dann rückt die Fäulniss weit schneller vor und der
Stamm kann im unteren Theile ganz ausfaulen.

Siedeln sich an einer solchen Wundstelle Waldameisen,
Formica herculeana oder ligniperda, an, dann fressen diese
ihre Gänge oft hoch in dem gesunden Stamme aufwärts, höhlen
den Stamm aus und veranlassen die schnelle Zersetzung des Holzstammes.

Menschenhand ruft absichtlich oder unabsichtlich die mannigfachsten Schälwunden hervor, so z. B. bei Einzeichnung von Figuren oder Schriftzeichen. Werden diese unmittelbar in die
Rinde eingegraben, so besitzt die Schälwunde die Gestalt der Figur,
welche sich auch nach der Ueberwallung noch viele Jahrzehnte durch
die Begrenzung der alten Rinde gegen die Neubildung erhält.
Wurde dagegen zunächst eine grössere Holzfläche von Rinde ent-
blösst und die Figur in den Holzkörper eingegraben, dann verschwindet sie mit dem Schluss der Wunde. Es erhält sich nur
die Grenze der alten Rinde gegen die zuvor abgeschälte Stelle.

Unabsichtlich wird bei dem „Röthen“ der Kiefern behufs
Anlage von Theerringen nicht nur die todte Borke abgeschält,
sondern oft auch der lebende Bast, ja selbst der Holzkörper verletzt. Wenn dann der Theerstrich ausgeführt ist, dringt nachträglich von innen noch Terpentin und Harz aus der Wunde und
bildet einen weisslichen Belag auf dem schwarzen Theer. Irrthümlich hat man aus dieser Erscheinung ableiten wollen, dass der
Theer stellenweise die Rindengewebe aufgelöst und jene Wunde
veranlasst habe.

Ganz ähnliche Wunden entstehen in Folge der Borkenschälung
an alten Kiefern, wie sie hier und da behufs Gewinnung von Borke
zum Bügelfeuer in der Nähe der Städte vorgenommen wird. Auch
das Besteigen der Bäume mit Steigeisen veranlasst vielfache Verwundungen. Beim Gewinnen der Zapfen und der Fichtenhackstreu
entstehen sie am häufigsten.

Quetschwunden.

Bei der Baumfällung im geschlossenen Bestande kommt es oft vor, dass der stürzende Stamm oder ein Ast desselben die Nachbarbäume trifft, deren Rinde streift und quetscht (Baumschlag). Bei Aestungen quetscht die oberste Sprosse der angelegten Leiter die Rinde, bei Insectenvertilgungen wurden früher oftmals die Bäume geprällt, d. h. mit dem Rücken der Axt kräftig getroffen, damit in Folge der Erschütterung die Raupen erschrecken und herabfallen sollten. In Folge solcher Quetschungen stirbt zwar die Rinde ab und der Zuwachs hört auf der beschädigten Stelle auf, aber die Rinde erhält sich lange Zeit in Verbindung mit der lebenden, nicht verletzten Rinde und kann eine Ueberwallung nicht erfolgen, weil ja die Wachsthumssteigerung am Wundrande nur bei aufgehobenem Rindendruck erfolgt. Unter der erst nach vielen Jahren völlig verwesenden todten Rinde, die durch ihr Zusammentrocknen hier und da Risse bekommt, sammelt sich Wasser und fördert die Entstehung von Wundfäule.

Verwundungen bei der Harznutzung.

Die Nutzung des Terpentins resp. Harzes bei den Nadelholzwaldbäumen geschieht in verschiedener Weise. Bei der Weisstanne beschränkt sie sich auf die Nutzung des Oeles, welches sich in den gelegentlich bis zu Taubeneigrösse anwachsenden Rindenbeulen ansammelt (Strassburger Terpentin).

Bei der Lärche bohrt man umfangreiche Löcher in den Stamm, spundet diese zu und gewinnt so das aus den senkrecht im Holzstamm verlaufenden Harzgängen nach unten ausfliessende „Venetianische Terpentinöl". Bei der Schwarzkiefer wird der Rindenkörper in ziemlicher Breite vom Stamme abgelöst und das aus den Markstrahlharzgängen reichlich ausströmende Terpentinöl theils in einer unterhalb der Wundfläche in den Holzstamm eingehauenen Pfanne gesammelt, theils nach der Verharzung von der Wundfläche abgescharrt. Da bald der blossgelegte Holzkörper völlig verkient, die Markstrahlgänge durch Verharzung verstopft werden, so werden successive immer höher liegende Stammtheile geschält.

Bei der Fichte werden Rindenstreifen von 2—4 cm Breite in senkrechter Richtung von etwa 2 m Höhe bis zum Fusse des

Stammes vom Holze abgelöst, und zwar an schwächeren Bäumen nur auf einer Seite; mit zunehmender Dicke des Baumes erfolgt die Harznutzung später auf vier Seiten (Fig. 120).

Wenn das Harz genutzt wird, dann schneidet man an beiden Seiten der Lachte den seit der letzten Nutzung entstandenen Ueberwallungswulst ab und öffnet dadurch neue Harzkanäle, aus denen wiederum Harz auszuströmen vermag.

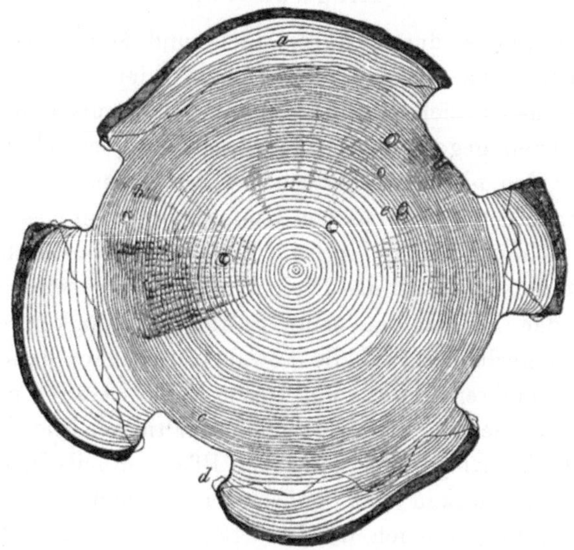

Fig. 120.

Durchschnitt eines Fichtenstammes, der an 4 Seiten seit 10—15 Jahren geharzt ist. Die zwischen den 4 Lachten gelegenen ausserhalb der Grenzlinie gelegenen Splinttheile a sind allein wasserleitend. Das Holz innerhalb der beiden oberen Lachten b ist stark wundfaul, während die beiden anderen Lachten c innerhalb gesundes Holz zeigen. Zahlreiche Sirexgänge e gehen von den oberen Lachten aus.
$^1/_5$ Natürl. Gr.

Der blossgelegte Körper trocknet im Laufe der Jahre aus und es treten Zersetzungserscheinungen ein, welche dadurch sehr befördert werden, dass Sirex-Larven von den Wundstellen aus tief in den Holzstamm eindringen und das Tagewasser durch sie in das Innere des Baumes gelangt. Die Wundfäule dringt oft hoch in den Baum empor und entwerthet die Stämme so sehr, dass in geharzten Beständen die Nutzholzausbeute von 70 auf 20—30 % herab-

sinken kann. Eine Zuwachsverminderung der geharzten Stämme
ist bisher nicht nachgewiesen und von vornherein nicht wahrscheinlich, da ja der Terpentin kein für das Wachsthum des Baumes
verwendbarer Stoff ist. Durch Harzentziehung wird dagegen der
Werth des Holzes selbst sehr beeinträchtigt, weil die Güte desselben in hohem Maasse vom Harzgehalt bedingt wird.

Ringwunden,

wie solche oftmals durch Wildschälen und Mäusefrass entstehen,
wie sie aber auch durch Menschenhand hier und da ausgeführt
werden, wenn es sich darum handelt, in gemischten Beständen
edlere Holzarten gegen dominirende Nachbaren zu schützen, zeigen
nicht immer den gleichen Einfluss auf den geringelten Stamm. Es
ist bekannt, dass durch eine den Umfang des Stammes umfassende,
wenn auch schmale Entrindung die Ernährung des Cambiums unter
der Ringwunde und damit das Dickenwachsthum daselbst aufgehoben
wird. Da der Holzstamm seine Saftleitungsfähigkeit nach oben
auch in dem geringelten Theile bewahrt, so bleibt derselbe in der
Regel noch mehrere Jahre am Leben. Es ist aber noch keineswegs völlig erwiesen, von welchen Verhältnissen die Lebensdauer
des oberhalb der Ringwunde gelegenen Pflanzentheils bedingt wird[2]).
Von 15 gleich starken und nahe zusammenstehenden Kiefern im
120jährigen Alter, die ich im Juni 1871 bis auf 2 m Höhe völlig
entrindete, starben einzelne schon im Jahre 1872 ab, mehrere Ver-
suchsstämme dagegen waren noch 1877 völlig gesund. Da hier-
nach der Tod nicht allein durch das Austrocknen des entblössten
Stammtheiles von aussen nach innen bedingt sein kann, dürfte die
Frage näher zu prüfen sein, ob nicht etwa das Aufhören des
Zuwachses unterhalb der Ringwunde einen Nachtheil auf die
Wasseraufnahmefähigkeit der Wurzeln ausübt.

Jene Fälle, in denen trotz Ringelung das Leben sich noch
lange Zeit erhält, könnten vielleicht durch Wurzelverwachsung
erklärt werden, durch welche die Wurzeln des geringelten Baumes
von Nachbarstämmen ernährt werden.

---

[2]) Es ist hier nicht der Ort, um auf die Fälle näher einzugehen, in denen
eine Wanderung der Bildungsstoffe nach unten in markständigen Bastorganen
erfolgen kann.

Aestung[3]).

Das Aesten der Bäume ist eine in der forstlichen Literatur so viel besprochene Maassregel, die Ansichten über dessen Zulässigkeit sind so sehr auseinandergehend, dass eine etwas eingehendere Besprechung dieser Operation hier am Platze sein dürfte.

Der natürliche Ausästungsprocess der Bäume wird durch Beschattung und in Folge davon durch eintretende Functionslosigkeit der Zweige, welche den Tod derselben nach sich zieht, herbeigeführt. Die absterbenden Zweige und Aeste werden durch saprophytische Pilze mehr oder weniger schnell zersetzt.

Die Schnelligkeit der Zersetzung und des Abfalles der Aeste ist in hohem Grade bedingt durch die Beschaffenheit ihres Holzes. Nur aus Splintholz bestehende Zweige der Laubbäume fallen früher ab, als solche mit Kernholz; die Kiefer reinigt sich weit früher als die Fichte und Tanne, weil die unterdrückten Zweige junger Kiefern aus lockerem, breitringigem Holze bestehen, während sich Tannen- und Fichtenzweige durch zähes, festes, widerstandsfähiges Holz auszeichnen. Die stärkeren, harzreichen und feinringigeren Aeste aus den höheren Schafttheilen der Kiefer erhalten sich dagegen sehr lange und werden mehr oder weniger vom Stamme umwachsen. Das Einwachsen der todten Aeste ist bei der Tanne und Fichte eine allgemeine Regel und fallen an Brettern, wenn deren Holz beim Trocknen schwindet, die Hornäste heraus, da sie ausser organischer Verbindung mit den benachbarten Holzschichten stehen.

Das Einwachsen todter Aeste würde viel allgemeiner stattfinden, wenn nicht die Eigenthümlichkeit bestände, dass dieselben nicht bis zur Basis absterben, sondern diese sich immer auf einen und bei stärkeren Aesten oft bis auf 4 cm Länge am Leben erhalten (Fig. 121).

Die Zweigbasis wird vom Schafte aus ernährt, am Leben erhalten und zu eigenem Dickenwachsthum befähigt, und wenn dann nach einigen Jahren der Schaft des Baumes durch sein jährliches Dickenwachsthum um so viel an Durchmesser zugenommen hat, als die Länge der am Leben erhaltenen Astbasis betrug, dann ist

---

[3] R. Hartig, Zersetzungserscheinungen, S. 68 ff., S. 133 ff.

inzwischen der todte Zweig so sehr zerstört, dass er durch Wind, Schneeanhang u. s. w. abgestossen wird (Fig. 122).

Die Wunde schliesst sich und nur ein kleiner, schwarzbrauner Fleck bezeichnet auch für die Folge im Innern des Baumes die Grenze des eingeschlossenen Zweigstutzes.

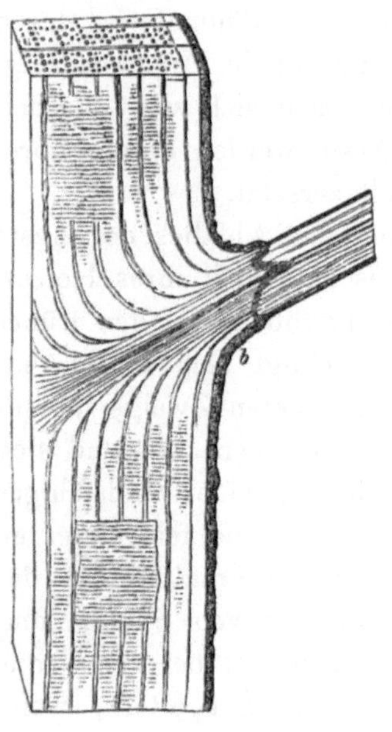

Fig. 121.

Durch den natürlichen Verdämmungsprocess abgestorbener Eichenzweig, dessen Basis *b* seitlich vom Hauptstamme ernährt wird.

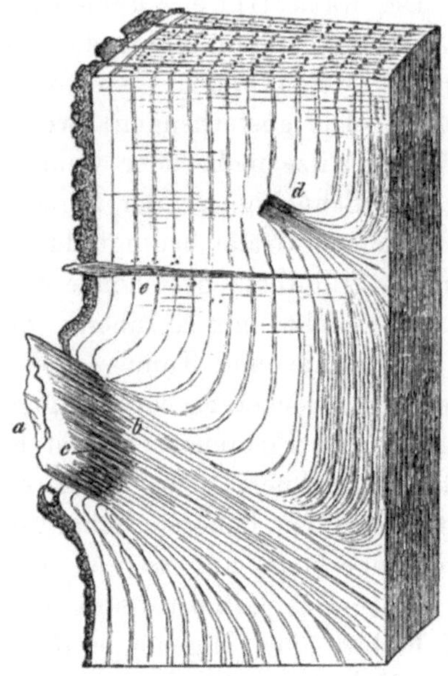

Fig. 122.

Durch natürlichen Verdämmungsprocess getödteter Eichenzweig nach dem Abfall desselben. Die ursprünglich hervorstehende am Leben erhaltene Zweigbasis *b* ist umwachsen, die schwarzbraune Grenze *c* zwischen dem lebenden und völlig zersetzten Holze *a* bleibt nach dem Ueberwallungsprocesse unverändert im Inneren erhalten, wie dies Fig. *d* für einen kleinen Zweig zeigt. *e* zeigt den Knospenstamm eines schlafenden Auges.

Der Baum schützt sich durch die vorstehend besprochene Einrichtung gegen das Einwachsen todter Aststutzen. Nur bei stärkeren Aesten tritt das Abfallen oft erst so spät ein, dass auch ein Theil des todten, bei den Nadelhölzern verkienten, bei den Laubhölzern mehr oder weniger zersetzten Asttheiles einwächst. Fällt dann später der völlig zersetzte Ast ab, dann entsteht ein Astloch, welches nur theilweise von den Ueberwallungsschichten ausgefüllt wird und selbstredend die technische Brauchbarkeit des Baumes sehr beeinträchtigt (Fig. 123).

Es ist desshalb unter allen Umständen empfehlenswerth, die durch den natürlichen Unterdrückungsprocess zum Absterben gelangten grösseren Trockenäste beim Nadelholz und Laubholz möglichst rechtzeitig zu entfernen. Auf das Technische der Operation gehe ich nicht ein, nur bemerke ich, dass die Kosten selbstredend nur für solche Baumindividuen zu verausgaben sind, welche voraussichtlich als Nutzholzstämme Verwendung finden werden. Es unterliegt keinem Zweifel, dass mit fortschreitender Forstwirthschaft die Trockenästung in dieser Beschränkung allgemeinen Eingang finden wird. Der Einwand, die Aestung koste zu viel, hat jedenfalls nur dann Berechtigung, wenn nachgewiesen wird, dass die Werthdifferenz zwischen einem astreinen Sägeblock und einem ästigen Stamme nicht gleich komme den Aestungskosten nebst Zinsen.

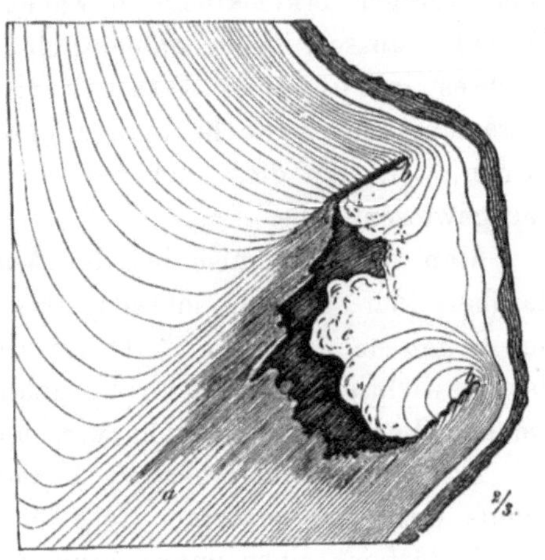

Fig. 123.
Ueberwallter todter und wundfauler Eichenast.
²/₃ Natürl. Gr.

Gehen wir nun zur Betrachtung der Grünästung über, worunter wir die Entnahme lebender, noch belaubter Aeste oder Zweige verstehen, gleichviel, ob diese durch Menschenhand oder durch Sturm, Schneeanhang u. s. w. ausgeführt wird, so dürfte mit Ausnahme einiger näher zu bezeichnender Fälle immer ein Zuwachsverlust mit dieser Operation verbunden sein. Vermindert man die Summe der assimilirenden Organe, so wird auch für gewöhnlich die Summe der assimilirten Producte abnehmen. Nur bei völlig frei erwachsenen Bäumen, die bis unten beastet, eine sehr grosse Blattmenge erzeugt haben, kann eine beschränkte Aufästung ohne Zuwachsverlust stattfinden, wie ich dies bestimmt nachgewiesen habe[4]). An solchen Bäumen finden sich mehr Blätter, als nothwendig sind, um die von den Wurzeln zugeführten Nährstoffe, von deren Menge ja die Grösse des Zuwachses wesentlich bedingt wird, zu verarbeiten. Eine Verminderung der Laubmenge hat dann nur eine gesteigerte Assimilationsthätigkeit der verbleibenden Blätter zur Folge.

In der weitaus überwiegenden Zahl der Fälle, in welchen Aestungen in der Praxis vorkommen, wird mit denselben eine mehr oder weniger erkleckliche Zuwachsverminderung verbunden sein. Dieselbe äussert sich namentlich durch Verminderung des Zuwachses im unteren Baumtheile, und kann bei weitgehender Ausästung der Zuwachs in den unteren Stammtheilen ganz aufhören, wie ich dies auch bei stark unterdrückten Bäumen nachgewiesen habe.

Man wird sich also bei der Ausführung der Aestungen immer darüber klar bleiben müssen, dass diese Operation an sich in der Regel eine das Wachsthum des Baumes schädigende ist, dass gewichtige Gründe zur Vornahme derselben vorliegen müssen, um den Verlust an Zuwachs verschmerzen zu lassen.

Als solche sind einerseits Formverbesserung des Baumschaftes behufs Erziehung astreiner Schäfte, anderseits Rücksichten auf das Lichtbedürfniss eines unterständigen Baumwuchses zu bezeichnen.

Will man behufs Gewinnung glattschäftiger Stämme sich nicht auf die Wegnahme einzelner Aeste beschränken, sondern eine tiefer eingreifende Ausästung vornehmen, dann ist aber nicht bloss der Zuwachsverlust als solcher zu berücksichtigen, sondern es sind auch die indirecten Nachtheile dieser Zuwachsschwächung ins Auge zu fassen.

Zu diesen gehört zuerst die Verzögerung der Wundenheilung. Der Ueberwallungsprocess der Astwunden hängt selbstredend von der Zufuhr an Bildungsstoffen zum Cambium des Wundrandes, resp. des Ueberwallungswulstes in hohem Maasse ab. Eine sehr starke Ausästung wird den Ueberwallungsprocess und damit den Schluss der Wunde sehr beeinträchtigen. Es ist mit Rücksicht darauf in Erwägung zu ziehen, ob nicht die Aestung

---

[4]) Das Holz der Rothbuche. Berlin, Springer, 1888.

bis zu der aus technischen Gründen festgestellten Schafthöhe lieber in zwei Malen unter Einschiebung einer mehrjährigen Ruhepause stattfinden soll. Nimmt man zunächst die untere Hälfte der zu entfernenden Aeste fort, dann ist die Verminderung der Bildungsstoffproduction noch nicht so nachtheilig für die Ueberwallung und in einigen Jahren können die Astwunden geschlossen sein. Wiederholt man dann die Operation, dann hat sich durch kräftigere Entwicklung der oberen Krone der Verlust einigermaassen ausgeglichen und auch die neu entstehenden Astwunden werden schneller sich schliessen, als sie gethan haben würden, wenn die ganze Operation mit einem Male ausgeführt worden wäre.

Durch eine solche Theilung verhindert man auch weit besser die Entstehung allzu zahlreicher Stammausschläge.

Die Ausschläge entstehen theils aus adventiven Knospen des Ueberwallungswulstes des Wundrandes, theils aus schlafenden Augen und zwar vornehmlich solchen, die der bereits eingewachsenen Basis des abgeschnittenen Astes selbst angehören.

An aufgeschneidelten Fichten entstehen die zahlreichen, scheinbar aus der Rinde des Hauptstammes hervorkommenden Ausschläge, vorwiegend durch kräftige Entwicklung der schwächlichen, dünnen Kurztriebe, die am Grunde der Aeste schon im einjährigen Alter entstanden und mit der Verdickung des Hauptstammes eingewachsen sind. Eine zweifellose Adventivknospenbildung vermochte ich nicht nachzuweisen.

Wird bei der Grünästung ein Aststutz (Stummel) ohne eigene Belaubung am Stamme belassen, dann stirbt derselbe wie bei dem natürlichen Ausästungsprocesse bis auf eine geringe, wenige Centimeter lange Basis ab und wird der Ueberwallungsprocess entweder unmöglich gemacht oder doch so sehr erschwert und so weit hinausgeschoben, dass inzwischen der todte Aststummel völlig verfault.

Wäre der Aststutz bis zur Basis entrindet worden, dann wären die Bedingungen der Ueberwallung schon günstigere, und der Ast würde vom Grunde aus leichter überwachsen werden, als das möglich ist unter der mit dem Tode des Aststutzes vertrocknenden Rinde. In Fig. 124 habe ich den Ueberwallungsvorgang eines starken Aststummels dargestellt und zur Klarlegung des Vorganges die Borke grösstentheils entfernt. Die Rinde des todten

Aststutzes drückt fest auf den Holzkörper, und die bereits bis über die Hälfte desselben vorgerückte Neubildung a, b ist nur dadurch zu Stande gekommen, dass diese durch ihr Dickenwachsthum die todte Borke gleichsam wie ein Keil von dem todten Holze abspaltet und der dünne anfangs gefässlose Rand der lebenden Gewebsschichten in den dadurch entstehenden Raum hineinwächst. Rückt die Neubildung nicht gleichmässig vor, was besonders dann der Fall ist, wenn eine unregelmässige Bruchfläche überwächst (Fig. 124 oben **), dann entstehen die bekannten maserwüchsigen Astknollen.

Ein functionsloser Aststutz ist ein Hinderniss der Heilung, und gilt desshalb die allgemein anerkannte Regel, bei der Aestung möglichst nahe am Stamme und parallel mit diesem den Schnitt zu führen.

Die Ueberwallung erfolgt dann aus den zuvor entwickelten Gründen und zwar am lebhaftesten in der Regel von den Seiten aus. Die Rinde ist

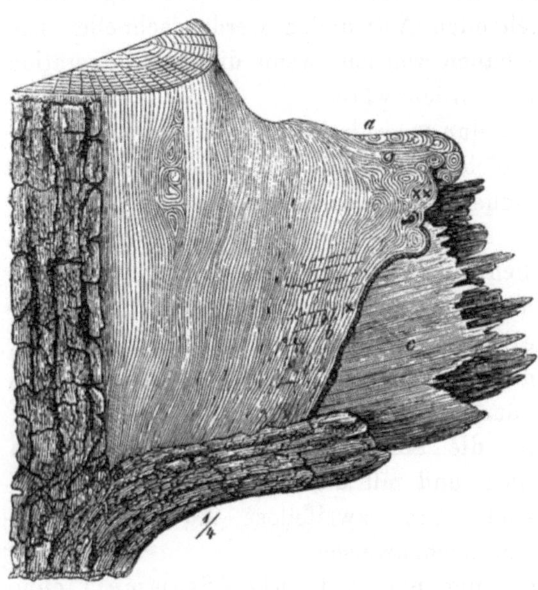

Fig. 124.

Abgebrochener Eichenast, welcher unter der nachträglich entfernten starken Rinde langsam von unten auf überwallt. Die Neubildung zeigt bei a maserartige Unregelmässigkeiten, bei b rückt sie gleichmässig mit dünnem, gefässlosem Rande vor. c ist der todte Holzkörper. ¼ Natürl. Gr.

hier aus naheliegenden Gründen am leichtesten abzuheben, leichter wie am oberen und unteren Rande. Der obere ist aber noch sehr bevorzugt gegenüber dem unteren Wundrande, da ersterem die Bildungsstoffe bei ihrer Wanderung von oben nach unten direct zugeführt werden, am unteren Wundrande dagegen gleichsam ein todter Winkel entsteht, der nur sehr spärlich mit Bildungsstoffen versorgt wird.

Ein weit wichtigeres Moment zur Erklärung der Thatsache, dass die Wunde unten sehr schlecht zu überwallen pflegt, ist der Umstand, dass hier in der Regel der Rindenkörper vom Holzkörper bei der Operation der Aestung losgedrückt wird. Zur Zeit der cambialen Thätigkeit ist diese Loslösung ganz unvermeidlich und wird schon durch die Reibung des Sägeblattes erklärlich, sie wird aber besonders dadurch bewirkt, dass der sinkende Ast, nachdem er zuvor von unten eingeschnitten war, damit die Rinde des Stammes nicht vom Aste abgerissen werde, auf den unteren Wundrand einen gewaltigen Druck ausübt. Die Rinde

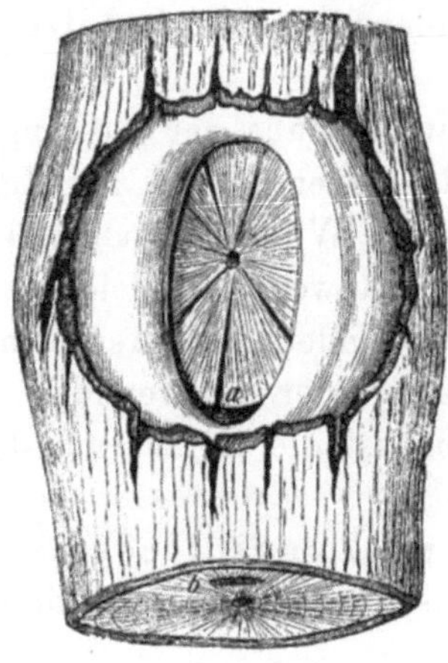

Fig. 125.
Halb überwallte Eichenast-
wunde.

Fig. 126.
UntererAstwundrand, ein Jahr nach der Aestung. Der beim Sinken des Astes gequetschte Rindenkörper *a* stirbt bis *b* ab, von wo dann erst die Neubildung *c* beginnt und die Rinde nachträglich vom Holze abdrängt. Natürl. Gr.

des unteren Wundrandes bildet den Drehpunkt des sich senkenden Astes, und wenn dies auch nicht sogleich erkannt wird, so erleidet doch das Cambium an dieser Stelle eine tödtliche Quetschung und Zerreissung. Dasselbe stirbt auf ein oder mehrere Centimeter Entfernung vom unteren Wundrande ab und die Neubildung, d. h. der Callus bildet sich selbstredend nicht am Wundrande, sondern unter der Rinde verborgen in grösserer Entfernung davon (Fig. 126). Dadurch aber wird der anfänglich noch fest aufliegende Rindenkörper vom Holze abgedrängt und es entsteht unterhalb der Wunde ein Raum zwischen Holz und todter Rinde, in welchem das von der Wundfläche abfliessende Wasser wie in einer Senkgrube sich ansammelt, selbstredend mit all den Organismen, die durch das Regenwasser von der Schnittfläche abgespült wurden. Hier ist der geeignetste Raum für die Keimung parasitischer Pilze, von hier aus sinkt, durch Vermittlung der Markstrahlen nach innen geleitet, das Wasser mit den darin gelösten Zersetzungsproducten in das Holz. Dieser Raum ist eine Senkgrube im eigentlichen Sinne des Wortes und zugleich der Angriffspunkt der Pilze. Hat man auch unmittelbar nach der Aestung die Wundfläche mit Theer bestrichen, so bleibt doch diese Stelle unbeschützt, denn sie entsteht ja erst später, wenn durch die Neubildung der Rindenkörper vom Holze abgedrängt wird. Sie bildet somit gleichsam die Achillesferse der Astwunde.

Sie zu vermeiden, muss die Hauptaufgabe der Aestung sein, sie kann aber nur vermieden werden, wenn man zur Zeit der Vegetationsruhe, d. h. im Herbst und Winter ästet, weil dann die Lostrennung der Rinde vom Holz am wenigsten leicht erfolgt. Wenn man dann noch die Vorsicht anwendet, den Ast beim Absägen zu unterstützen und im Momente der Lostrennung etwas von der Wundfläche abzustossen, dann ist die Gefahr auf das geringste Maass beschränkt.

Die Schnelligkeit des Ueberwallungsprocesses hängt ganz und gar von der Zuwachsgrösse des Baumes, andererseits von der Wundengrösse ab.

Junge Bäume mit relativ breiten Jahresringen überwallen schneller als alte Bäume, und diese um so schneller, je höher am Stamm die Wunde sich findet, da die Jahrringbreiten mit seltenen Ausnahmen von unten nach oben zunehmen. Ebenso selbstverständlich ist es, dass auf gutem Standorte die Heilung sich schneller vollzieht, als auf schlechtem. Bei Laubhölzern, insbesondere der Eiche, auf welche ich meine Untersuchungen bisher beschränkt habe, dürften Astwunden über 10—12 cm Durchmesser nicht zulässig sein.

Die Folgen der Aestung in Rücksicht der Gesundheit des Baumes hängen bei Laub- und Nadelholz in erster Linie von der Jahreszeit ab, in welcher die Operation ausgeführt worden ist.

Soweit meine Beobachtungen reichen, ist die Sommerästung

bei der Fichte immer sehr gefährlich und hat fast immer eine schnell vorschreitende Wundfäule zur Folge; in den von mir untersuchten Fällen waren allerdings mit der Aestung immer Rindenbeschädigungen verbunden gewesen. Bei Winter- resp. Herbstästungen können diese vermieden werden, und da die Schnittflächen sich alsbald mit ausgepresstem Harz bekleiden, so bleibt die Wunde fast ganz frei von Wundfäule. Nur an älteren Aesten tritt aus dem Kernholze kein Terpentin aus und hier ist desshalb Infection durch Parasiten leicht möglich.

Für Nadelhölzer scheint mir somit die Herbst- und Winter-ästung zulässig zu sein, wenn bei stärkeren Aesten, die ja nur sehr selten an Nadelholzbäumen fortgenommen werden, noch Theerung der Wundfläche erfolgt.

Bei den Laubhölzern tritt dann, wenn die Wundfläche nicht getheert wird, zunächst eine Bräunung auf einige Centimeter Tiefe und in der Regel nach einigen Jahren Wundfäule auf, die mit dem Schlusse der Wunde aber nicht weiter schreitet (Fig. 127). Findet die Aestung zur Sommerzeit statt, dann tritt unterhalb des Wundrandes im letzten Jahresringe eine Bräunung hervor, die oft 4—5 m tief im Stamm abwärts sich erstreckt. Das Unter-lassen der Theerung steigert selbstredend auch die Gefahr der In-fection durch parasitische Pilze, die aber auch in getheerte Ast-wunden eindringen, wenn solche im Frühjahr oder Sommer entstanden sind, weil sie dann unterhalb des unteren Wundrandes eindringen können (Fig. 128).

Die Theerung hat den gewünschten Erfolg nur dann, wenn die Aestung im Spätherbste und Winter ausgeführt wurde, denn nur dann dringt der Theer in die Wundfläche ein. Es scheint, dass einestheils geringerer Wassergehalt des Holzes im Herbste, anderentheils die damit im Zusammenhang stehende negative Spannung der Luft im Baume das Einsaugen des Theeres bewirkt.

Bei Frühjahrs- und Sommerästungen dringt einerseits der Theer gar nicht ein, die Schnittfläche trocknet trotz oberfläch-licher dünner Theerschicht aus, bekommt Risse, in welche Wasser und Pilze einzudringen vermögen, andererseits vereitelt die Ab-hebung der gequetschten Rinde von dem unteren Wundrande den Zweck der Theerung.

Es geht aus dem Gesagten hervor, dass man Laubhölzer

am zweckmässigsten in den Monaten October, November, December (vielleicht auch noch Januar und Februar) ästet und dass sofort die Wunde mit Steinkohlentheer gut gestrichen werden muss.

Die meisten Aestungen wurden bisher im Sommer ausgeführt und erklärt sich daraus der immense Schaden, der insbesondere

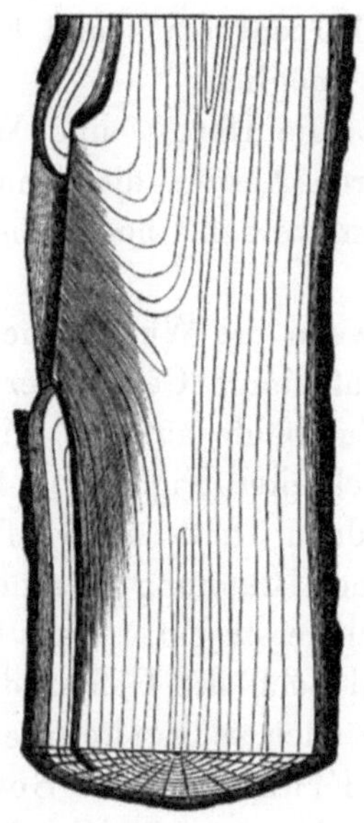

Fig. 127.
Eichenästung im Juli.
Die Wundfäule ist von der ge-
theerten Wundfläche und unter-
halb der Wunde weit in den
Stamm vorgedrungen. ⅓ Nat.Gr.

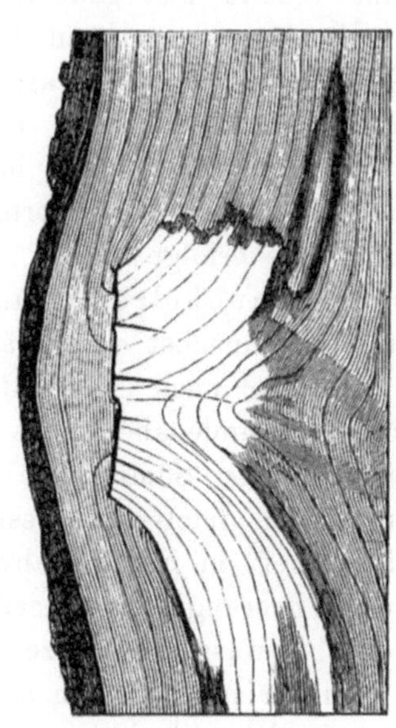

Fig. 128.
Ueberwallter Eichenast
durch Hydnum diversideus inficirt.
½ Natürl. Gr.

den Eichen dadurch zugefügt worden ist. Es ist aber unter allen Umständen wünschenswerth, dass weitere wissenschaftliche Aestungs-versuche insbesondere auch mit mehreren Holzarten zur Ausführung gelangen, da die von mir ausgeführten Versuche nur die Eiche be-treffen und auch noch nicht alt genug waren, um die vorliegenden Fragen allseitig befriedigend beantworten zu können[5]).

---

[5]) Es wäre sehr zu wünschen, dass die von mir 1875 in dem Eberswalder Institutsforste ausgeführten c. 240 Aestungsversuche in der Folge weiter verwerthet werden möchten.

Das Beschneiden

der jüngeren Pflanzen (Lohden oder Heister) unterscheidet sich von der Aestung nur in Hinsicht der Zweigstärke und gilt das Meiste, was dort gesagt wurde, auch für das Beschneiden. Es ist mithin jedes Beschneiden ein Uebel, das nur durch gewichtige Gründe entschuldigt werden kann. Am ehesten ist das Beschneiden jüngerer Pflanzen statthaft nach dem Versetzen derselben, wenn hierbei eine bedeutende Verminderung der Wurzeln stattfinden musste. Im Frühjahre, so lange die ergrünenden Pflanzen noch wenig verdunsten, reicht die Wurzelmenge wohl aus, im Sommer dagegen kann das geschwächte Wurzelvermögen ungenügend werden zur Ernährung der ungeschwächten Krone, so dass diese ganz vertrocknet. Stellt man durch Beschneiden, insbesondere durch Kürzung der längeren Zweige, von vornherein ein Gleichgewicht zwischen Wurzelmenge und Laubmenge her, dann ist diese Gefahr vermieden und die Pflanze ersetzt den Verlust in kurzer Zeit.

Ein zweiter Grund des Schneidens ist Formverbesserung der Pflanzen im Pflanzgarten oder im Bestande. Ich will hier nicht auf das Technische der Frage eingehen, möchte nur die gebräuchliche Sommerzeit als die für den Zuwachs der Pflanze selbst unpassendste bezeichnen. Beschneidet man im Frühjahre oder Herbste, dann entzieht man dem Individuum im Wesentlichen nur die Zweige, während die im Stamm abgelagerten Reservestoffe ihm erhalten bleiben. Schneidet man im Sommer, dann sind die Reservestoffe des Stammes theilweise zur Triebbildung und Blattentwicklung verbraucht und gehen verloren. Würde man bis zum Herbste warten, dann würden die Blätter der Zweige bis dahin noch Bildungsstoffe für das nächste Jahr producirt und zum Theil im Schafte abgelagert haben. Es erscheint wünschenswerth, dass nach dieser Richtung hin Versuche ausgeführt werden. Eine andere Frage, welche noch der wissenschaftlichen Beantwortung harrt, ist die, ob die Zweigwunden gegen parasitische Pilze, z. B. gegen Nectrien im Sommer oder im Herbst resp. Frühjahre mehr geschützt sind. Insbesondere kommt dieser Gesichtspunkt für Acer, Tilia, Aesculus in Frage, welche Holzarten am meisten durch Nectria cinnabarina zu leiden haben und desshalb auch durch Baumwachs an kleineren Zweigwunden geschützt werden müssen.

Das Belassen knospenloser Zweigstutzen am Hauptschafte wird mit Recht getadelt; denn dieselben sterben ab, vertrocknen und werden bei schnellem Dickenwachsthum theilweise umwachsen oder ganz eingeschlossen.

Unrichtig ist dagegen die Behauptung, dass von solchen Aststutzen aus noch in später Zeit die Fäulniss im Innern des Holzstammes ausgehe, denn selbst an in der Jugend geköpften oder auf den Stock gesetzten Eichen habe ich das nicht beobachten können.

Da die Wundengrösse gering ist, der Ueberwallungsprocess in der Regel schnell die Wunden schliesst, so ist mit Ausnahme der oben genannten, durch Nectria cinnabarina gefährdeten Holzarten kaum ein Theeren nothwendig. Die kleinen gebräunten Wunden im Centrum des Stammes mindern die technische Brauchbarkeit des Holzes nicht, da ja auch der natürliche Ausästungsprocess zahllose ähnliche Wunden erzeugt.

Dass an Aststutzen und Astwunden zuweilen parasitische Pilze, insbesondere die Nectrien eindringen und krebsartig sich erweiternde Krankheiten erzeugen können, ist früher schon bemerkt.

Beseitigung der Fichtenzwillinge.

Die Fichte besitzt die Eigenthümlichkeit, bei einzelnem Stande im Pflanzcampe etwa mit dem dritten oder vierten Jahre einen doppelten Höhentrieb zu entwickeln. Anstatt eines Stammes erwächst ein Zwilling, und wenn in der ersten Durchforstung einer von den beiden Stämmen weggenommen wird, dann verhält sich dessen Basis genau wie ein Aststummel, d. h. er stirbt ab und verfault (Seite 216 Fig. 119), während der andere Stamm ihn mehr oder weniger einschliesst. Die Wundfäule des abgehauenen Stammes überträgt sich leicht auf den anderen Stamm und steigt in diesem auf Stock- oder Brusthöhe empor.

Will man diese Beschädigung vermeiden, dann entferne man schon in früher Jugend den zweiten Höhentrieb, was mit Hülfe eines langgestielten gebogenen Messers leicht ausführbar ist. In seltenen Fällen wiederholt sich die Zwillingsbildung auch in höherem Lebensalter und schädigt dadurch die technische Brauchbarkeit des Holzes. Diese doppelte Gipfelbildung dürfte aber nur bei sehr lichter Stellung und auch da nicht allzu häufig auftreten.

Geringeren Nachtheil hat die Entfernung derjenigen Fichtenstämme in der ersten Durchforstung, welche mit ihren Nachbarstämmen in Folge dichten Standes am Wurzelstock verwachsen sind.

Insbesondere kommen solche Verwachsungen häufig in Beständen vor, welche aus der Büschelpflanzung hervorgegangen sind. Da bis zum 20. oder 30. Jahre, also der Zeit der ersten Durchforstung, die Verwachsung nur eine scheinbare zu sein pflegt, indem die Nachbarn noch durch ihre Rinde innerlich von einander getrennt sind, so wird durch den Abhieb des einen Stammes der Nachbar fast gar nicht geschädigt.

Stammabhieb über der Erde.

Werden Bäume über der Erdoberfläche abgeschnitten, oder wie man zu sagen pflegt, „auf den Stock gesetzt“, dann treten mannigfache Reproductionserscheinungen auf, die nach Holzart und Alter verschieden sind. Bei den Nadelholzbäumen erfolgt ein Stockausschlag durch schlafende Augen nur im jugendlichsten Alter der gemeinen Kiefer, in welchem noch die Blattachselknospen über den Primärblättern am Leben sind. Mit dem Eintritt der Borkebildung, also im ca. 5. Lebensjahre, gehen diese zu Grunde und die Ausschlagsfähigkeit geht verloren.

Die dreinadeligen amerikanischen Kiefern, z. B. Pinus rigida, bewahren ihre Ausschlagsfähigkeit bis zu höherem Alter, indem sie theils im Quirl, theils zwischen demselben in der Mitte des Haupttriebes kurze Triebe entwickeln, die sich alljährlich entsprechend der Stammverdickung verlängern und nur wenige Nadelbüsche bilden. Von diesen geht ein reichlicher Stockausschlag aus. Die Reproductionsfähigkeit der Nadelholzstöcke ist, von vorstehenden Fällen abgesehen, eine sehr beschränkte, und zwar desshalb, weil es an schlafenden Knospen fehlt, die zur Ausschlagbildung gelangen könnten. Auch ist die Fähigkeit der Adventivknospenbildung im Callus des Wundrandes eine sehr geringe, und nur in Ueberwallungswülsten von Weisstannenstöcken sah ich ausnahmsweise neue Knospen und Ausschläge entstehen. Dahingegen zeigen viele Stöcke zumal bei Weisstannen, Fichten, Lärchen, selten bei Kiefern, eine nach mehreren Decennien zählende Lebensdauer, während welcher sie am Wundrande der Abhiebsfläche einen mehr oder weniger lebhaften Ueberwallungsprocess zeigen, so dass die ganze Hiebsfläche zuwachsen kann. Wenn auch wahrscheinlich diese Stocküberwallung für gewöhnlich aus der Wurzelverwachsung des gefällten Stammes (Zehrstamm) mit Wurzeln eines Nachbarstammes (Nährstamm) zu erklären ist, so bleibt doch immerhin der von Th. Hartig nachgewiesene Fall, in welchem ein Lärchenstock Ueberwallung zeigte, während eine Ernährung durch einen Nachbarstamm völlig ausgeschlossen war, weil jene Lärche auf einer grossen Waldblösse gestanden hatte, nur erklärbar durch die Annahme, dass die in den Wurzeln und im Wurzelstock vorhandenen Reservestoffvorräthe erst im Laufe der Jahre aufgelöst und zur Ernährung des Cambiums verwendet werden.

Die Laubholzstöcke entwickeln, falls nicht Rinde und Cambium von der Hiebsfläche aus mehr oder weniger tief durch Vertrocknen des Holzes und durch Zersetzungsprocesse getödtet sind, im Jahre nach dem Hiebe einen Callus, aus welchem reiche Adventivknospenbildung hervortritt. Es können diese Adventivknospen oftmals kräftigen Stockausschlag liefern (Fig. 129), der aber sich nicht selbständig bewurzelt und unter der fortschreitenden Zersetzung des Mutterstockes zu leiden hat. Weit erwünschter und auch häufiger ist der Stockausschlag aus Praeventivknospen. Je tiefer diese am Stocke entspringen, um so besser ist es, da eine selbständige Bewurzelung derselben sehr erwünscht ist, um die neue Pflanze von der Gesundheit des Mutterstockes unabhängig zu machen. Desshalb haut man die Stöcke im Niederwaldbetriebe möglichst tief „aus der Pfanne“, verkohlt im Eichenschälwaldbetriebe durch das „Ueberlandbrennen“ den oberirdischen Stock, wobei die zu hoch entstandenen Ausschläge verloren gehen und die Entstehung tiefer Ausschläge befördert wird.

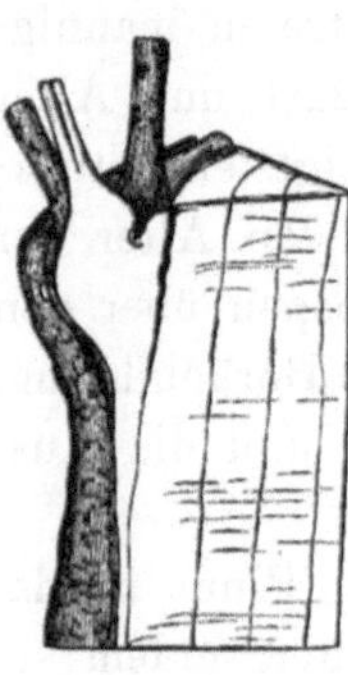

Fig. 129.
Adventiv-
knospenausschlag
aus 1jähr. Callus
eines Buchen-
stockes. Nat. Gr.

Da die Lebensdauer der schlafenden Augen eine beschränkte ist, so ist von alten Stöcken kein Ausschlag zu erwarten. Aeltere Birken liefern am Stock anfänglich reichen Ausschlag, der aber meist nach einem oder zwei Jahren wieder abstirbt. Es erklärt sich dies aus der steinharten Borke, welche dem Dickenwachsthum der in ihr liegenden Basis des Ausschlages nicht nachgiebt. Die im Frühjahre entstandenen Ausschläge vertrocknen im Hochsommer, wenn dem gesteigerten Verdunstungsprocesse die Wasserzufuhr durch die in der Borke eingeklemmte Ausschlagbasis nicht schnell genug folgen kann.

Werden jüngere schlechtwüchsige Laubholzpflanzen über der Erde abgeschnitten, so zeigen die neuen Ausschläge oft einen so vorzüglichen und nachhaltigen Zuwachs, dass diese Maassregel schon vielfach in der Praxis als Culturmaassregel mit Erfolg angewandt worden ist. Eine wissenschaftliche Untersuchung dieser Erscheinung ist bisher nicht ausgeführt, doch ist es wahrscheinlich, dass der in den Wurzeln und im Wurzelstock befindliche Reservestoffvorrath nach dem Abschneiden des oberirdischen Pflanzentheils zunächst einem lebhafteren Wurzelwachsthum zu Gute kommt, und wenn dadurch die Wurzeln in eine tiefere, frische und nahrungsreiche Bodenschicht gelangen, dann wird das Wachsthum der Pflanze nachhaltig ein freudiges werden. Kümmernde Eichenwüchse auf oberflächlich verwildertem und verheidetem Boden sind durch Abbrennen des ganzen Bestandes oft zum freudigen Ausschlag und nachhaltig kräftigen Wachsthum angeregt worden.

Wurzelbeschädigungen,

welche theils durch Thiere z. B. Mäuse, am meisten aber durch den Menschen beim Culturbetriebe ausgeführt werden, sind stets nachtheilig für die Pflanzen. Es muss desshalb sowohl während des Aushebens, als auch beim Transport und beim Einpflanzen der Erhaltung der Wurzeln die grösste Sorgfalt gewidmet werden.

Ein Beschneiden der Wurzeln ist stets ein Uebelstand, der nur in zwei Fällen nicht zu umgehen ist. Einmal dann, wenn Wurzeln beim Ausheben gequetscht, geknickt oder abgebrochen sind. Ein glatter Schnitt unmittelbar über der beschädigten Stelle fördert die Entstehung eines Ueberwallungswulstes und in diesem die Neubildung von Adventivwurzeln, er verhindert oder vermindert das Faulen der Wurzeln. Ausserdem ist ein Kürzen der Wurzeln nur noch zulässig, wenn die Kosten des Aushebens und Verpflanzens bei Conservirung des ganzen Wurzelsystems allzuhoch werden würden. Sehr viele Pflanzen leiden zudem weniger durch ein Kürzen der Wurzeln, als durch ein Umbiegen derselben beim Verpflanzen. Auch zur Erziehung stärkeren Pflanzenmaterials kann ein wiederholtes Kürzen der Wurzeln nothwendig werden, um dadurch zahlreiche Wurzeln in der Nähe des Wurzelstockes hervorzurufen und einen dichten Wurzelballen zu erzielen.

Das zwecklose Beschneiden der Wurzeln, wie es leider noch so oft geschieht, ist in hohem Grade verwerflich. Andere Wurzelbeschädigungen kommen vor beim Streurechen, Wurzelreissen, Engerling- und Mäusefrass u. s. w.

Stecklinge.

Das Anwachsen völlig entwurzelter Pflanzentheile, Stecklinge, Setzstangen u. s. w., sowie das fernere Gedeihen derselben hängt im Wesentlichen davon ab, dass vor der Wiederherstellung einer reichen Bewurzelung die Verdunstung der Pflanze auf das geringste Maass beschränkt wird. Desshalb unterdrückt man die Laubentwicklung anfänglich dadurch, dass man die Stecklinge bis zur oberen Schnittfläche in den Erdboden steckt, so dass nur die oberste Knospe einen Ausschlag zu liefern vermag, oder man bringt die unbewurzelten Stecklinge in einen mit Feuchtigkeit gesättigten Luftraum, wie das die Gärtner insbesondere zu thun pflegen.

Das so oft zu beobachtende Absterben scheinbar völlig angewachsener Stecklinge der kaspischen Weide auf Sandboden im Laufe des Hochsommers oder Herbstes des ersten Jahres erklärt sich dadurch, dass im Frühjahre Adventivwurzeln sowohl aus der Rinde des im Boden befindlichen Stecklinges, als auch aus dem Callus der unteren Schnittfläche entstehen. Geht nun durch Austrocknen der oberen Bodenschichten des lockeren Sandbodens der grössere Theil der aus der Rinde hervorgekommenen meist horizontal sich ausbreitenden Wurzeln verloren, dann genügen die dem Callus der Wundfläche entsprungenen, immer schräg in den Boden dringenden Wurzeln oftmals nicht, den ganzen Wasserbedarf der belaubten Ausschläge im Hochsommer zu liefern, und letztere vertrocknen. Durch tiefes Umarbeiten des Bodens ist in Weidenanlagen desshalb die Entwicklung der Wurzeln in die Tiefe zu begünstigen.

Veredelungsprocesse.

Es ist hier nicht der Ort, um auf das Technische der verschiedenen Operationen einzugehen, vermittelst deren man ein lebendes Reis oder eine Knospe auf ein anderes Pflanzenindividuum überträgt, vielmehr kann hier nur der inneren Vorgänge[6]) kurz gedacht werden, die hierbei vorkommen. Nehmen wir den Process der Ablactirung aus, bei welchem zwei nebeneinanderstehende Pflanzen an einer oder mehreren Stellen so miteinander verbunden werden, dass gleichgestaltete Schälwunden beider Pflanzen eng vereint werden, und so lange miteinander verbunden bleiben, bis sie völlig untereinander verwachsen sind, so beruhen alle Veredelungsoperationen darauf, dass man einen mit Knospen versehenen wurzellosen Pflanzentheil, das sogenannte Edelreis oder nur ein Rindenstück mit einer Knospe (Schild mit Auge) mit einer bewurzelten Pflanze, dem Wildlinge oder der Unterlage so verbindet, dass eine solche Verwachsung beider Theile eintritt, dass einerseits Wasser und Nährstoffe vom Wildling in das Edelreis und umgekehrt die Bildungsstoffe aus letzterem in die Unterlage übertreten können.

Die Operation gelingt in der Regel nur dann, wenn einerseits der Wildling schon oder noch in cambialer Thätigkeit sich befindet, so dass von dem, aus dem Cambium hervorgehenden callösen Gewebe sofort die Verwachsung mit der Cambialregion des Edelreises ausgehen kann, wenn andererseits das Edelreis oder Auge bei der Operation sich im Ruhezustande befindet. Es erfordert nämlich die Verwachsung eine gewisse Zeit. Entwickelt sich vor Eintritt der Verwachsung das Edelreis, oder sind gar die Knospen desselben bei der Operation schon geschwollen, so vertrocknet dasselbe in Folge der Verdunstung der jungen Blätter, bevor es aus dem Wildlinge den Wasserbedarf zu beziehen vermag. Desshalb schneidet man die Pfropfreiser schon im Februar und bewahrt sie so auf, dass ihre Vegetation möglichst zurückgehalten wird und noch ruht, wenn der Wildling bereits ergrünt ist. Das Oculiren findet bekanntlich meist im Sommer statt, nachdem bereits die neuen Blattachselknospen sich gebildet haben, die dann mit dem Wildlinge vereinigt werden, dessen Cambialschicht noch im Zustande der Zelltheilungsthätigkeit ist.

[6]) Göppert, Innere Zustände der Bäume nach äusseren Verletzungen, Breslau 1873.

Man vereint Edelreis und Wildling so, dass die Cambialschicht beider in möglichst innige Berührung tritt, aber auch zwischen den Holzschnittflächen kein grösserer Zwischenraum verbleibt. Die Verwachsung ist nach den Untersuchungen Göppert's eine zweifach verschiedene, indem nicht nur die Cambialschichten resp. die aus denselben hervorgehenden callösen Gewebe, sondern auch die Holzschnittflächen unter einander verwachsen.

Das Markstrahlparenchym und wohl auch das Strangparenchym des Holzes wird zu neuer Zelltheilung befähigt und bildet ein Verbindungsgewebe oder intermediäres Gewebe, welches den Raum zwischen den beiden Schnittflächen vollständig ausfüllt.

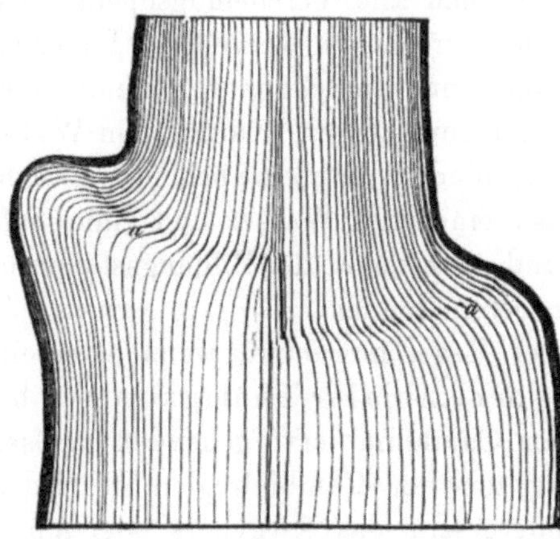

Fig. 130.

Querschnitt durch eine Veredelungsstelle von Sorbus Aria auf Sorbus Aucuparia. Die Grenze zwischen der langsamwüchsigen Aria und der schnellwüchsigen Aucuparia ist *a a* als innere Demarkationslinie bezeichnet. ¹/₄ Natürl. Gr.

Ist die Operation geglückt und das Edelreis angewachsen, dann wird dasselbe in der Folge durch den von den Wurzeln des Wildlinges aus dem Boden aufgenommenen rohen Nahrungsstoff ernährt. Die im Edelreis erzeugten Bildungsstoffe andererseits ernähren das Cambium des Edelreises und des Wildlinges. Selbstredend erzeugen die Cambialzellen des Edelreises neue Organe derselben Art, ebenso erzeugt das Cambium des Wildlinges auch die charakteristischen Organe des Wildlinges. Die im Edelreis erzeugten Bildungsstoffe repräsentiren eine beiden Pflanzenformen verdauliche Nahrung und ebenso, wie die Kuhmilch nicht nur zur Ernährung des Kalbes, sondern auch eines Menschenkindes dienen kann, ohne dass letzteres desshalb die Eigenschaften der Kuh annimmt, ebenso ernährt sich der Wildling von den Bildungsstoffen des Edelreises, ohne dessen Eigenschaften anzunehmen. Ist den Cambialzellen des Wildlinges eine grössere Theilungsgeschwindigkeit als dem Cambium des Edelreises eigen, dann verdickt sich in der Folge die

Unterlage mehr und umgekehrt. Die äussere Grenzlinie, in welcher der schnell und der langsam wachsende Stammtheil zusammenstossen, die oft auch durch die Verschiedenheit der Rinde und Borke gekennzeichnet wird, nennt Göppert die äussere Demarkationslinie: dieser entspricht selbstredend eine innere Demarkationslinie, in welcher das oft auch verschieden gefärbte Holz des Wildlinges und Edelreises aneinander grenzt (Fig. 130). Es sind übrigens viele Fälle bekannt, in denen eine Beeinflussung des Edelreises auf die Unterlage angenommen werden muss. Man hat z. B. bei panachirten Edelreisern beobachtet, dass dann, wenn am grünblättrigen Wildlinge nachträglich Ausschläge entstehen, diese in einzelnen Fällen ebenfalls Panachirung zeigen. Man muss hieraus wohl folgern, dass die in den panachirten Blättern des Edelreises erzeugten Bildungsstoffe eine chemische Eigenthümlichkeit besitzen, welche auch auf die Cambialzellen des Wildlinges einen solchen Einfluss ausübt, dass die Blätter der neuen Triebe bunt werden. Auf die neuerdings in einzelnen Fällen beobachtete noch tiefer eingreifende Beeinflussung des Wildlinges durch das Edelreis will ich hier nicht weiter eingehen und nur bemerken, dass es gelang, durch Pfropfung verschiedener Kartoffelsorten auf einander hybride Formen zu erziehen.

III. Abschnitt.

Erkrankungen durch Einflüsse des Bodens.

Nachdem in der Wissenschaft erkannt worden ist, dass alle Infectionskrankheiten von der chemischen Constitution des Bodens völlig unabhängig auftreten, beschränkt sich das Gebiet der Krankheiten, welche in Eigenthümlichkeiten des Bodens begründet sind, auf eine sehr geringe Zahl.

§ 21. Wasser- und Nährstoffgehalt des Bodens.

Wasser und Nährstoffgehalt des Bodens bedingen in hohem Maasse die Zuwachsgrösse einer Pflanze, erzeugen aber nur sehr selten Krankheiten in dem Seite 5 beschränkten Sinne.

Zu solchen Krankheiten gehört zuerst die

Gipfeldürre oder Zopftrockniss,

welche Erscheinung im Allgemeinen auf eine bedeutende Verminderung des Wasser- oder Nährstoffgehaltes des Bodens zurückzuführen ist, durch welche der unter günstigeren Verhältnissen entstandene Pflanzenwuchs nicht mehr genügend ernährt werden kann.

In Rothbuchenbeständen tritt diese Krankheit besonders dann und zwar oft schon im Stangenholzalter auf, wenn die Bestände der Streunutzung unterworfen sind. Die Bodenverschlechterung äussert sich zunächst in einer allgemeinen Wuchsverminderung, oft aber auch im Vertrocknen der oberen Baumkrone, während die unteren Theile der Krone sich grün erhalten.

In Ellernbeständen hat eine übertriebene Entwässerung Zopftrockniss zur Folge. Eichen, die im vollen Bestandesschlusse eines Rothbuchenbestandes erwachsen sind und in Folge dessen nur eine schwache Krone besitzen, entwickeln nach dem Abtriebe des Buchenbestandes in der Freistellung reichliche Wasserreiser am Schafte. Diese und die Baumkrone gedeihen einige Jahre vortrefflich, dann aber stirbt, zumal auf leichteren, schnell austrocknenden und verwildernden Böden, ein Theil der obersten Aeste der Baumkrone ab, die Eiche wird gipfeldürr. Erhält der Boden durch das Heraufwachsen des jungen Bestandes rechtzeitigen Schutz, dann tritt entweder gar keine Gipfeldürre ein oder diese schreitet nach den ersten Anfängen nicht weiter vor. Durch Abwerfen der trockenen Aeste kann die Gipfeldürre sich wieder ganz verlieren.

Es ist schwierig, auf experimentellem Wege die Ursachen dieser Erscheinungen zu ermitteln, doch ist es wohl gestattet, sich diese Krankheit in nachstehender Weise zu erklären.

Unmittelbar nach Freistellung der Eiche steigert sich durch beschleunigte Zersetzung der Humusdecke die Summe der löslichen Nährstoffe des Bodens, die gesteigerte Lichtwirkung befähigt die Blätter der Baumkrone schneller zu assimiliren; beides vereint, veranlasst eine bedeutende Steigerung der Production von Bildungsstoffen und somit eine Zuwachssteigerung, durch welche auch die schlafenden Blattachselknospen zur Entwicklung von Stammsprossen befähigt werden.

Der erste Anstoss zum Erwachen der schlafenden Augen dürfte in der gesteigerten Bildungsstoffzufuhr liegen, die Möglichkeit der weiteren Entwicklung zu Stammsprossen liegt in der gesteigerten Lichtwirkung. Nach einigen Jahren kräftigen Wachsthums der Krone und der Stammsprossen ist der Humusvorrath verzehrt, die oberen Bodenschichten sind ihres Schutzes beraubt und trocknen im Sommer tief aus. Die Processe der Nährstoffaufschliessung leiden hierunter und der Vorrath an aufgeschlossenen Bodennährstoffen vermindert sich, oder wie man zu sagen pflegt, der Boden „verwildert".

Den Jahren der gesteigerten Nährstoffzufuhr folgt nunmehr eine Periode des Mangels, und dieser Mangel an Wasser und Nährstoffen lässt die obere Baumkrone verhungern, da die unteren Zweige den Wasser- und Nährstoffvorrath für sich allein beanspruchen.

Bessert sich der Boden mit dem Heranwachsen eines jungen Bestandes wieder, dann kann sich mit der Steigerung der Nährstoffzufuhr die Krone erholen, wenn diese nicht bereits allzusehr beschädigt war. Bäume, die vor der Freistellung schon eine kräftige Krone besassen, entwickeln wenige oder keine Wasserreiser und bleiben frei von Gipfeldürre, weil in den ersten Jahren der Nahrungssteigerung die Krone für sich allein im Stande ist, durch kräftigere Entwicklung die Mehrzufuhr zu verarbeiten. Es entstehen keine Wasserreiser und diese können also in den Jahren der Nahrungsnoth die Krone nicht beeinträchtigen. Letztere zeigt wohl ein allgemeines Kümmern, nicht aber ein Vertrocknen des Gipfels.

Aus dem Gesagten folgt, dass zur Vermeidung der Gipfeldürre der temporären Bodenvermagerung vorgebeugt werden müsse. Sache des Waldbaues ist es, die Mittel zu finden, durch welche dem Boden Schutz und Pflege zu Theil wird.

Bekanntlich giebt es eine Reihe von Krankheitserscheinungen an landwirthschaftlichen Gewächsen, welche insbesondere durch Bodentrockniss herbeigeführt werden, und nenne ich hier nur das Verscheinen des Getreides, d. h. das Vertrocknen der Halme vor dem Fruchtansatze, und die Nothreife des Getreides, d. h. das Vertrocknen der Getreidepflanzen nach dem Körneransatze aber vor vollendeter Ablagerung der Bildungsstoffe in Form von Mehlen im Samenkorn.

Ausnahmsweise kann auch ein Uebermaass von Nährstoffen Erscheinungen im Pflanzenleben hervorrufen, welche nachtheiliger Art sind, doch möchte ich hier wiederholt davor warnen, krankhafte Erscheinungen in Ermangelung einer auf wissenschaftlicher Forschung beruhenden Erklärung kurzer Hand dem Boden zuzuschreiben.

Eine plötzliche Steigerung der Nährstoffzufuhr und die dadurch herbeigeführte bedeutende Zunahme der Bildungsstoffproduction kann unter Umständen eine Zersprengung äusserer Gewebstheile zur Folge haben, wenn sich diese nicht schnell genug dem Wachsthum innerer Gewebstheile entsprechend auszudehnen vermögen.

Bäume, welche durch irgend welche Betriebsoperationen plötzlich im Wuchse bedeutend gefördert werden, zeigen zuweilen auf allen Seiten, zumal am eigentlichen Schafte, ein Aufreissen der Rinde, welche durch gewaltsames Zersprengen von innen aus herbeigeführt wird.

Hainbuchen[1]) in einem Rothbuchenbestande wurden mit der Besamungsschlagstellung plötzlich freigestellt und ihr Zuwachs steigerte sich auf Brusthöhe von 1,2 □ cm Querflächenzuwachs in wenigen Jahren auf 13,7 cm jährlich und darüber.

Der äussere Korkmantel wurde dadurch so stark elastisch ausgespannt, dass er endlich an zahlreichen Stellen in Längsrissen zersprengt wurde. Die Zusammenziehung, die hierauf erfolgte, hatte nun entweder ein Aufreissen bis zum

Fig. 131.
Schematische Darstellung der Verschiedenheiten beim Aufplatzen der Rinde nach plötzlicher Zuwachssteigerung.

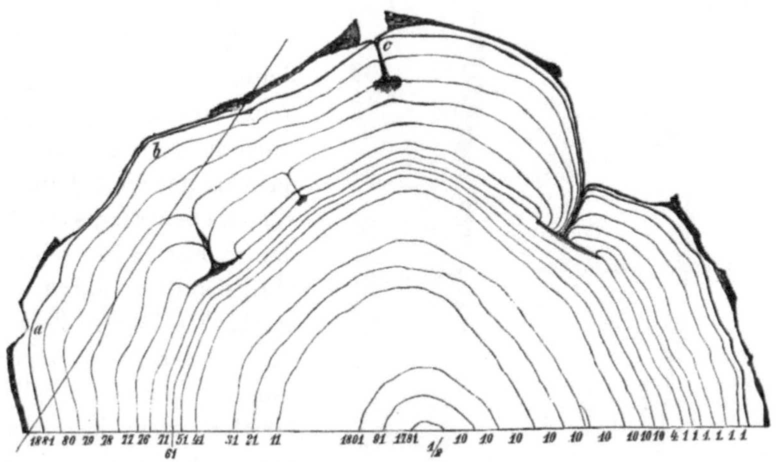

Fig. 132.
Querschnitt eines Hainbuchenstammes, dessen Rinde durch plötzliche Zuwachssteigerung im Jahre 1876 gesprengt wurde. a Rindenrisse, die nicht auf das Holz reichten. b Ueberwallte Risse. c Noch nicht völlig verwachsener Riss. Die Jahrringszahlen zeigen die Jahresringgrenzen an, die besonders in den Jahren 1861—71 sehr eng waren. $\frac{1}{2}$ Natürl. Grösse.

Holzkörper zur Folge (Fig. 131 a), oder es wurde sogar zu beiden Seiten des Risses der ganze Rindenkörper in der Cambialregion auf eine Strecke weit vom Holzkörper abgelöst (Fig. 131 b). Es tritt so eine Krümmung des ganzen Rindenkörpers ein, ähnlich einem einseitig trocken gewordenen Brette. Die zahlreichen Wundstellen

---

[1]) Untersuchg. a. d. forstbotan. Inst. Bd. III, S. 141—144.

16*

verwachsen meist sehr schnell nach einem Jahre, zuweilen erst später (Fig. 132). Die Rinde der Hainbuchen bekommt aber eine sich lange Zeit erhaltende ungewöhnliche Gestalt (Fig. 133).

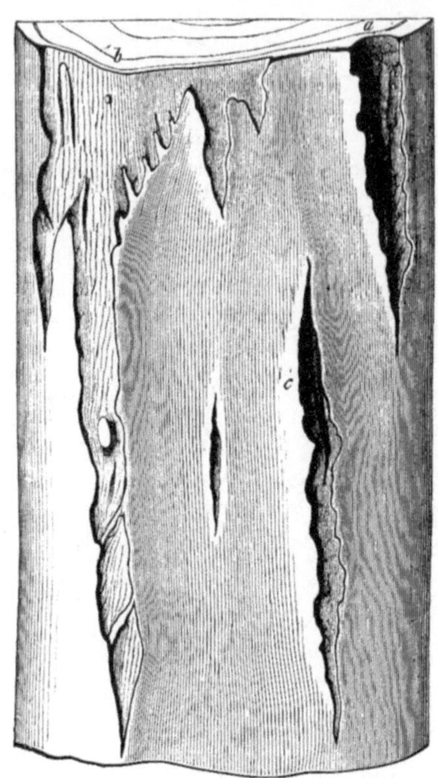

Fig. 133.

Hainbuche mit zersprengter Rinde. *a* Riss nicht bis zum Holzkörper gehend. *b* Ein bis zum Holz gehender Riss, der wieder überwallt ist (*c*) (Fig. 12 b). *c* Riss, der nur im oberen Theile bis zum Holzkörper reichte. $\frac{1}{2}$ Natürl. Grösse.

Aehnliche Rindensprengungen habe ich an Eichen[2]) in verschiedenen Beständen beobachtet, die lange Zeit sehr dicht gedrängt bei versäumter Durchforstung oder unter dem Drucke höherer Bäume erwachsen waren und dann plötzlich freigestellt wurden.

Die gesteigerte Bodenthätigkeit und Lichtwirkung hatte eine so gewaltige Zuwachssteigerung zur Folge, dass am ganzen Schafte Risse verschiedener Grösse entstanden. Fig. 134 zeigt den Querschnitt durch eine solche 100 jährige Eiche mit den interessanten Reproductionserscheinungen, die im Gefolge der Zersprengung eingetreten sind.

Diese Verwundungen sind nicht nur insofern nachtheilig, als durch die darnach eintretenden Vernarbungs- und Ueberwallungsprocesse die Gradspaltigkeit der Stämme geschädigt wird, sondern weil auch an diesen Stellen parasitische Holzpilze einzudringen vermögen. Sie können wohl immer vermieden werden, wenn der beabsichtigten Lichtung eine stärkere Durchforstung um einige Jahre vorangeschickt wird.

----

[2]) Untersuchg. a. d. forstbotan. Inst. Bd. I, S. 145—150.

Als selbstverständlich bedarf es keiner weiteren Ausführung, dass übergrosse stagnirende Bodennässe, wenn durch sie der Luftzutritt zu den Wurzeln verhindert wird, ein Verfaulen dieser und ein Absterben der ganzen Pflanze zur Folge haben kann, dass

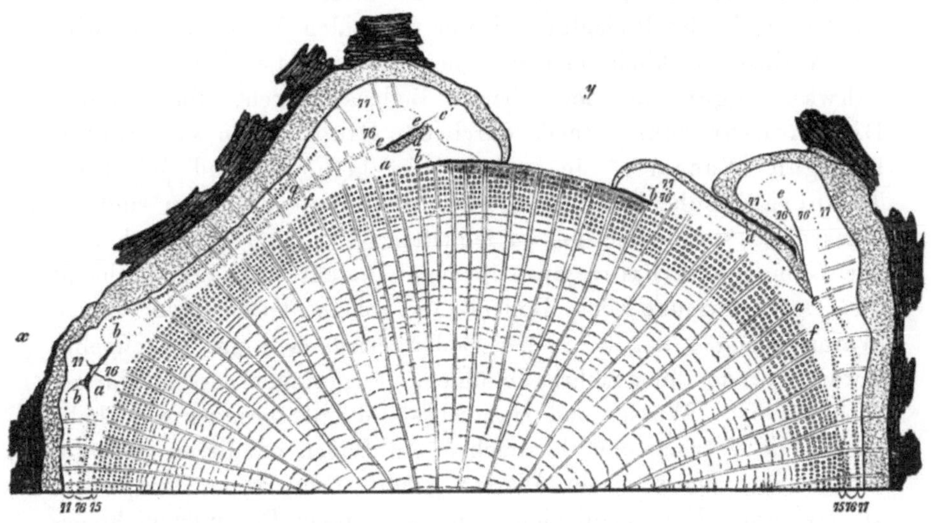

Fig. 134.

Querschnitt eines zwei Jahre vor der Fällung in Folge sehr gesteigerten Zuwachses an zwei Stellen *x* und *y* aufgeplatzten Eichenstammes. An den drei mit *a b* bezeichneten Stellen hat Vernarbung vom Cambiummantel der Holzfläche aus stattgefunden. Das Vernarbungsgewebe hat seine eigene Rinde *d d*. Die losgesprengten Rindenlappen haben auf der inneren, cambialen Fläche neues Holz oberhalb *e e* gebildet. Dieses hat eine Art Ueberwallungswulst *c* gebildet, welcher nach einwärts den Wundrand bildet. Der im Jahre 1876 unter der Rinde nach dem Zersprengen gebildete Jahrring zerfällt in zwei Theile *f g*, von denen der innere im Frühjahre vor der Sprengung schon einen Gefässkreis gebildet hatte, welchem nach Entstehung einer fast gefässlosen Zone *f* nochmal eine gefässreiche Zone folgte.

sie ferner zur Entstehung nachtheiliger Humussäuren führt, dass sie die Empfindlichkeit mancher Pflanzen gegen den Frost steigert, das Ausfrieren und Ausziehen der Pflanzen im Saatbeete vermittelt u. s. w.

§ 22. Ungenügender Luftwechsel im Boden[1]).

Die Processe des Stoffwechsels in den Wurzeln erfordern ein lebhaftes Zuströmen des Sauerstoffs. Die Wurzeln ersticken und

---

[1]) R. Hartig, Zersetzungserscheinungen, S. 75 ff.

sterben ab, wenn ihnen andauernd die Sauerstoffaufnahme unmöglich gemacht wird. Nicht nur die Wachsthumsprocesse selbst, sondern auch die Processe der Reservestoffbildung und der Auflösung derselben, die ja in den Wurzeln besonders lebhaft stattfinden, sind an Sauerstoffzufuhr gebunden, und um diese Sauerstoffmenge vermindert sich die Bodenluft. Unter normalen Verhältnissen wird der Verlust reichlich ersetzt, theils durch die Temperaturschwankungen in den oberen Bodenschichten, theils durch Diffusionsprocesse, theils durch das Eindringen sauerstoffhaltigen Wassers. Je grösser die täglichen und jährlichen Temperaturschwankungen der oberen Bodenschichten sind, je tiefer diese stattfinden, um so lebhafter ist der Luftaustausch oder der sogenannte Athmungsprocess des Bodens. Bekanntlich hängt die Durchwärmung des Bodens in hohem Grade von dessen Wärmecapacität ab, denn der Boden wird sich um so schneller erwärmen oder umgekehrt abkühlen, je geringer dessen Wärmecapacität ist. Wasser und Humusbestandtheile besitzen eine hohe specifische Wärme und je reicher ein Boden an diesen Bestandtheilen ist, um so mehr Wärme gehört dazu, seine Temperatur zu steigern. Ein Waldboden, der von einem Bestande nicht geschützt wird, der in Folge seiner Freilage leichter austrocknet, und der seinen Humusgehalt zum grössten Theile verloren hat, erwärmt sich mithin leichter, als ein von dichtem Bestande bedeckter, immer frisch bleibender, humusreicher Boden.

Es ist ferner selbstverständlich, dass ein der directen Insolation ausgesetzter Waldboden sich weit leichter durchwärmt, aber auch durch Wärmeausstrahlung sich weit leichter wieder abkühlt, als ein unter dem doppelten Schutze der Baumkronen und der Laub- und Humusdecke liegender Boden.

Was den Diffusionsprocess der Bodenluft betrifft, so wissen wir, dass derselbe nur in lockerem Boden ein beträchtlicherer ist, wenn dieser nicht zu sehr mit Wasser durchsättigt ist. Bei dichtem, festem und wasserreichem Boden ist der Gasaustausch ein äusserst langsamer. Unter gewissen Verhältnissen kann nun der Luftaustausch im Boden auf ein so geringes Maass sich beschränken, dass die Pflanzenwurzeln in demselben ersticken und verfaulen. Im Gegensatz zu den infectiösen Wurzelkrankheiten habe ich das durch Erstickungstod herbeigeführte Absterben der Wurzeln als

Wurzelfäule[2])

bezeichnet. Diese Krankheit tritt in verheerendem Grade besonders in den jüngeren Kiefernbeständen Norddeutschlands auf. Sie beginnt selten vor dem zwanzigsten, meist erst mit dem dreissigsten Lebensjahre und äussert sich darin, dass nach kurzem Kümmern die noch völlig grün benadelten Bäume umfallen, wenn Schneeanhang oder starker Wind den äusseren Anstoss dazu giebt. Die Pfahlwurzel ist bis nahe dem Wurzelstocke nassfaul, alle oder die meisten flach streichenden Seitenwurzeln dagegen sind völlig gesund. Nur selten veranlasst das mit dem Abfaulen der Pfahlwurzel hervortretende Verharzen des Wurzelstockes ein völliges Vertrocknen des Baumes. Von der oft gleichzeitig in den Kiefernbeständen auftretenden Erkrankung durch Trametes radiciperda unterscheidet sich die Wurzelfäule durch das Abfaulen der Pfahlwurzel und das Gesundbleiben der Seitenwurzeln, während jener Parasit sich durch die Seitenwurzeln verbreitet und die Bäume tödtet, ohne dass sie umfallen.

In Fichtenbeständen tritt sie auf ganz flachgründigen Böden mit stagnirender Nässe ebenfalls auf, ist aber weniger schädlich, weil ja das flachstreichende Wurzelsystem die Fichte unabhängiger macht von dem Verfaulen der wenigen in die Tiefe gehenden Wurzeln.

Die Wurzelfäule tritt in Kiefernbeständen nur auf solchen Böden auf, wo in geringer Tiefe, meist in 0,5 m unter der Bodenoberfläche eine Bodenschicht vorhanden ist, welche dem Eindringen der Hauptwurzel in der Jugend des Bestandes kein Hinderniss bereitet, aber dabei so beschaffen ist, dass die Processe des Luftwechsels nur so lange in ausgiebiger Weise stattfinden, als der Bestandesschluss noch nicht eingetreten ist. Meist besteht diese Bodenschicht aus thonreichem Lehm oder äusserst feinkörnigem Quarzmehl (Flottlehm), und leistet der Bearbeitung mit dem Spaten Widerstand, so dass die Spitzhacke nöthig wird. Recht oft finden wir solche Bodenschichten da, wo früheres Ackerland der Waldcultur und zwar desshalb übergeben wurde, weil solche Bodenverhältnisse auch der landwirthschaftlichen Cultur widrig sind. Irriger Weise hat man dann das spätere Erkranken

---

[2]) Zersetzungserscheinungen, S. 74 ff.

der Kiefern der früheren Ackercultur zugeschrieben. Auf solchen
Böden gedeihen die Kiefernculturen anfänglich vortrefflich. Die
Pfahlwurzeln dringen in die Tiefe, bis zu welcher ja auch noch
der Luftwechsel reicht. Erst mit dem Eintritte des Bestandes-
schlusses, der Ausbildung eines dichten, Sommer und Winter den
Boden schützenden Kronendaches, der Entstehung einer dichten
Nadel- und Humusschicht vermindert sich der Luftwechsel im
Boden. Die Insolation hört auf, die Durchwärmung wird ebenso
erschwert, wie die Abkühlung, die Diffusionsprocesse vermindern
sich, weil der Boden ständig frisch bleibt und bei sehr dichtem,
thonreichem oder festem Quarzmehlboden die Luft grösstentheils
verdrängt wird. Wenn auch erst nach Jahrzehnten kann diese
Störung des Luftwechsels dahin führen, dass die in die Tiefe ge-
wachsenen Wurzeln nicht mehr ihren Sauerstoffbedarf völlig be-
friedigen können und ersticken.

Die Thatsache, dass die Wurzelfäule an Laubholzbäumen gar
nicht und auch an in Laubholz eingesprengten Kiefern nur sehr
selten auftritt, lässt sich vielleicht aus dem Umstande erklären,
dass während der Hälfte des Jahres der Schutz des Bodens
durch das Kronendach auf ein Minimum beschränkt, mithin der
Luftwechsel des Bodens doch ausgiebiger ist als in Nadelholzbeständen.

Dies führt mich unmittelbar auf die angemessensten Vor-
beugungsmittel, die immer dahin gerichtet sein müssen, die
Bodendurchlüftung zu fördern. Erziehung gemischter Laub-
und Nadelholzwaldungen, oder, wo dies nicht ausführbar ist, Ersatz der Kiefer durch die flachwurzelnde Fichte, frühzeitige Durchforstungen, Entfernung allzugrosser Laubanhäufungen in Thal-
mulden, Entwässerungen zur Beseitigung stagnirender Bodenfeuchtigkeit sind die in jedem Einzelfalle näher in Erwägung zu ziehenden
Maassregeln.

Gewissermaassen als eine Art Wurzelfäule ist das Absterben
der tieferen Wurzeln an zu tief versetzten Pflanzen zu bezeichnen. Je schwerer der Boden, um so nachtheiliger wirkt das allzu
tiefe Einpflanzen. Im günstigsten Falle stirbt ein solcher Baum
bald ab, meist aber kümmert derselbe Jahrzehnte hindurch, ohne
im Stande zu sein, an Stelle des erstickten Wurzelsystems ein
neues zu bilden. Nur wenige Bäume, z. B. Weiden, Pappeln

u. s. w., häufiger aber Sträucher entwickeln nahe der Bodenoberfläche zahlreiche Adventivwurzeln, durch welche sie sich, wie völlig wurzellose Stecklinge, ein neues Wurzelsystem bilden.

Aehnliche Verhältnisse liegen vor, wenn ältere Bäume stark übererdet werden, wie dies bei Wegeanlagen, Bergwerken u. s. w. öfters vorkommt.

Kann in solchen Fällen die Luft seitlich an die Wurzeln gelangen, wie dies meist geschieht, wenn die Bäume an Böschungen stehen, dann schadet dies weniger, wird aber der Luftzutritt zu den Wurzeln in hohem Grade erschwert, dann sterben die Bäume ganz ab, oder kümmern doch. Bei glattrindigen Bäumen, z. B. Rothbuchen, Hainbuchen u. s. w. von 20 cm Stammdurchmesser fand ich noch lebhafte Adventivwurzelbildung aus unverletzter Rinde nahe der Oberfläche des aufgeschütteten Erdreiches.

Wo die Erhaltung werthvoller Bäume wünschenswerth erscheint, soll die Ringelung oder doch stellenweise Verwundung bis auf den Holzkörper nicht weit unter der Bodenoberfläche zu günstigen Resultaten geführt haben, indem sich an dem dort entstehenden Callus reichliche Wurzeln entwickelten, welche nahe unter der neuen Bodenoberfläche fortwachsend das Leben des Baumes erhielten.

Es bedarf kaum der Erwähnung, dass das Missglücken der Buchenverjüngungen sehr oft begründet ist in der noch ungenügenden Durchlüftung des von starken Humusmassen bedeckten Bodens, dass ferner die zu tiefe Aussaat besonders mancher feinerer Sämereien missglückt, weil der Luftzutritt zu dem keimenden und Kohlensäure ausscheidenden Samen nicht genügt.

Die bekannte Thatsache, dass die Keimproben des Ellern- und Birkensamens im Zimmer fast immer unbefriedigende Resultate geben, wogegen derselbe Samen, im Freien ausgesäet, herrlich keimt, ist vielleicht dem Umstande zuzuschreiben, dass nur im Freien der tägliche Temperaturwechsel des Bodens eine beständige Luftveränderung in der Umgebung des Samenkornes herbeiführt, während die gleichförmige Temperatur des Zimmers, verbunden mit der relativen Ruhe der Zimmerluft die bei der Keimung ausgeschiedene Kohlensäure nicht schnell genug aus der Nähe des Samenkornes fortführt.

Bei Anhäufung keimender Samen tritt das Verderben aus ähnlichen Gründen ein. Auch das Verfaulen der Wurzeln unserer Zimmerpflanzen, wenn solche in glasirten und desshalb dem leichten Luftwechsel verschlossenen Töpfen cultivirt werden, ist der vorbeschriebenen Wurzelfäule verwandt.

§ 23. Giftstoffe.

Als Giftstoffe im engeren Sinne bezeichnet man nur solche im Boden vorkommende, oder vielmehr demselben in der Regel zugeführte Stoffe, welche direct für die Pflanzenzellen schädlich sind und dieselben tödten. In der Regel erweitert man den Begriff und zählt auch andere unschädliche lösliche Stoffe, ja selbst werthvolle Pflanzennährstoffe dahin, wenn diese in einem zu concentrirten Grade sich im Boden finden. Da die Wasseraufnahme der Wurzeln ein endosmotischer Process ist, der nur vor sich gehen kann, wenn im Boden eine Lösung von so geringer Concentration sich findet, dass der Zellsaft der Wurzelzellen erheblich concentrirter ist und desshalb das Wasser von aussen in die Pflanze hineinzieht, so wird jede Bodennährlösung von höherer Concentration schädlich wirken und den Wurzeln sogar noch Wasser entziehen. Es tritt ein Vertrocknen ein. Dies hat man oft genug zu beobachten Gelegenheit, wenn leicht lösliche Mineraldünger in zu reichlichem Maasse zur Verwendung kommen. Aber auch andere an sich unschädliche lösliche Salze können ein Vertrocknen der Pflanzen zur Folge haben.

Das Chlornatrium als Bestandtheil des Seewassers ist schon oft in hohem Grade verderblich geworden, wenn bei Springfluthen die hinter den Dünen gelegenen Bestände überfluthet wurden und das Wasser nicht wieder zurückfliessen konnte, sondern langsam in den Boden einsickern musste[1]). Kiefern, Erlen, Eichen und Rothbuchen litten am meisten und starben ganz ab, während die Birke sich am widerstandsfähigsten erwies. Im Juli 1874 stellte ich im Verein mit dem Chemiker Schütze zu Eberswalde Versuche mit Kochsalzlösungen von procentischem Gehalt der

---

[1]) Schütze, Untersuchung von Boden und Holz aus Beständen, welche durch Sturmfluthen der Ostsee beschädigt sind. Zeitschrift für Forst- und Jagdwesen 1876 p. 380.

Ostsee (2,7 %) und der Nordsee (3,47 %) an. Es wurden Saat- und Pflanzbeete der Kiefer, Fichte, Akazie und Rothbuche mit diesem Salzwasser so begossen, dass einmal nur ein Quantum von 14 Liter auf eine Fläche von 1 qm vertheilt wurde. Es starben die 1- und 3jährigen Fichten sowohl durch Ostsee- als durch Nordseewasser ab, sechsjährige Fichten starben nur durch Nordseewasser, bräunten sich theilweise durch Begiessen mit Ostseewasser. Mannshohe Fichten, von denen jede eine Giesskanne (14 Liter) Nordseewasser erhielt, starben zum Theil, während andere nur vorübergehend braune Nadeln erhielten und sich später wieder erholten. Einjährige Akazien starben auch durch Ostseewasser zum grösseren Theil ab, dreissigjährige Rothbuchen liessen auffälligerweise einige Zeit nachher lediglich an der Spitze eines jeden Blattes ein Absterben erkennen. Die Kiefer zeigte sich dagegen bei diesen Versuchen am unempfindlichsten, vielleicht in Folge der tiefgehenden Bewurzelung.

Allgemein bekannt ist auch der nachtheilige Einfluss des Urins auf die Pflanzen, der sich schon aus dem Salzgehalt zur Genüge erklären dürfte.

Als echte Giftstoffe wirken mannigfache Säuren und Laugen, welche mit dem Abfallwasser der Fabriken zuweilen in grösserer Menge dem Boden zugeführt werden. Sie sind erfahrungsmässig in hohem Grade nachtheilig, doch ist hier nicht der Ort, auf alle möglicherweise in Frage kommenden Giftstoffe solcher Abfallwässer näher einzugehen.

Nicht uninteressant ist auch der schädliche Einfluss nachhaltiger Kohlensäureexhalationen im Boden auf die Vegetation. Im Badeorte Cudova in Schlesien sind im dortigen Parke manche Quellen kohlensäurereichen Wassers verschüttet. An solchen Stellen gedeiht kein Strauch, sondern nur Graswuchs, vermuthlich desshalb, weil die daselbst frei werdende Kohlensäure sich so reichlich im Boden verbreitet, dass der Athmungsprocess der Wurzeln unmöglich gemacht wird. Graswuchs ist möglich, weil nahe der Bodenoberfläche der Luftwechsel ausgiebig genug ist, die Graswurzeln am Leben zu erhalten.

Dass Leuchtgas, wenn es in grösserer Menge aus Gasröhren im Boden sich verbreitet, den Baumwurzeln schädlich wird, ist nachgewiesen, doch darf man das Kümmern oder Absterben der

Alleebäume in Städten nicht auf diese Beschädigung allein zurückführen wollen, vielmehr hat der Abschluss des Wassers und selbst des Luftwechsels bei sorgfältiger Pflasterung der Strassen und Trottoire ein Vertrocknen oder Ersticken der Baumwurzeln zur Folge.

Es mag hier kurz erwähnt werden, dass das Leuchtgas auch der Blumenzucht in unseren Wohnzimmern erheblichen Abbruch thut auch dann, wenn wenig Gas verbrannt wird, da ja doch immer geringe Gasmengen der Röhrenleitung entweichen. Camellien, Azaleen, Epheu sind sehr empfindlich, Palmen und Dracänen am unempfindlichsten gegen Gas.

IV. Abschnitt.

Erkrankungen durch atmosphärische Einflüsse.

§ 24. Wirkungen des Frostes.

Die Erscheinungen des Gefrierens und des Erfrierens der Pflanzen lassen sich nur dann verstehen, wenn man sich über die Wärmequellen, die den Pflanzen zur Verfügung stehen, klar ist.

Die Processe des Stoffwechsels, welche höher entwickelte Thiere mehr oder weniger unabhängig von den äusseren Wärmeeinflüssen machen, sind im Pflanzenreich nicht ausgiebig genug, um einen irgend beachtenswerthen Factor auszumachen im Vergleich zu der Einwirkung der Wärme der umgebenden Medien auf die Pflanze.

Die Bodentemperatur beeinflusst bei allen älteren Holzarten, insbesondere bei den mit einer stärkeren Borke bekleideten Bäumen, vorzugsweise die Temperatur der unteren und inneren Baumtheile. In den Aesten und Zweigen überwiegt der Einfluss der Temperatur der Aussenluft.

Zur Zeit der Vegetationsthätigkeit und überhaupt dann, wenn der Verdunstungsprocess ein lebhafterer ist, überträgt das aus dem Boden aufgenommene Wasser die dort herrschende Temperatur auf das Innere der Pflanze. Man hat dies auf das Unzweifelhafteste dargethan, indem man zwei gleiche, von der Sonne beschienene Bäume, von denen der eine zuvor entästet war, untersuchte. Man fand, dass in dem voll belaubten Baume die Temperatur um 10° niederer stand, als in dem entästeten. Als man dann jenen ebenfalls ästete und dadurch die Wasserströmung zum Aufhören

brachte, stieg sofort die Temperatur um 10° in die Höhe. Ist der
Boden gefroren, so dass kein Wasser von den Wurzeln aufgenommen wird, dann erwärmt sich der Baum vom Boden aus allein
durch directe Wärmeleitung, die aber immer bedeutungsvoll genug
ist, um zu erklären, dass das Bauminnere auch bei anhaltender
Kälte sich von unten auf durchwärmt und ein tiefgründiger
Boden, in welchem die Baumwurzeln sich tief hinab erstrecken,
für die Durchwärmung der Bäume vortheilhafter ist, als ein flach-
gründiger.

Der Vortheil einer natürlichen oder künstlichen Bodenbe-
deckung für die Widerstandsfähigkeit der Obst- und Zierbäume
gegen Winterkälte ist dadurch erklärlich. Es ist aber auch verständlich, dass das sogenannte Härterwerden, das heisst, die Erscheinung, dass solche Bäume, die in der Jugend oft erfrieren, mit
dem höheren Alter scheinbar unempfindlicher werden, auf die günstigere Durchwärmung der in grösserer Tiefe wurzelnden Pflanzen
zurückzuführen ist.

Das auffallend schnelle Ergrünen der Sträucher und Bäume
nach einem ausgiebigen warmen Frühlingsregen ist ebenfalls der
Durchwärmung vom Boden aus zuzuschreiben, sowie endlich das
frühzeitigere Ergrünen schwächerer Bäume gegenüber den dominirenden Stämmen eines Bestandes darauf zurückzuführen ist, dass
die Bodenschichten, in denen jene vorzugsweise ihre Bewurzelung
ausgebreitet haben, schon durchwärmt sind, wenn in grösserer
Tiefe, aus welcher die stärker und kräftiger entwickelten Wurzeln
ihre Wärme beziehen, der Boden noch die Winterkälte zeigt.

Die Temperatur der Aussenluft bestimmt vorwiegend die
Innenwärme der Zweige und Aeste, wie überhaupt aller feineren
Pflanzentheile. Stammtheile mit sehr dicker Korkhaut und Borke-
schicht lassen die Wärme nur sehr langsam von aussen in's Innere
eindringen. Nur bei directer Insolation steigert sich die Er-
wärmung der von den Sonnenstrahlen getroffenen Baumseite auf
ein hohes Maass, so dass selbst Krankheitserscheinungen, wie „Rindenbrand" und „Sonnenriss" dadurch hervorgerufen werden können.
Der Durchwärmung der Pflanzen steht der Wärmeverlust gegenüber, den dieselben erleiden bei dem Processe der Wasserver-
dunstung, durch welchen den verdunstenden Geweben zunächst
Wärme entzogen wird, und bei dem Processe der Assimilation.

In ganz hervorragendem Maasse wirkt aber die Ausstrahlung ab-
kühlend, die um so grösser ist, je feiner die Pflanzentheile, je
grösser also die Oberfläche im Vergleich zur Körpermasse ist. Die
Abkühlung durch Wärmeausstrahlung erklärt ja nicht allein die
Erscheinungen des Reifes, Thaues u. s. w., sondern auch die meisten
Spätfröste, die oft genug bei stillem, klarem Wetter dann schon
eintreten, wenn die Lufttemperatur noch über dem Gefrierpunkte
steht. Aus dem Gesagten erhellt zur Genüge, dass die Zahlen, die
man durch Ablesung der Baumthermometer, welche in Bohrlöcher
beliebiger Bäume eingelassen sind, bekommt, aus einer Mischung
verschiedenartiger erwärmender und abkühlender Factoren hervorgehen. Die Ermittelung dieser inneren Baumtemperaturen auf den
forstlich meteorologischen Versuchsstationen hat für die Wissenschaft absolut keinen Werth und ist ein Missbrauch der Zeit der
Beobachter, der sich nicht rechtfertigen lässt.

Wenn die Temperatur eines Pflanzentheiles unter dasjenige Minimum hinabsinkt, welches zur Erregung und Fortführung der chemischen Processe des Stoffwechsels, also zur Hervorrufung der
Lebensprocesse nothwendig ist, dann tritt ein Ruhezustand ein, der
erst beendet wird, sobald wieder die erforderliche Wärmeeinwirkung
auf das Gewebe ausgeübt wird. Sinkt die Temperatur erheblich
unter $\pm\,0^0$, dann gefriert die Pflanze, d. h. es scheidet ein Theil
des Imbibitionswassers der Zellwandungen und ein Theil des Zell-
saftwassers zu Eiskrystallen aus, während eine concentrirte Lösung,
deren Gefrierpunkt tiefer liegt, im flüssigen Zustande zurückbleibt.

Im Holzkörper der Bäume, deren Organe grösstentheils
keine Intercellularräume besitzen, kann das Wasser der Zellwandungen nur nach innen, also in's Lumen der Zellen zu Eiskrystallen ausgeschieden werden, die trockener werdende Wandung
selbst gefriert nicht. Da das Lumen der Holzzellen neben Wasser
auch reichlich Luft führt, so ist hinlänglich Platz vorhanden zur
Ausdehnung des Wassers beim Uebergang in den Eiszustand. Je
tiefer die Temperatur sinkt, um so mehr Wasser verlässt die Wandungen, um so trockener werden diese.

So erklärt es sich, dass bei intensiven Kältegraden die Bäume
ganz ähnliche Erscheinungen des Schwindens zeigen, wie gefälltes
Holz beim Trocknen.

Die wasserarmen Wandungen vermindern entsprechend ihr Vo-

lumen und der Stamm reisst in der Längsrichtung auf; er bekommt
Frostrisse oder Frostspalten. Diese sind meist auf der Nordostseite
der Stämme gelegen, weil intensive Kältegrade meist bei Nordost-
wind eintreten. In der Regel setzt die Entstehung von Frostspalten voraus, dass die starke Kälte plötzlich eintritt und die inneren
Baumtheile noch relativ warm sind, das Schwinden des Holzes nur
in den äusseren Holzlagen sehr stark ist.

Es ist bekannt, dass solche Frostspalten, nachdem sie sich
mit wiederkehrender höherer Temperatur geschlossen haben, im
darauffolgenden Jahre von den Neubildungen des Spaltenrandes überwachsen werden und zwar der Art, dass der verminderte Rindendruck eine Zuwachssteigerung zu beiden Seiten des Risses veranlasst, die als Frostleiste hervortritt. Schon geringe Kältegrade sind
in den Folgejahren im Stande, den Spalt wieder zu öffnen, da die
schwache äussere Verwachsungsschicht leicht zerreisst. Oft wiederholtes Oeffnen und Ueberwallen erzeugt zu-

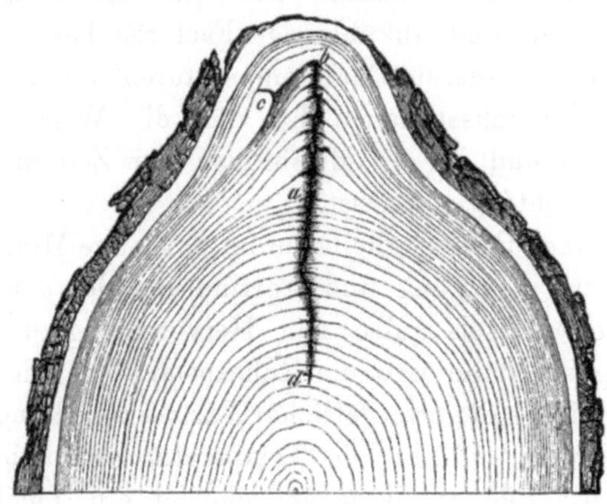

Fig. 135.

Frostriss in einem Eichenstamme. Derselbe ist
entstanden im Winter, bevor der Jahrring *a* gebildet wurde und erstreckt sich von *a* bis *d*. Neun
Jahre hintereinander ist der Spalt alljährlich neu
aufgesprungen, so dass sich die Frostleiste *a—b*
bildete, welche dann bei *c* eine seitliche Verletzung
erlitt, aber in den letzten 5 Jahren nicht wieder
aufgesprungen ist. ½ Natürl. Gr.

weilen sehr weit vorstehende Frostleisten. Folgen mehrere milde
Winter auf einander, dann kann eine Frostspalte wieder völlig
zuwachsen, wie in Figur 135 zu sehen ist.

An alten Eichen beobachtete ich im Innern zuweilen zahlreiche radiale und peripherische Risse, die nicht bis zur Peripherie
des Stammes sich erstreckten und sich auch bei ihrer Entstehung
nicht bis dorthin erstreckt haben. Ob diese Risse ebenfalls der
Frostwirkung zuzuschreiben sind und unter welchen Umständen sie
entstehen können, ist zunächst noch nicht klargestellt.

Blatt- und Rindengewebe, wie überhaupt alle parenchymatischen Gewebe scheiden beim Gefrieren reines Wasser in die umgebenden Intercellularräume aus, ohne in der Regel selbst zu gefrieren. Die Zellen verlieren dabei ihren Turgor, welken gleichsam und erklärt sich daraus die bekannte Erscheinung, dass vom Spätfrost betroffene Lilien, Hyacinthen u. s. w. platt an der Erde liegen, bis sie nach dem Aufthauen des Wassers, wenn solches von dem Zellinneren wieder aufgesogen ist, sich erheben und turgesciren.

Zellen mit concentrirten Lösungen scheiden übrigens erst bei hohen Kältegraden Wasser aus und ich habe oft gefunden, dass Bäume, deren Holz stark gefroren war, in der Rinde und Bastschicht völlig frostfrei waren.

Gefrieren sehr wasserreiche, lebende Pflanzengewebe, insbesondere junge Blätter und Triebe bei Spätfrösten, dann scheiden sich in der Regel grössere zusammenhängende Eismassen an bestimmten Gewebstheilen, besonders gern unter der Oberhaut der Blätter und Triebe oder im Markgewebe aus, während die Gewebe ganz frei von Eis bleiben und nur entsprechend dem Wasserverlust zusammenschrumpfen. Diese Eismassen bestehen aus prismatischen Krystallen, welche unter sich parallel und rechtwinklig auf dem Gewebe stehen, aus welchem das Wasser ausfriert. Das Rindenparenchym der Stengel zeigt meist reichliche Intercellularräume, besonders da, wo das collenchymatische äussere Rindengewebe aufhört und hier kann, ohne grossen Nachtheil für die Pflanze selbst, eine Trennung des Rindengewebes durch Bildung der Eisschicht erfolgen. Nach Spätfrösten sah ich an Blättern des Bergahorns die Epidermis der Blattunterseite an zahllosen Stellen blasig abgehoben. Erst nach vielen Wochen übte diese gewaltsame Trennung einen nachtheiligen Einfluss auf die Gesundheit der Blätter aus.

Das Schwammparenchym der Blattunterseite mit den reichlichen, grossen Intercellularräumen ist offenbar zur Bildung der Eiskrusten besonders geeignet.

Im Blattstielgelenk der Akazie und anderer Bäume, welche im Herbste beim Eintritt des ersten Frostes noch grün sind, bildet sich in der vorgebildeten Trennungsschicht eine Eisplatte, durch welche das Blatt gleichsam abgesprengt wird, so dass dann am nächsten Morgen ein allgemeiner Blattabfall erfolgt.

Wenn gefrorene Pflanzentheile wieder aufthauen, dann stellen sich meist die Zustände im Zellgewebe wieder her, welche vor dem Gefrieren bestanden haben. Das Wasser wird, so wie es aus dem Eiszustande frei wird, langsam wieder von den Zellwandungen und dem Zellinhalte aufgesogen. In vielen Fällen aber erweisen sich die Pflanzentheile als getödtet. Die chemischen Processe, die unter der Einwirkung der rückkehrenden Wärme ins Leben treten, veranlassen nicht die normalen Processe des Stoffwechsels, sondern führen zu chemischen Zersetzungen. Es ist nun über den Zeitpunkt, in welchem der Frosttod eintritt, die Ansicht in der Wissenschaft getheilt. Während Göppert annimmt, der Tod trete bereits ein während des gefrorenen Zustandes, ist Sachs der Ansicht, der Tod trete erst beim Aufthauen der Gewebe ein und hänge insbesondere von der Art und Geschwindigkeit des Aufthauens ab.

Es lassen sich wohl beide Ansichten insofern mit einander vereinen, als der Frosttod im Erstarrungszustand bei dem Erfrieren im Winter, der Frosttod im Augenblicke des Aufthauens dagegen bei Spätfrösten eintreten dürfte.

Das Erfrieren im Winterzustand hat eine grosse Aehnlichkeit mit dem Vertrocknen der Gewebe. Mag der Verdunstungsprocess bei mangelhaftem Ersatz des Wassers durch die Wurzeln die Gewebe wasserarm machen oder das Gefrieren, in beiden Fällen ist das Austrocknen über ein gewisses Maass hinaus tödtlich für die Zelle, indem eine Veränderung der molecularen Eigenschaften des Plasmas sich zu erkennen giebt, welche besonders in der Unfähigkeit besteht, grössere Wassermengen in sich festzuhalten. Diese Veränderung macht eine Umgruppirung der Substanztheilchen beim Austrocknen wahrscheinlich. Im lebenden Zustande sind die Micellen der Substanz von Wasser umgeben, welches von den Micellen festgehalten wird mittelst jener Art von Molecularattraction, die in ihrer Wirksamkeit in der organischen Substanz als Imbibitionskraft bezeichnet wird. Es lässt sich wohl denken, wenn auch nicht beweisen, dass das Lagerungsverhältniss, die Gruppirung der kleinsten Theile der Substanz bei allzustarkem Austrocknen eine Aenderung erleidet, und dass bei erneuter Wasserzufuhr nicht wieder die frühere Lagerung zurückkehrt. Der welke Zustand geht in den turgescirenden über, wenn jene Grenze nicht überschritten worden ist; eine Zelle ist dagegen vertrocknet, vermag nicht wieder in den normalen, lebenden Zustand zurückzukehren, wenn das Maass der zulässigen Austrocknung überschritten wurde. Dasselbe gilt für den Wasserverlust beim Gefrieren. Eine Zelle kann einen gewissen Kältegrad ungefährdet ertragen und nur dann, wenn der Wasserverlust durch Frost über ein gewisses Maass hinausschreitet, tritt jene moleculare Veränderung ein, die auch beim Vertrocknen der Pflanzen den Tod, d. h. die Veränderung der normalen Eigenschaften der Substanz mit sich führt.

Es giebt keinen besseren Vergleich, um jene moleculare Umgruppirung der Substanz zu erläutern, wie der Hinweis auf die bekannte Veränderung des Stärkekleisters nach dem Froste. Gefriert Kleister, dann scheidet ein mehr oder weniger grosser Theil des Wassers aus, der wasserarme Rückstand erleidet eine moleculare Veränderung, die ihn nicht mehr befähigt, das frühere Wasserquantum in sich aufzunehmen. Nach dem Wiederaufthauen bleibt das klare Wasser ausserhalb des veränderten Kleisters und dieser hat seine klebende Eigenschaft eingebüsst.

Im Zustande der Vegetationsruhe sind die perennirenden Pflanzen unserer Zone befähigt, auch die tiefsten Kältegrade unserer Winter zu ertragen, ohne zu erfrieren; mit anderen Worten, der Kältegrad, bei dem unsere Waldbäume jene verderbliche moleculare Umänderung ihrer Zellsubstanz erleiden, wird bei unseren Wintern nicht erreicht.

Südländische Bäume dagegen, und zu diesen gehören ja auch die meisten Obstbäume, erleiden den Frosttod bei uns in ungewöhnlich strengen Wintern, wie ja der Winter 1879/80 in trauriger Weise bewiesen hat. Der Härtegrad der exotischen Pflanzen ist in allen Abstufungen verschieden bis zu der niedrigsten Stufe, d. h. zu derjenigen, die auch in unseren milderen Wintern erreicht zu werden pflegt, womit die Möglichkeit des Ueberwinterns im Freien aufhört. Individuelle Verschiedenheiten treten neben den Artverschiedenheiten auf und darin liegt die Möglichkeit begründet, Pflanzen bei uns zu acclimatisiren. Eine Acclimatisation empfindlicher Pflanzen ist möglich, wenn wir durch Züchtung harte Varietäten zu erziehen suchen, denn die Widerstandsfähigkeit gegen Frost variirt unter den Individuen einer Pflanzenart ebenso, wie jede andere physiologische und morphologische Eigenthümlichkeit.

17*

Es ist auch wahrscheinlich, dass an den Grenzen der natürlichen geographischen Verbreitung der Pflanzen, da, wo denselben durch kälteres Klima Halt geboten worden ist, schon im Kampf ums Dasein härtere Varietäten gezüchtet worden sind; woraus a priori gefolgert werden darf, dass bei Anbauversuchen der Bezug gewisser Sämereien aus solchen Grenzdistricten vortheilhaft sein muss.

Einheimische Waldbäume und Sträucher leiden durch Winterfrost nur unter ganz besonderen Umständen. Jüngere Pflanzen, insbesondere Eichensämlinge und Lohden bis zu 4jährigem Alter, können in den Wurzeln erfrieren, wenn starker, anhaltender Frost ohne Schneedecke in unbedeckten leichteren Boden eindringt. Die Wurzeln sind einestheils weniger geschützt durch dickere Korkhäute als der Stengel, und die Vegetationsprocesse kommen in den Wurzeln viel später, oft erst Mitte Winter zur Ruhe, so dass die Gewebe nicht in dem Ruhezustande sich befinden, welcher sie widerstandsfähiger gegen Frostschaden macht. Solche Pflanzen treiben dann im Frühjahr ihre Knospen aus, vertrocknen aber alsbald, nachdem durch Verdunstung der zarten Triebe der Wasservorrath der Pflanze erschöpft ist.

Nicht völlig zum Entwicklungsabschlusse gelangte Triebe, insbesondere Johannistriebe der Eiche, leiden durch Winterfrost. Es gehört diese Erscheinung aber zu der zweiten Gruppe, d. h. zu den Frosterscheinungen von in der Vegetationsthätigkeit begriffenen Pflanzen.

Der Tod insbesondere der immergrünen Laub- und Nadelhölzer im Winter kann dadurch auch bei unseren einheimischen Pflanzen herbeigeführt werden, dass diese ihres Wassergehaltes nicht durch Kälte, sondern durch Verdunstung beraubt werden[1]).

Friert der Boden bis zu einer Tiefe aus, bis zu welcher die Wurzeln der jungen Pflanzen reichen, so hört die Wasseraufnahme durch letztere auf. Sind sie oberirdisch durch Schnee oder andere Schutzmittel vor Verdunstung geschützt, so schadet ihnen das nichts. Sind sie aber Monate lang, wie z. B. im Winter 1879/80 der Einwirkung der Luft und Sonne ausgesetzt, so sterben sie ab. — Es ist in diesem Falle lediglich ein Vertrocknen eingetreten. Aeltere Fichten und Tannen zeigten schon im Verlauf des Winters

---

[1]) R. Hartig, Untersuchungen I, S. 133.

1879/80 Bräunung und Tod der Benadelung da, wo an südlichen Bestandesrändern, an Eisenbahnböschungen, an Fichtenhecken u. s. w. die Sonne direct die Benadelung traf und der ständige Luftwechsel die Verdunstung förderte. Es sollen selbst alte Tannenbestände in den Alpen völlig erfroren sein in Lagen, welche dem warmen Südwinde am meisten exponirt waren. Es erklären sich meines Erachtens diese Erscheinungen allein aus dem Umstande, dass die directe Insolation im Laufe des meist klaren Winterwetters, beziehungsweise der warme Südwind ein wiederholtes Aufthauen und gesteigerte Verdunstung der Benadelung herbeiführte, und dass die Nadeln, welche aus den, nach lang dauernder starker Kälte gefrorenen Stammtheilen kein Wasser zugeführt erhielten, vertrockneten. Viele Erscheinungen der Kiefernschütte erklären sich aus dem Vertrocknen der Nadeln. Die nachtheiligen Folgen des wiederholten Aufthauens und Gefrierens, der langen Frostdauer und des starken, trockenen Windes erklären sich durch den gesteigerten Wasserverlust bei unterbrochener oder doch verminderter Wasserzuleitung.

Noch nicht völlig aufgeklärt ist die bekannte Thatsache, dass insbesondere ausländische Coniferen auf nassen Standorten leichter erfrieren, als auf trockenen, dass überhaupt die saftreicheren Pflanzengewebe dem Frosttode mehr exponirt sind, als wasserarme Pflanzentheile.

Hat der Winterfrost die Bäume beschädigt, so äussert sich dies in verschiedener Weise, und ist hier zu betonen, dass die vorkommenden Verschiedenheiten noch keineswegs zur Genüge untersucht worden sind. Nach sehr strenger, anhaltender Winterkälte sieht man Rinde, Bast und Cambium, sowie die parenchymatischen Zellen des Holzkörpers absterben und sich bräunen. Die Bäume werden überhaupt nicht wieder grün, oder sie schlagen noch aus, blühen, können selbst noch Früchte tragen, aber im Laufe des Sommers oder Herbstes vertrocknen sie ganz. Es erklärt sich das Ergrünen der vom Frost geschädigten Bäume aus dem Umstande, dass die Säfteleitungsfähigkeit des Holzes anfänglich noch nicht erloschen ist und erst allmälig in dem Maasse schwindet, als die Zersetzung der parenchymatischen Zellen den leitenden Organen sich mittheilt oder der Holzkörper von aussen nach innen vertrocknet. Zuweilen wird Rinde und Basthaut nur stellenweise getödtet und überwallen diese Stellen nachträglich.

In anderen Fällen und insbesondere bei exotischen Nadelhölzern, doch auch bei Laubhölzern bleiben Rinde, Bast und Cambium, oft auch die jüngsten Jahresschichten des Holzes vom Froste verschont und nur das Parenchym des Holzkörpers insbesondere nahe der Markröhre wird getödtet. Bei Nadelhölzern tritt dann Anfang Mai der Tod durch Vertrocknen meist plötzlich ein; bei Laubhölzern, deren cambiale Thätigkeit bereits während des Laubausbruches beginnt, wird oft das Leben der Pflanzen erhalten, indem sich schon vor dem Verluste der Säfteleitungsfähigkeit des vom Froste betroffenen alten Holzkörpers ein neuer Holzring aus dem gesund gebliebenen Cambium bildet oder die jüngsten Jahresringe nicht erfroren sind und zur Saftleitung genügen. Wenn hierdurch auch nur eine kümmerliche Ernährung der Triebe und Blätter in den ersten Jahren nach dem Frostjahre möglich gemacht wird, so vermögen sich doch solche Stämme wieder zu erholen. Es ist in solchen Fällen eine stärkere Aestung oft sehr nützlich, da hierdurch die Verdunstungsmenge entsprechend der Wasserleitungsfähigkeit des Holzes vermindert wird. In sehr trockenen Jahren allerdings gehen wohl noch später manche Bäume an den Nachwirkungen des Frostes zu Grunde.

Im Zustande der Vegetationsthätigkeit, also zur Zeit des Eintrittes der Spät- oder Frühfröste, hängt der Frosttod nicht mehr von dem Härtegrade der Pflanze, sondern von der Art des Aufthauens ab. Unsere einheimischen Waldbäume, die im Ruhezustande von der strengsten Winterkälte nicht leiden, erfrieren nach Laubausbruch bei wenigen Graden unter dem Nullpunkte und gilt hier sicherlich der Satz, dass der Frosttod erst beim Aufthauen erfolge. Gefriert ein in voller Vegetation begriffenes Gewebe, dann treten die früher dargestellten Zustände ein; thaut die Pflanze ganz allmälig wieder auf, dann wird das Eiswasser successive, sowie es mit allmäliger Wärmezufuhr aus den Eiskrystallen hervorgeht, wieder in die Zellwände und in den Zellinhalt aufgesogen, und wenn die Zelle die Temperatur erreicht hat, die aufs Neue chemische Processe ins Leben ruft, dann sind auch die normalen Imbibitionsverhältnisse in derselben wieder hergestellt, die Wärme veranlasst die Fortsetzung der zeitenweise gestörten Processe des Stoffwechsels. Anders gestaltet sich dies, wenn solche Pflanzentheile schnell wieder aufthauen, z. B. in ein warmes Zimmer gebracht, mit den warmen Fingern berührt oder von der Sonne plötzlich durchwärmt werden. Die schnelle Wärmezufuhr veranlasst ein schleuniges Aufthauen der Eiskrusten in den Intercellularräumen, und das Eiswasser, das nur langsam von den Zellwänden resp. dem Plasma wieder aufgesogen werden kann, ergiesst sich in die Intercellularräume, verdrängt die Luft aus denselben, so dass solche plötzlich aufgethaute Blätter durchscheinend werden. Die normalen Imbibitionsverhältnisse sind noch nicht wiederhergestellt, wenn die Wärme aufs Neue chemische Processe hervorruft. Diese können nicht die normalen Processe des Stoffwechsels sein, sie führen vielmehr in dem noch wasserarmen, gleichsam welken Zellgewebe zu Processen der chemischen Zersetzung, zum Frosttode. Es ist desshalb dringend zu rathen, vom Spätfrost betroffene Pflanzen vor dem zu schnellen Aufthauen zu schützen.

Nach nasskalten Sommern sind oftmals selbst an unseren einheimischen Waldbäumen, z. B. der Eiche, die kräftigen Johannistriebe noch nicht im Zustande der Winterruhe, wenn die ersten Frühfröste eintreten. Exotische Holzgewächse, die zur normalen Entwicklung ihrer Lebensprocesse grössere Wärmeeinwirkung erfordern, als in unserem Klima ihnen geboten wird, gehen alljährlich in unfertigem Zustande in unseren Winter hinein. Die jüngsten Organe der Jahrestriebe sind, zumal wenn diese bis in den Nachsommer hinein sich verlängerten (Ailanthus etc.), noch nicht fertig, die jüngsten Elemente des Jahrringes befinden sich noch im cambialen Zustande, ihre Wandungen sind noch nicht verholzt, die Bildungsstoffe noch nicht in Reservemehle umgestaltet etc. Es tritt dann dieselbe Empfindlichkeit gegen Frost ein, wie im Frühjahre bei Spätfrösten. Die unterbrochenen chemischen Processe führen nach dem schnellen Wiederaufthauen zur Zersetzung.

Dem Froste werden unberechtigterweise zahllose Krankheitserscheinungen an Pflanzen zugeschrieben, insbesondere hat man den sogenannten Baumkrebs gern auf Frostwirkung zurückgeführt.

Die meisten Krebsbildungen gehören zu den Infectionskrankheiten und ich habe nur in einigen exquisiten Frostlagen Krebsbildungen an den verschiedenartigsten Laubholzwaldbäumen zu

beobachten Gelegenheit gehabt, die zweifelsohne dem Froste zuzuschreiben sind, welche Krankheit ich desshalb als Frostkrebs[2])
von den verschiedenen Pilzkrebsbildungen unterscheide.

Der Frostkrebs entsteht immer am Grunde eines durch intensiven Spätfrost getödteten Seitenzweiges. Die erste Anlage wird
gleichsam repräsentirt durch den Ueberwallungswulst, welcher den
todten Zweig an der Basis umgiebt. Wiederholen sich die Spätfröste eine Reihe von Jahren an solchen Oertlichkeiten (Frost-
löchern), dann wird der noch nicht von fester, derber Korkhaut
geschützte Ueberwallungswulst getödtet, wenn
in seinem Gewebe bereits vegetative Thätigkeit eingetreten ist, also bei Frösten im
Mai. Oft auf 1 cm oder grössere Entfernung
von der Basis des Zweiges stirbt das Gewebe ab, und es entsteht in der Folge ein
neuer Ueberwallungswulst unter der todten
und bald der Zersetzung anheimfallenden
Rinde. Bleiben die Pflanzen mehrere Jahre
hintereinander frei von Spätfrösten, dann
können solche Krebsstellen völlig wieder
zuwachsen. Wiederholen sich dagegen die
Fröste, dann erweitert sich mit jedem Spät-
frostjahre die Krebsstelle. Zum Unterschiede
vom Pilzkrebs, der alljährlich sich vergrössert, nimmt der Frostkrebs nur in Frost-
jahren an Grösse zu. Ferner tödtet der Spätfrost von der blossgelegten Stelle aus auch den Holzkörper
bis zur Markröhre. Die Zersetzungsproducte des getödteten Zellinhalts verbreiten sich auch mehr oder weniger in dem Stamm
aufwärts und abwärts, während beim Pilzkrebs der blossgelegte
Holzkörper meist nur äusserlich gebräunt wird.

Dass kleinere, durch die Kälte entstandene Risse der Rinde
die erste Ursache des Krebses seien, wie behauptet worden ist,
habe ich nie Gelegenheit gehabt, zu beobachten, bezweifle auch die
Richtigkeit dieser Angabe.

Fig. 136.
Rothbuchenzweig mit
Frostkrebsstelle in der
Umgebung eines erfro-
renen Zweiges. Der Holz-
körper ist im Inneren
gebräunt. Natürl. Gr.

---

[2]) R. Hartig, Untersuchungen I, Seite 135 Taf. VII.

§ 25. Rindenbrand, Sonnenriss, Lichtmangel.

In Wissenschaft und Praxis werden zwei ganz verschiedenartige Erscheinungen unter den vorstehend aufgeführten Namen zusammengeworfen.

Die häufigere Krankheitserscheinung, die ich speciell als Rindenbrand bezeichnen möchte, ist Folge ungewöhnlich intensiver Sonnenwirkung während der Monate Juli und August auf die Rinde solcher glattrindiger Bäume, welche im Bestandesschlusse erwachsen plötzlich freigestellt worden sind.

Am meisten leiden unter Rindenbrand die Rothbuche, Hainbuche, Fichte, Weymouthskiefer und Tanne, und in der Regel ist die Veranlassung solcher Freistellungen eine Wegeanlage, ein Eisenbahndurchhieb, eine Schneisenanlage oder das Ueberhalten einzelner Bäume als Samenbäume oder zur Erziehung von Ueberhältern.

Die Erkrankung der Rinde, d. h. das Vertrocknen und Abblättern derselben erfolgt fast stets auf der Süd-West-Seite und zwar desshalb, weil diese zur Zeit der höchsten Luftwärme von den Sonnenstrahlen getroffen wird.

Es wäre wünschenswerth, wenn noch eine eingehendere Untersuchung dieser Krankheit vorgenommen würde, welche die Frage zu lösen hätte, ob das Absterben der Rinde der durch intensive Erhitzung abnorm gesteigerten Verdunstung, d. h. dem Vertrocknen oder der directen Erhitzung bis zu einer Temperatur zuzuschreiben ist, welche das Plasma tödtet. Es ist ferner dabei zu untersuchen, welches die Verschiedenheiten im anatomischen Bau resp. in der Dicke der Rindenschichten sind, die es erklären, dass Bäume derselben Art, wenn sie von Jugend auf in freiem Stande erwachsen sind, völlig widerstandsfähig gegen die Sonnenwirkung sind, während im dichten Bestande erwachsene Bäume eine Rindenbeschaffenheit besitzen, welche die Sonnenwirkung nicht zu ertragen vermag.

Bei Ueberhältern, welche vereinzelt in Schonungen stehen geblieben sind, beginnt die Krankheit meist am Wurzelanlauf nahe über dem Boden. Es ist anzunehmen, dass es die Hemmung des Luftzuges durch hohen Graswuchs oder den vorhandenen Jungwuchs dicht über dem Boden ist, die das Uebel steigert, resp. schneller herbeiführt, und oft genug tritt der Rindenbrand an solchen Stämmen

in demselben Maasse auch weiter am Stamme aufwärts auf, je höher
der Jungwuchs in der Umgebung des Stammes emporwächst.

Es ist selbstredend, dass von den entblössten Stellen des
Baumes aus das Verderben schnell ins Innere dringt. Abwechseln-
des Austrocknen des unbeschützten Holzkörpers und Durchtränkung
des dadurch auch in seinem parenchymatischen Bestandtheile getödteten Baumtheils mit von aussen eindringendem Wasser veranlassen die schnelle Zersetzung, die entweder den Charakter der
Wundfäule beibehält oder auch den schnellen Tod des Baumes nach
sich ziehen kann, wenn parasitische Baumpilze eindringen.

Dem Rindenbrand verwandt und doch von ihm verschieden ist
eine Erkrankung, die ich an einem etwa 40jährigen Weymouths-
kiefernbestande untersucht und beschrieben habe[1]). Sie kann als
Rindentrockniss bezeichnet werden. Die ausserordentliche Trockniss des Jahres 1876 hatte in einem Bestande, welcher auf trockenem,
mit Ortsand untermischtem Boden stand, den Wassergehalt der
Bäume so herabgedrückt, dass die dem trocknenden Winde exponirten Rindetheile besonders in der Höhe von $1-2$ m, aber auch darunter und darüber auf der Süd- und Westseite vollständig vertrockneten.
Die Weymouthskiefer, deren heimathlichen Standort sumpfige Lagen
bilden, ist diesem natürlichen Standorte entsprechend mit einer
dünnen, durch Korkhaut und Borke nur schlecht geschützten Rinde
versehen und es ist leicht erklärlich, dass auf trockenen Böden in
trockenheissen Jahren der Holzkörper nicht im Stande ist, genügende Wassermengen an Cambium und Rindengewebe abzugeben.

Diese Holzart ist desshalb nicht auf allzu trockenen Böden, zumal solchen, die vom Untergrunde keine Wasserzufuhr zu erwarten
haben, anzubauen.

Eine ganz andere Krankheitserscheinung ist diejenige, die
zweckmässig mit Sonnenriss[2]) bezeichnet wird und zuweilen im
Nachwinter oder Frühling an Buchen, Hainbuchen, Ahorn und
Eichen auftritt. Sie besteht darin, dass im Frühjahre die Rinde
der Bäume auf geringere oder grössere Länge aufreisst und zu
beiden Seiten des Risses sich auf mehrere Centimeter Breite vom
Holzstamme loslöst, bei der dünnrindigen Buche auch abstirbt. Ein

---

[1]) Untersuchg. a. d. forstb. Inst. Bd. III, S. 145—149.
[2]) R. Hartig, Untersuchungen S. 141.

solcher Sonnenriss ist oft schon nach wenigen Jahren wieder durch
den lebhaften Ueberwallungsprocess verheilt, während Rindenbrand
meist gar nicht wieder überwallt. Fig. 137 giebt in halber Grösse
den Querschnitt aus der südlichen Hälfte eines Eichenstammes in
dessen oberem Theile. Der fragliche Stamm, etwa 170 Jahre alt, an
einem ziemlich steilen Nordhange im lichten Buchenstangenholze
stehend, zeigte zahlreiche Sonnenrisse am ganzen Stamm von
Jugend auf.

Der kalte, von den Sonnenstrahlen im Frühjahre auch unter
Mittag kaum getroffene Boden musste den Holzkörper der Eiche

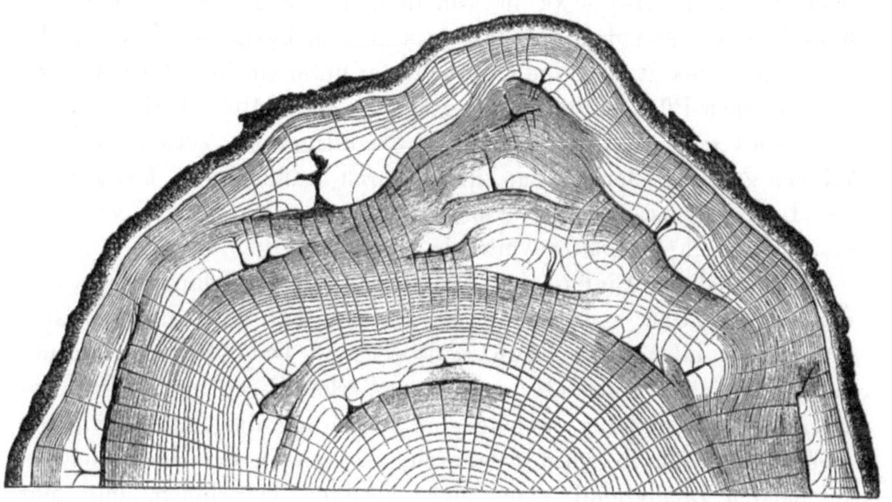

Fig. 137.

Eichenstammdurchschnitt mit zahlreichen Sonnenrissen. ½ Nat. Gr.

noch sehr kühl erhalten zu Zeiten, wo der Stamm von den Sonnenstrahlen bereits intensiv erwärmt wurde.

Es ist wahrscheinlich, dass die Insolation den Rindenkörper
partiell so erwärmt, dass dieser sich stark ausdehnt und somit von
dem Holzkörper ablösen muss. Experimentell ist die Frage aber
noch nicht erledigt, nur ist es leider kaum möglich, auf dem Wege
des Versuches Klarheit über die Factoren zu erhalten, welche bei
der Entstehung der Sonnenrisse zusammenwirken.

Als weitere Folgen übermässiger Sonnenhitze und Lufttrockniss
mag hier noch das verfrühte Vertrocknen und Abfallen der

Blätter hervorgehoben werden, wie ich solches in auffälligster Weise im Jahre 1876 in allen Buchenbeständen des nördlichen Harzes an südlichen und westlichen Berghängen beobachtete. Schon Ende August waren die Buchenstangenhölzer nahezu entblättert, also beinahe 2 Monate vor dem normalen Blattabfalle. Diese Erscheinung zeigte sich auch auf ziemlich frischen Böden, es muss desshalb wohl die abnorm gesteigerte Verdunstung der Blätter in dem trockenheissen Sommer gewesen sein, für welche ein Ersatz durch Wasserzufuhr aus dem Boden nicht schnell genug stattfand.

Pflanzen, deren Blätter und Triebe sich in feuchter Luft entwickelt haben, also etwa in künstlichen Feuchträumen, Gewächshäusern oder unter dem Schutze eines dichten Bestandes, besitzen die Eigenthümlichkeit, dass die Oberhaut der unter solchen Verhältnissen entstandenen Pflanzentheile, insbesondere der Blätter wenig verkorkt und somit auch wenig geeignet ist, die allzugrosse Verdunstung der Pflanze zu verhindern, wenn diese durch Luftzug und Trockenheit der Luft begünstigt wird. Solche Pflanzen welken oder verlieren einen Theil ihrer Blätter vorzeitig.

Ungünstigen Einfluss auf die Gesundheit der Pflanze, insbesondere der Blätter und Nadeln der Bäume, hat auch eine plötzlich eintretende allzugrosse Lichtsteigerung. Die Chlorophyllkörner schützen sich schon unter normalen Verhältnissen gegen die allzu intensive Lichtwirkung, welche eine Zerstörung des Chlorophyllfarbstoffes herbeiführen würde, dadurch, dass sie in den Blattzellen bei intensivem Lichteinfall eine solche Stellung einnehmen, dass nur ihre schmale Seite von Lichtstrahlen getroffen wird. Werden Pflanzen, die im Schatten erzogen wurden, plötzlich der directen Sonnenwirkung ausgesetzt, so werden die insolirten Blattflächen gelblich oder braun. Es ist dabei allerdings schwer, immer zu bestimmen, in wie weit an dieser Beschädigung auch die durch intensive Sonnenwirkung beschleunigte Transspiration und ein damit in Zusammenhang stehendes Vertrocknen der Zellen die Schuld trägt.

Andererseits kann bekanntlich Lichtmangel auch Krankheitserscheinungen hervorrufen. Eine Pflanze, welche im Lichte erzogen wurde, besitzt einen gewissen Vorrath an noch nicht zum Zellbau verbrauchten Bildungsstoffen, sei es, dass diese als Reservestoffe in ihr abgelagert oder als plastische, active Baustoffe in den Blättern und Axengebilden vertheilt sind. Vermöge dieser Bildungsstoffe kann eine Pflanze eine gewisse Zeit lang auch ohne Licht wachsen, bis jene Stoffe verbraucht sind und Erschöpfung eingetreten ist. Die im Dunkel erzeugten Triebe und Blätter sind aber nicht normal ausgebildet, sondern zeigen die Erscheinungen des Verspillerns, Vergeilens, das sogenannte Etioliren. Triebe und Blätter bleiben unentwickelt und gelblich, da das Nährmaterial ungenügend ist, Chlorophyll nur unter Einwirkung des Lichtes entstehen kann. Die Triebe verlängern sich abnorm, da der retardirende Einfluss des Lichtes nicht zur Wirkung gekommen ist. Solche verspillerte Triebe sind nicht im Stande, dann, wenn die Pflanzen wieder dem vollen Lichte ausgesetzt sind, zu normalen Trieben sich umzubilden, da sie beim Mangel einer ausgebildeten Haut vertrocknen oder auch anderen Einwirkungen leicht erliegen.

Das Lagern des Getreides ist eine Folge der Beschattung der unteren Internodien bei dichtem Stande und kräftiger Düngung. Bei dichten Rillensaaten werden Fichten, Kiefern und andere Pflanzen zwar durch Lichtmangel zu bedeutendem Längenwuchs angeregt, jedoch auf Kosten der Entwicklung der Seitentriebe und der Wüchsigkeit der Pflanzen.

§ 26. Mechanische Verletzungen.

Mit wenig Worten mag hier auch der mechanischen Verletzungen gedacht werden, welche durch atmosphärische Niederschläge oder intensive Luftbewegungen hervorgerufen werden, zumal dieselben oft zu der Entstehung anderer Krankheiten Veranlassung geben.

Starker Hagelschlag verletzt Blüthen und Blätter, beschädigt aber auch die Rinden insbesondere der glattrindigen Bäume in hohem Maasse. Es entstehen Quetschwunden, oder die Rinde wird an den getroffenen Stellen ganz abgeschlagen. In der Regel überwallt zwar die Hagelwunde in kurzer Zeit, oft aber hat sie auch den Tod des beschädigten Stammtheiles zur Folge. In jüngeren Fichtenbeständen nahe bei München waren die vom Hagelschlag betroffenen Gipfel abgestorben, da der Holzkörper vielfach auf 2—3 cm Länge einseitig entrindet und desshalb durch übermässige Verdunstung vertrocknet war.

Sehr oft bilden die Hagelschlagstellen die Eingangspforten für parasitäre Pilze, und insbesondere ist es die Nectria ditissima, die an solchen Wundstellen keimt und den Buchenkrebs erzeugt (Fig. 39 Seite 90). Auch die Peziza Willkommii benutzt oft solche Stellen zur Infection der Lärchen.

Ueber die Beschädigungen durch Schneedruck, die aus naheliegenden Gründen fast nur in immergrünen Nadelwaldungen vorkommen und entweder als Gipfel- und Astbruch auftreten oder wohl auch im Zusammenbrechen jüngerer Stangenhölzer bestehen, ist wenig zu sagen. Beachtenswerth mag noch sein, dass durch das Herabziehen der mit Schnee belasteten Zweige recht oft Verwundungen im Zweiggelenke entstehen. Sind die Zweige mit ihren herabgebogenen Spitzen in dem oberen Theile der den Boden bedeckenden Schneeschicht eingefroren, dann werden sie wohl beim allmäligen Schmelzen und Zusammensinken der Schneedecke ganz aus dem Gelenke herausgerissen. Auch diese Wunden sind für obengenannte Parasiten häufige Eingangspforten.

Sturmbeschädigungen, durch welche Bäume gebrochen oder ganz mit dem Wurzelballen umgeworfen werden, sind Beschädigungen, deren Besprechung weniger Aufgabe einer Krankheitslehre als des Waldbaues, der Betriebseinrichtung u. s. w. sein kann.

§ 27. Feuer, Steinkohlenrauch und Blitzbeschädigungen.

Es mag hier darauf aufmerksam gemacht werden, dass die nachtheiligen Folgen eines am Boden hinlaufenden Feuers für den Bestand nicht allein von der Intensität und der Zeitdauer desselben, sondern auch von Baumart und Baumalter, das heisst von der Beschaffenheit der schützenden Rinde und Borke abhängt. Es ist bekannt, dass in älteren Kiefernbeständen die unteren Borketheile ganz schwarz und verkohlt sein können, ohne dass die Cambialschicht, welche durch die, die Wärme schlecht leitende Borke geschützt ist, getödtet wird. Ist keine Bräunung in den jüngeren Bastlagen zu beobachten, dann hat das Feuer selbstredend keinen Schaden gethan. Dagegen sind dünnrindige Bäume in hohem Maasse empfindlich gegen Feuer und kann man sich durch wenige Einschnitte in die Rinde überzeugen, ob diese getödtet ist. Man darf sich nicht durch das Ergrünen solcher im unteren Theile der Rinde geschädigten Bäume täuschen lassen. Selbst jüngere armesdicke Stangen, deren Rinde unten ringsherum verbrannt, resp. vertrocknet ist, werden im Frühjahre wieder grün, trocknen aber später völlig ab, gerade so wie Buchenlohden nach Mäuseschaden anfänglich ergrünen. Die jungen Bäume verlieren im Laufe des Sommers unterhalb der getödteten Rinde ihren Gehalt an Stärkemehl, das dem Innern durch das von oben nicht mehr ernährte Cambium zur Jahrringbildung entzogen wird, und wenn dann die Bäume im Laufe des Sommers absterben, hat der Stock seine Ausschlagsfähigkeit aus Mangel an Reservestoffen eingebüsst. Weit besser schlagen solche Bäume aus, die völlig verbrannt sind oder die man sofort über der Erde abgehauen hat, nachdem die Beschädigung eingetreten war. Die in dem unterirdischen Baumtheile vorräthigen Bildungsstoffe kommen dann den neuen Ausschlägen unvermindert zu Statten. Ein Abwarten und Verzögern des Abhiebes kann daher nur von Schaden sein, falls der geschädigte Ort noch so jung ist, dass von einer Verjüngung aus dem Stock überhaupt Erfolg zu erwarten ist.

Schweflige Säure im Steinkohlen- und Hüttenrauch[3]).

In der Nähe grösserer Hüttenwerke oder solcher industrieller Anlagen, in denen grosse Mengen Steinkohlen verbrannt werden, hat sich von jeher ein nachtheiliger Einfluss des Rauches auf die Vegetation zu erkennen gegeben und zwar in dem Maasse, dass in industriereichen Städten, wie z. B. in Essen, kaum eine Vegetation sich zu erhalten vermag, dass oft in $^1/_2$ Stunden Entfernung von Hüttenwerken unter der herrschenden Windrichtung die Folgen in verderblichstem Maasse zu erkennen sind. Die früher bestehende Annahme, es seien die metallischen Gifte im Hüttenrauche (Arsen, Zink, Blei) oder es sei der schwarze Russ, der sich aus dem Steinkohlenrauch auf die Blätter ablagere, der den schädlichen Einfluss ausübe, hat sich als irrig erwiesen; die Untersuchungen Stöckhardt's[4]) und Schröder's[5]) haben gezeigt, dass lediglich dem Gehalt des Rauches an schwefliger Säure nachtheiliger Einfluss zuzuschreiben sei. Es ist experimentell festgestellt, dass die schweflige Säure von der Blattoberfläche aufgenommen wird, dass dadurch die Gewebe theilweise getödtet und gebräunt werden. In

---

[3]) Hasenclever, Ueber die Beschädigung der Vegetation durch saure Gase Berlin 1879.

[4]) Stöckhardt, Tharander forstl. Jahrbuch 1871 p. 218.

[5]) Schröder, Landwirthschaftl. Versuchsstation 1872, 1873.

der Nähe der stärkeren Blattrippen erhält sich das Gewebe noch am längsten widerstandsfähig. Wenn auch die Nadeln weniger schweflige Säure aufnehmen, als Laubblätter, so leiden sie doch im Allgemeinen mehr, weil sie längere Zeit den nachtheiligen Einflüssen exponirt sind, während die Laubblätter alljährlich neu erzeugt werden. Untersucht man in der Nähe von Hüttenwerken die am meisten exponirten, noch lebenden Fichten, so sieht man, dass sie nur an den letztjährigen Trieben noch grüne Nadeln haben, je weiter man sich von dem Heerde des Uebels entfernt, um so mehr Jahrgänge Nadeln zählt man an den Fichtenzweigen; die Lebensdauer derselben hängt mithin in hohem Grade von der Intensität der Rauchwirkung ab. Unter den Laubhölzern ist die Rothbuche am empfindlichsten, dann folgen Eiche und Ahorn, während Ulme, Esche und Vogelbeere, sowie unter den Nadelhölzern die Schwarzkiefern zu den unempfindlichsten gehören. In solchen Städten, in denen viel Steinkohlen zur Heizung im Winter verbraucht werden, leiden nur die Nadelhölzer. Im Sommer ist die Luft fast rein von schwefliger Säure und erst mit eintretender Kälte, zur Zeit, wo das Laub abgefallen ist, äussert sich der schädliche Einfluss, der naturgemäss nur die Nadelholzbäume betreffen kann. Lagert lange Zeit Schnee auf denselben, so sammelt sich in demselben eine grosse Menge von schwefliger Säure und Schwefelsäure, die den Pflanzen schädlich wird.

Da die schweflige Säure leicht zu Schwefelsäurehydrat oxydirt, so ist damit nicht nur erklärt, wie aus der Luft selbst immer wieder dieses Pflanzengift entfernt wird, es ist auch der Weg angezeigt, auf dem wir in den Hüttenwerken resp. anderen industriellen Etablissements die schweflige Säure aus dem Rauche entfernen können. Es ist dies in der Praxis theilweise schon zur Ausführung gelangt, indem man die Schwefelgase durch mit Wasser benetzten Kalk leitete, wobei 90 % unschädlich gemacht sind, oder diese Gase durch lange Canäle führte, auf deren Sohle sich, der Richtung des Dampfes entgegen, fliessendes Wasser bewegte. Es findet dabei die Umwandlung in Schwefelsäurehydrat statt.

Neuerdings sind auch Beobachtungen gemacht, demnach Chlorgas und Natrondämpfe, wo solche in Fabriken erzeugt werden, für die Vegetation schädlich werden.

Einwirkungen des Blitzes.

Unaufgeklärt sind zur Zeit noch die Einwirkungen des Blitzes auf die Gesundheit der Bäume.

Die Folgen des Blitzschlags beschränken sich entweder auf einen einzigen Baum, oder es werden grössere Baumgruppen dadurch in Mitleidenschaft gezogen. Was die ersteren Fälle betrifft, so hat sich herausgestellt, dass alle unsere Baumarten vom Blitz heimgesucht werden können, dass aber einzelne Holzarten bevorzugt werden. Am häufigsten scheinen Eichen und Pyramidenpappeln, sehr oft auch Kiefern, selten dagegen Rothbuchen betroffen zu werden. Die Beschädigungsart ist auch bei derselben Holzart eine sehr verschiedenartige. In der Regel beschränkt sie sich darauf, einen 2—3 cm breiten Rindenstreifen bis zum Holzkörper abzulösen. Diese Blitzrinne setzt innerhalb der Baumkrone schon an, überspringt oft längere Stammtheile, erscheint auf einer anderen Seite des Stammes, springt wohl wieder auf die andere Seite über, bei Stämmen mit geradem Faserverlauf gerade verlaufend, bei solchen mit spiraliger Faserung dieser folgend. Unten am Stamme hört die Blitzrinne zwischen zwei Wurzeln nahe der Bodenoberfläche auf oder läuft an der Unterseite einer starken Seitenwurzel noch eine Strecke fort, um dann plötzlich zu verschwinden. Die Gesundheit des Baumes wird dadurch in keiner Weise geschädigt. Der schmale Holzstreifen, der entweder gar nicht verletzt ist, oder in der Mitte einen schmalen Spalt zeigt, bräunt sich äusserlich nur wenig und überwallt nach einer Reihe von Jahren vollständig.

In anderen Fällen zeigen die vom Blitz betroffenen Bäume (Kiefern) äusserlich dieselbe Beschädigung. Der ganze Rindenkörper ist aber schon wenige Tage nach dem Blitzschlage abgestorben und gebräunt, mit Ausschluss des Wurzelstockes, der Wurzeln und der oberen Baumkrone. Solche Stämme vertrocknen entweder nach Monaten oder binnen Jahr und Tag, können aber noch 4—5 Jahre sich lebend erhalten, worauf sie dann erst vertrocknen. Zuweilen entrindet der Blitzschlag den Baum in dem Maasse, dass der Schaft fast nackt dasteht, oder er zerspaltet den Stamm der Länge nach in mehrere Theile, zerfasert ihn wohl vollständig und schleudert grosse Splitter auf 100 Schritte Entfernung fort. Es sieht in einzelnen Fällen nur noch ein kurzer Stumpf aus dem Boden hervor.

Entzündung findet nur dann statt, wenn der Baum ganz trocken war oder trockene Aeste oder doch trockenfaules Holz besass. Lebendes frisches Holz wird durch den Blitz nicht entzündet.

Völlig räthselhaft erscheint zur Zeit noch das Absterben grösserer Waldparthien nach erfolgter Blitzbeschädigung, wie ich ein solches mehrfach in jüngeren und älteren Kiefernbeständen beobachtet habe[6]). Es ist dabei auffällig, dass das Absterben nicht gleichmässig, sondern von einem Punkte beginnend in radialer Richtung fortschreitet und oft erst nach 5 Jahren und später aufhört. Die Untersuchung der Bäume ergab, dass nur ein oder wenige Stämme Blitzspuren erkennen liessen, dass aber die Rinde dieser Bäume sowie einer grossen Zahl von Kiefern in der Nachbarschaft derselben zwischen Baumkrone und Wurzelstock getödtet war. In einem älteren Kiefernbestande hing die todte Rinde an den Schäften herab, während die Baumkronen völlig grün benadelt waren. In einem jüngeren ca. 30jährigen Bestande fand ich am Rande der seit 5 Jahren immer grösser gewordenen Blösse noch 3 Stämme mit Blitzspuren. Der eine davon war im letzten Jahre vertrocknet, der zweite hatte noch eine grüne Krone, zeigte aber den Rinden- und Bastkörper von $1/2—2\,1/2$ m Höhe abgestorben; der dritte Stamm war in allen Theilen völlig gesund, trotzdem ein breiter Rindenstreif vom Blitz abgetrennt war. Ich gestehe, dass ich diesen Beobachtungen gegenüber darauf Verzicht leiste, eine Erklärung über die Wirkungsweise des Blitzes zu geben. Das zuweilen erst nach 5 Jahren eintretende Absterben der von der Blitzwirkung betroffenen Stämme erklärt sich ebenso, wie das zuweilen erst nach Jahrzehnten erfolgende Absterben entrindeter Kiefern. Im Holzkörper wandern Wasser und Nährstoffe aufwärts und die Bildungsproducte werden in der gesund gebliebenen Krone zu Neubildungen verwendet. Das Absterben erfolgt erst, wenn der nackte Holzstamm allmälig von aussen nach innen soweit ausgetrocknet ist, dass kein genügendes Wasserquantum nach oben ge-

---

[6]) R. Hartig, Zeitschrift für das Forst- und Jagdwesen, 1876, p. 330ff.

langen kann. Dass ein Stamm mit Blitzrinne völlig gesund bleibt während der Nachbarstamm ohne solche abstirbt, liesse sich allenfalls so erklären, dass im ersteren Falle der elektrische Strom sich auf eine enge Bahn zusammengezogen, im letzteren Falle über die ganze Oberfläche resp. Rindenschicht des Stammes ausgebreitet hatte.

§ 28. Verzeichniss

der in dem Lehrbuche beschriebenen Krankheiten,

nach der Pflanzenart geordnet.

Ahorn:

Die Sämlinge zeigen schwarze Stellen auf den Blättern und Stengeltheilen oder verfaulen: Cercospora acerina, Phytophthora omnivora 121, 57.

Die Blätter bekommen weisse Flecke: Erysiphe bicornis. Tulasnei 69.

Die Blätter bekommen schwarze Flecke: Rhytisma acerina 98.

Die Zweige vertrocknen und zeigen im Holzkörper schwarzgrüne Flecke auf dem Querschnitte: Nectria cinnabarina 94.

Die Zweige oder Stämme sterben ab und zeigen zinnoberfärbige Polster auf der Rinde: Nectr. cinnabarina 94.

Die jungen Pflanzen, zeigen Einschnürung des Stammes über der Wurzel 124.

Die Zweige zeigen Krebsstellen: Frostkrebs 264.

Die Zweige mit Mistelbüschen: Viscum 25.

Akazie:

Das Holz ist rothfaul. Aus der Rinde brechen schwefelgelbe Fruchtträger hervor: Polyporus sulphureus 172.

Alpenrose:

Die Blätter mit grossen Gallen. Alpenrosenäpfel: Exobasidium Vaccinii. 159.

Die Blätter zeigen braune Flecken: Chrysomyxa Rhododendri 151.

Apfel:

Die Blätter zeigen gelbe Anschwellungen mit Aecidien: Gymnosporangium tremelloides 132.

Die Zweige zeigen Krebsstellen: Nectria ditissima 89.

Am Stamme kommen hufförmige braune Fruchtträger hervor: Polyporus igniarius 173. Frostkrebs 264.

Die Zweige mit Mistelbüschen: Viscum 25.

Berberitze:

Die Blätter zeigen goldgelbe Flecke: Puccinia graminis 129.

Birke:

Die Blätter zeigen gelbe kleine Pilzpolster: Melampsora betulina 145.

Die Blätter zeigen blasige Ausstülpungen: Exoascus carnea, Betulae 119.

Die Zweige bilden Hexenbesen: Exoascus turgidus 119.

Am Stamm kommen grosse hufförmige Fruchtträger hervor: Polyporus betulinus 178.

Am Stamm bilden sich braune, krustenförmige Fruchtträger: Polyp. laevigatus 178.

Birne:

Die Blätter zeigen gelbe Anschwellungen mit Aecidien: Gymnosporangium Sabinae 132.

Die Blätter zeigen blasige Anschwellungen: Exoascus bullatus 119.

Am Stamm kommen hufförmige Fruchtträger hervor: Polyporus igniarius 173.

Die Zweige zeigen Mistelbüsche: Viscum 25.

Blaubeere:

Die jungen Triebe sterben ab. Die Beeren mumificiren sich: Sclerotinia baccarum 116.

Die Blätter zeigen kleine braune Flecke: Melampsora Vaccinii 145.

Buche:

Die Keimlinge bekommen dunkle Stellen auf den Blättern und Stengeln, verfaulen oder vertrocknen: Phytophthora omnivora 57.

Die jungen Pflanzen in den Pflanzschulen werden von braunem Pilz überwuchert: Thelephora laciniata 35.

Die Blätter bekommen weisse Flecke: Erysiphe guttata 69.

Die Blätter bekommen braune Flecke: Sphaerella Fagi 86.

Die Rinde zeigt Krebsstellen: Nectria ditissima 89. Frostkrebs 264.

Die Rinde zeigt weissen, wolligen Ueberzug: Chermes Fagi 94.

Die Rinde zeigt pockenartige Narben: Chermes Fagi 94.

Die Rinde zeigt an den Zweigen lange, aufspringende Wunden: Lachnus exsiccator 94.

Die Rinde des Stammes vertrocknet auf der Südseite: Rindenbrand. Sonnenriss 265.

Der Stamm zeigt grosse hufförmige Fruchtträger: Polyp. fomentarius 178.

Das Holz zeigt spangrüne Farbe: Peziza aeruginosa 195.

Douglastanne:

Die jungen Triebe sterben ab und werden braun: Botrytis Douglasii 116.

Die Zweige mit Mistel und zu Hexenbesen gestaltet: Arceuthobium Douglasii 30.

Eberesche:

Die Blätter zeigen grosse goldgelbe Flecke mit Aecidien: Gymnosporangium conicum 131.

Die Blätter zeigen kleine gelbe Pilzpolster: Melampsora Sorbi 145.

Die Rinde mit abgestorbenen Stellen und kleinen Pilzfrüchten: Cucurbitaria Sorbi 86.

Die Zweige zeigen Mistel: Viscum 25.

Eiche:

Keimlinge und 2jährige Pflanzen werden trocken und zeigen an den Wurzeln Pilzstränge und schwarze Knollen: Rosellinia quercina 76.

Die Blätter zeigen blasige Stellen: Exoascus coerulescens 121.

Die Blätter bekommen runde braune Flecke: Sphaerella 86.

Die Rinde zeigt Krebskrankheit: Nectria ditissima 89. Frostkrebs 264.

Der Stamm zeigt trockene Rothfäule: Polypor. sulphureus 172. Fistulina hepatica und Daedalea quercina 178.

Der Stamm zeigt Weissfäule: Polyp. igniarius 173. Hydnum diversidens 174.

Der Stamm zeigt Rothfäule mit weissen Streifen: Stereum hirsutum 177.

Der Stamm zeigt Rothfäule mit weissen Flecken und Höhlen: Thelephora Perdix 175.

Der Stamm zeigt Roth-, Weiss- und Gelbfäule in länglichen Stellen durcheinander: Polyporus dryadeus 174.

Die Zweige mit sommergrüner Mistel und knolligen Auswüchsen: Loranthus europaeus 31.

Elsbeere:

Die Blätter zeigen gelbe Flecke mit Aecidien: Gymnospor. conicum 131.

Erle:

Die Blätter der Schwarz- und Weisserle zeigen gelbe blasige Stellen: Exoascus flavus 119.

Die Blätter der Schwarz- und Weisserle zeigen grauweisse wollige Kräuselung: Ex. epiphyllus 119.

Die Blätter der Schwarzerle zeigen blasige Erweiterungen: Ex. alnitorquus 119.

Die Blüthezäpfchen zeigen taschenähnliche Auswachsungen: Ex. alnitorquus 119.

Die Zweige der Weisserle werden zu Hexenbesen: Ex. borealis 119.

Die Zweige zeigen Krebsbildungen: Nectria ditissima 89.

Der Stamm zeigt Rothfäule: Polyp. sulphureus 172.

Die Wurzeln mit fleischigen Auswüchsen: Schinzia Alni 38.

Esche:

Die Rinde platzt in Krebsstellen auf: Nectria ditissima 89.

Faulbaum:

Blätter und Triebe mit goldgelben Anschwellungen: Puccinia coronata 130.

Fichte:

Die Keimlinge fallen bald nach der Keimung um: Phytophthora omnivora 57.

Ein- und mehrjährige Pflanzen in Saat- und Pflanzbeeten werden gelb und sterben. Ueber dem Boden eine Einschnürung: Pestalozzia Hartigii 122.

Junge Pflanzen oder Zweige alter Bäume mit den Nadeln werden durch ein schwarzbraunes Mycel überwachsen: Herpotrichia nigra 74.

Junge Pflanzen werden durch die Fruchtträger eines Pilzes umhüllt: Thelephora laciniata 35.

Die Nadeln der Fichte zeigen goldgelbe Blasen: Chrysomyxa Rhododendri und Ledi 151.

Die Nadeln werden gelb und zeigen auf der Unterseite goldgelbe Längswulste: Chrysomyxa Abietis 149.

Die Nadeln eines jungen Triebes verbreiten sich sämmtlich und platzen auf vier Seiten auf: Aecidium coruscans 157.

Die Nadeln werden roth, später gelbbraun und erhalten schwarze Längswulste oder fallen frühzeitig ab: Hysterium macrosporum 101.

Die Zapfenschuppen zeigen auf der Oberseite zahlreiche braune Kugeln: Aecidium strobilinum 156.

Die Zapfenschuppen zeigen auf der Unterseite zwei grosse Aecidien: Aecidium conorum Piceae 156.

Die Rinde zeigt todte Stellen mit rothen Kugelhäufchen: Nectria Cucurbitula 87.

Die Rinde zeigt unten am Stamm Harzfluss: Trametes radiciperda 159.

Die Rinde zeigt auf der Innenseite weisse fächerförmige Pilzausbreitungen: Agaricus melleus 179.

Die Wurzel ist abgestorben und zeigt kleine gelbweisse Pilzpolster oder grosse weisse Fruchtträger: Trametes radiciperda 159.

Die Wurzel zeigt Rothfäule und weisse Pilzstränge: Polyporus vaporarius 170.

Die Wurzel ist abgestorben und zeigt schwarze Mycelstränge, welche zwischen Rinde und Holz weisse Ausbreitungen zeigen: Agaricus melleus 179.

An Aststellen kommen braune Pilzfruchtträger hervor: Trametes Pini 164. Polyp. fulvus 167.

An Wundstellen kommen grosse weisse Fruchtträger hervor: Polyp. borealis 168.

Das Holz ist weissfaul: Polyporus fulvus 167.

Das Holz ist weissfaul mit ganz weissen Flecken, in deren Mitte meist eine schwarze Stelle sich findet: Trametes radiciperda 159.

Das Holz ist weissfaul, und hat zahlreiche Höhlungen: Trametes Pini 164.

Das Holz ist weissfaul und zerfällt in sehr kleine Würfel: Polyp. borealis 168.

Das Holz ist rothfaul: Polyp. vaporarius 170.

Das Holz zeigt schwarzbraune Flecke oder Höhlungen: Wundfäule 207, 216.

Das Holz ist grünfaul: Peziza aeruginosa 195.

Gentiane:

(Gentiana asclepiadea) mit gelben Pilzpolstern: Cronartium asclepiadeum 149.

Getreide und Gräser:

Halme und Blätter zeigen gelbe, später braune Pilzpolster: Puccinia 129.

Getreide und Gräser zeigen an den Blüthetheilen eine süssliche Flüssigkeit oder schwarze Pilzknollen: Claviceps 96.

Getreide und Gräser zeigen an den Blüthetheilen schwarzbraunes Sporenpulver: Staubbrand 65.

Gleditschie:

Zweige mit Mistel: Viscum 25.

Goldregen:

Die Rinde und die Zweige sterben ab: Cucurbitaria Laburni 85.

Haselnuss:

Die Blätter zeigen kleine braune Flecke: Sphaerella 86.

Die Blätter zeigen weisse mehlartig bestäubte Flecke: Erysiphe guttata 69.

Die Zweige zeigen Krebsstellen: Nectria ditissima 89.

Hainbuche:

Blätter mit goldgelben kleinen Pilzpolstern: Melampsora Carpini 145.

Zweige mit Hexenbesen: Exoascus Carpini 121.

Zweige und **Stamm** mit Krebsstellen: Nectria ditissima 89. Frostkrebs 264.

Hemlockstanne:

Nadeln und **Zweige** von weissem Mycel übersponnen. Nadeln sterben ab: Trichosphaeria 71.

Hyacinthe:

Die **Zwiebeln** zeigen schleimige, übel riechende Erweichung: Bacterium 37.

Johannisbeere:

Die **Blätter** zeigen gelbe Pilzanschwellungen: Melampsora Hartigii 143.

Kartoffeln:

Blätter und **Triebe** werden schwarzfleckig: Phytophthora infestans 63.

Die **Knollen** sind erkrankt: Phyt. infestans 63 und Bacterium 38.

Kastanien:

Die **Zweige** zeigen knollige Verdickungen und Mistelbüsche: Loranthus 31.

Klee und Luzerne:

Wurzeln mit violetten Rhizoctonien: Rhizoctonia 80.

Nahe dem Wurzelhalse weisse Pilzrasen und schwarze Dauermycelien: Peziza ciborioides 116.

Kohlgewächse:

Wurzeln mit fleischigen Auswüchsen: Plasmodiophora brassicae 38.

Kiefer (gemeine):

1. Die **Keimlinge** fallen um und sterben ab: Phytophthora omnivora 57.

2. **Ein- und mehrjährige Pflanzen** werden fleckig und zeigen später kleine schwarze Pilzhöcker: Hysterium Pinastri 103.

3. **Ein- und mehrjährige Pflanzen** werden gleichmässig oder von der Spitze aus gelb und braun: Trokenschütte 103.

4. **Junge Pflanzen** werden von braunen Fruchtträgern von unten auf überwuchert: Thelephora laciniata 35.

5. Die **Nadeln** werden plötzlich im Sommer braun: Frostschütte 103.

6. Die **Nadeln** zeigen goldgelbe blasige Pilzfrüchte: Coleosporium Senec. 145.

7. **Junge Triebe** zeigen Ende Mai goldgelbe Stellen in der Rinde, die aufplatzen. Die Triebe sterben dann entweder ab oder zeigen Krümmungen: Melampsora Tremulae 140.

8. Die Rinde entwickelt goldgelbe mit Sporen erfüllte Blasen: Coleosporium Senecionis 145.

9. Die Rinde stirbt immer mehr ab und zeigt Harzfluss: Coleosp. Sen. 145.

10. Die Rinde stirbt ab und zeigt auf der Innenseite grosse weisse Pilzbildungen: Agaricus melleus 179.

11. Aststellen zeigen braune, consolenförmige Fruchtträger: Trametes Pini 164.

12. Wundstellen zeigen grosse rothbraune Polster: Polyporus mollis 171.

13. Ueber der Erde brechen aus der Rinde hutförmige Fruchtträger hervor: Agaricus melleus 179.

14. Ueber der Erde treten aus der Rinde weisse knollige Pilzfruchtträger hervor: Trametes radiciperda 159.

15. Ueber der Erde treten am Holze und in Rindetheilen weisse, poröse Pilzkrusten hervor: Polyporus vaporarius 170.

16. Die Wurzeln sind getödtet und zeigen gelbweisse Pilzpolster: Tram. radicip. 159.

17. Die Wurzeln sind getödtet, zeigen Harzausfluss, weisse Pilzhäute zwischen Holz und Rinde, sowie schwarze Mycelstränge: Agaricus melleus 179.

18. Die Wurzeln sind getödtet und zeigen weisse, flockige Mycelstränge: Polyp. vaporarius 170.

19. Die Gipfel oder Aeste sterben oberhalb einer schwarzen mit Harzfluss versehenen Stelle ab: Coleosp. Senecionis 145.

20. Das Holz zeigt Weissfäule mit zahlreichen kleinen runden oder länglichen Löchern: Trametes Pini 164.

21. Das Holz zeigt Rothfäule ohne intensiven Geruch mit flockigen Mycelbildungen und Strängen: Polyp vaporarius 170.

22. Das Holz zeigt Rothfäule mit intensivem Terpentin-Geruch und dünnen weissen Mycelkrusten in den Spalten: Pol. mollis 171.

23. Das Holz zeigt Löcher, die Zweige Mistelbüsche: Viscum 25.

24. Das Holz zeigt schwarzblaue Färbung im Splinte: Ceratostoma piliferum 196.

25. Die Wurzeln zeigen Wucherungen mit Pilzmycel: Elaphomyces 70.

Kiefer (Berg-):
Zeigt die sub 1. 6. 8. 10. 13. 16. 17 aufgezählten Krankheiten.

Die Zweige mit allen Nadeln werden in ein schwarzbraunes Mycel eingesponnen und getödtet: Herpotrichia nigra 74.

Kiefer (Weymouths-):
Zeigt die sub 1. 4. 8. 9. 10. 13. 14. 16. 17. 19 aufgeführten Krankheiten der gem. Kiefer.

Die Nadeln sterben ab und zeigen schwarze Pilzpolster: Hysterium brachysporum 109.

Der Stamm zeigt Fruchtträger an Aststellen: Polyp. Schweinitzii 178.

Die Rinde vertrocknet am ganzen Stamm unterhalb der Krone. Rindentrockniss 266.

Kiefer (Zirbel-):

An den Wurzeln zahlreiche Mycorhizen 70.

Kirschen:

Die Blätter sind gekräuselt und häufig carminroth verfärbt: Exoascus Wiesneri 118.

Die Blätter werden vorzeitig gelb, sterben ab und bleiben im Winter am Baume hängen: Gnomonia 86.

Die Zweige bilden sich zu Hexenbesen um: Exoascus Wiesneri 118.

Aus der Rinde brechen braune Pilzfruchtträger hervor: Polyp. igniarius 173.

Kreuzdorn:

Blätter und Triebe mit goldgelben Anschwellungen: Puccinia coronata 130.

Kreuzkraut:

Blätter und Stengel mit rothgelben Pilzpolstern: Coleosporium Senecionis 145.

Lärche:

Die Keimlinge fallen um und sterben ab: Phytophthora omnivora 57.

Die Nadeln zeigen gelbe Pilzpolster: Melampsora Tremulae 173.

Die Nadeln bräunen sich und bekommen schwarze Pilzpolster: Hysterium laricinum 109.

Die Rinde zeigt Krebsstellen: Peziza Willkommii 109.

Die Rinde zeigt auf der Innenseite weisse Pilzhäute: Agaricus melleus 179.

Aus der Rinde brechen braune, krustenförmige Fruchtträger hervor: Trametes Pini 164.

Aus der Rinde brechen schwefelgelbe grosse Fruchtkörper hervor: Polyp. sulphureus 172.

Aus der Rinde brechen hutförmige Früchte hervor: Agaricus melleus 179.

Die Wurzeln sind abgestorben und zeigen Rhizomorphen: Agaricus melleus 179.

Das Holz ist zersetzt und weissfleckig: Trametes Pini 164.

Das Holz ist rothfaul und zeigt üppige weisse Pilzmycelwucherungen: Polyp. sulphureus 172.

Linde:

Die Zweige und Aeste sterben und bekommen zinnoberrothe Pilzpolster: Nectria cinnabarina 94.

Die Rinde zeigt Krebsstellen: Nectria ditissima 89.

Mehlbeere:

Die Blätter zeigen Polster mit Aecidien: Gymnosporangium tremelloides 132.

Mais:

Stengel, Blätter und Blüthen zeigen mit schwarzen Sporen erfüllte Beulen: Ustilago Maydis 67.

Nussbaum:

Zweige mit Mistelbüschen: Viscum 25.

Der Stamm mit schwefelgelben Fruchtträgern. Das Holz rothfaul: Polyp. sulphureus 172.

Pappeln:

Die Blätter mit kleinen gelben, später schwarzbraunen Flecken: Melampsora 138.

Die Blätter mit blasigen gelben Anschwellungen: Exoascus aureus 121.

Die Blüthen zeigen goldgelbe, stark vergrösserte Fruchtknoten: Exoasc. aureus 121.

Die Zweige mit Mistelbüschen: Viscum 25.

Platane:

Die Blätter und jungen Triebe sterben ab oder werden an den Nerven braun: Gloeosporium nervisequium 126.

Pflaumen:

Die Blüthen zeigen gelbrothe fleischige Flecke: Polystigma rubrum 95.

Die Früchte werden zu Taschen: Exoascus Pruni 117.

Die Zweige werden zu Hexenbesen: Exoascus insititiae, deformans 118.

Die Zweige zeigen schwarze, knollige Anschwellungen: Plowrightia morbosa 97.

Preisselbeere:

Die Stengel werden sehr lang und erhalten die Dicke einer Federspule: Melampsora Goeppertiana 134.

Blätter, Blüthen und Stengel schwellen an und sind von weissen Sporen bestäubt: Exobasidium Vaccinii 158.

Blätter, junge Triebe und Früchte werden braun: Sclerotinia Vaccinii 116.

Rosskastanie:

Die Zweige und Aeste sterben ab. Die Rinde mit zinnoberfarbigem Polster: Nectria cinnabarina 94.

Rüster:

Die Blätter mit blasigen Flecken: Exoascus Ulmi 121.

Schwalbenwurz:

Die Blätter mit kleinen gelben Pilzpolstern: Cronartium asclepiadeum 149.

Schlehdorn:

Die Blätter mit gelbrothen, fleischigen Flecken: Polystigma rubrum 96.

Die Früchte bilden Taschen: Exoascus Pruni 117.

Sumpfporst:

Die Blätter sind braunfleckig und zeigen kleine gelbe Pilzpolster: Chrysomyxa Ledi 152.

Tanne:

Die Keimlinge fallen um und sterben: Phytophthora omnivora 57.

Die jungen Pflanzen in Saat- und Pflanzbeeten werden gelb oder sterben. Ueber der Erde zeigen sie eine Einschnürung: Pestalozzia Hartigii 122.

Die jungen Pflanzen werden von braunen Pilzmassen überwuchert: Thelephora laciniata 35.

Die Nadeln entwickeln unterseits zahlreiche, säulenförmige Aecidien: Melampsora Goeppertiana 134.

Die Nadeln entwickeln unterseits lange, aufplatzende, gelbe Rostlager: Caeoma Abietis pectinatae 157.

Die Nadeln sind deformirt, hellgelb mit Aecidienlager. Die Zweige sind Hexenbesen: Aecidium elatinum 153.

Die Nadeln sind gelbbraun, zeigen auf der Mittelrippe unterseits einen schwarzen Längswulst: Hysterium nervisequium 100.

Die Nadeln sind gelb, hängen am Zweige durch farblose Pilzfäden festgesponnen: Trichosphaeria parasitica 71.

Die Zweige oder Stämme bauchig verdickt: Aecidium elatinum 153.

Die Zweige mit Mistelbüschen, der Stamm krebsig durchlöchert: Viscum 25.

Die Rinde der Zweige ringsherum abgestorben, mit schwarzen Knöllchen besetzt: Phoma abietina 124.

Der Stamm mit buckligen oder hufförmigen Fruchtträgern, die sehr feine Poren haben: Polyporus fulvus 167.

Der Stamm mit grossporigen Fruchtträgern: Trametes Pini 164.

Der Stamm mit hutförmigen Fruchtträgern, die von Rhizomorphen entspringen: Agaricus melleus 179.

Die Wurzel mit weissen Fruchtträgern: Tram. radiciperda 159.

Die Wurzel mit Rhizomorphen: Agaricus melleus 179.

Nordmannstanne und Griechische Tanne:

Zweige mit Hexenbesen: Aecidium elatinum 153.

Traubenkirsche:

Die Früchte bilden Taschen: Exoascus Pruni 117.
Die Rinde zeigt Krebsstellen: Nectria ditissima 89.

Vogelbeere, siehe Eberesche:

Wachholder, gemeiner:

Nadeln und Zweige mit schwarzbraunem Mycel überwuchert: Herpotrichia nigra 74.

Zweige mit Anschwellungen, aus denen im Frühjahr gelbe oder bräunliche Sporenmassen hervortreten: Gymnosporangium conicum, tremelloides, clavariaeform. 130.

Wurzeln mit weissen Fruchtträgern: Trametes radiciperda 159.

Wachholder, spanischer:

Zweige mit Anschwellungen, aus denen im Frühjahr gelbe Sporenmassen hervorkommen: Gymnosp. Sabinae 132.

Wachholder, Oxycedrus:

Zweige mit Mistelbüschen: Arceuthobium Oxycedri 30.

Weide:

Die Blätter mit kleinen gelben, im Herbst braunen Polstern: Melampsora 143.

Die Blätter mit grossen schwarzen verdickten Stellen: Rhytisma salicinum 99.

Die Blätter mit weissen, mehlartig bestäubten Stellen: Erysiphe adunca 69.

Der Stamm mit schwefelgelben Fruchtträgern, das Holz rothfaul: Pol. sulphureus 172.

Wein:

Blätter, Stengel u. Trauben mit Mehlthau: Oidium Tuckeri 69.

Blätter oben gelbfleckig, unten Schimmelflecke: Peronospora viticola 64.

Wurzeln sind getödtet durch Rhizoctonien und Rhizomorphen: Dematophora necatrix 81.

Weissdorn:

Die Blätter zeigen goldgelbe Anschwellungen, auf denen sich Aecidien entwickeln: Gymnosporangium clavariaeform. 132.

Die Zweige mit Hexenbesen: Exoascus bullatus 119.

Buchdruckerei von Gustav Schade (Otto Francke) Berlin N.

Additional material from *Lehrbuch der Baumkrankheiten*
ISBN 978-3-642-50416-7, is available at http://extras.springer.com